岩波講座　基礎数学

対称群と一般線型群の表現論

監修
小平邦彦

編集
*岩堀長慶
河田敬義
藤田　宏
小松彦三郎
田村一郎
服部晶夫
飯高　茂

岩波講座　基礎数学

線型代数 vi

対称群と一般線型群の表現論

―既約指標・Young 図形とテンソル空間の分解―

岩堀長慶

岩波書店

目　次

第5章 一般線型群の有理表現

第1章　線型環とその表現

本講を読むための準備となるのが本章である．予備知識として必要となるのは，本講座の“線型空間”，“テンソル空間と外積代数”，“環と加群”，“群論”などの諸分冊に述べられていることの中の極めて基本的な諸事項である．ただしこれらの諸分冊中にある高級な事項までは必要ではない．しかしこの講座の方針に従って，本講のみを読み進んで行ってもわかるように，初歩的な概念の説明から始めることにした．上記分冊からの引用はやむを得ない時は引用個所を具体的に示しながら引用することにした．しかしベクトル空間，環，群，加群などの基本的な概念はいちいち引用個所は書かずに自由に引用する．本章のうち，後から本質的な役割を演ずるのは群環中のある種のベキ等元を扱った§1.4と，線型環のテンソル積の表現を扱った§1.5である．

§1.1　線型環とその表現

a）定　義

本章では，後章の目的である対称群や一般線型群の表現論を考える道具として，体上の半単純線型環とその表現の基本事項を解説する．まず本講で使用する線型環の定義から述べよう．（以下，有限次元性の仮定をはじめからおく点に注意されたい.）

定義1.1　集合 R が体 K 上の**線型環**であるとは，

（i）R は K 上の有限次元ベクトル空間であって，

（ii）乗法と呼ばれる双線型写像 $R\times R\to R$（これを $(a,b)\mapsto ab$ と書く）が与えられていて，結合律

$$(ab)c = a(bc) \qquad (\text{各 } a,b,c\in R \text{ に対し})$$

を満たす．そして

(iii)　ある元 $1_R\in R$ が存在して，$1_Ra=a1_R=a$ を満たす．すなわち，乗法の単位元 1_R が存在する．

注意　したがって，R は環をなし 1_R を単位元にもつ．また，$K\to R$ なる写像 $\lambda\mapsto\lambda\cdot 1_R$ は環準同型となるから，単射である．これにより λ と $\lambda\cdot 1_R$ とを同一視して $K\subset R$ とみなす．K は R の部分環であり，しかも環 R の中心に含まれている．以下，混乱の恐れがなければ，1_R を 1 と略記する．

例 1.1　体 K 上の n 次行列全体のなす集合 $M_n(K)$．行列のスカラー倍，加法，乗法は通常のものをとる．乗法の単位元は n 次単位行列である．$M_n(K)$ を体 K 上の n 次の**全行列環**という．

例 1.2　有限群 G の体 K 上の**群環** $K[G]$．すなわち，G の元を基底とする K 上のベクトル空間 $K[G]$ において，乗法を

$$\left(\sum_{\sigma\in G}\lambda_\sigma\sigma\right)\left(\sum_{\tau\in G}\mu_\tau\tau\right)=\sum_{\xi\in G}\nu_\xi\xi$$

で定義した線型環．ただし $\nu_\xi=\sum_{\sigma\in G}\lambda_\sigma\mu_{\sigma^{-1}\xi}$ とおく．（これは要するに，基底の元 σ, $\tau\in G$ の乗法を G における乗法で定義し，双線型性によってこれを $K[G]$ 上に拡張したものを乗法としたのに過ぎない．）G の単位元が $K[G]$ の単位元である．

例 1.3　体 K の有限次拡大体 L，あるいはさらに体 K を部分体に含むような斜体 $\varDelta$ であって，K 上有限次であるもの．（例えば，$K=\boldsymbol{R}$（実数体）のとき，4元数体 $\varDelta$ がそうである．）

b）部分線型環，左イデアル，右イデアルなど

R を体 K 上の線型環とする．R の部分集合 S が R の**部分線型環**であるとは，S が R のベクトル空間としての部分空間であり，かつ R の乗法に関して閉じていて，しかも乗法の単位元 $1_S\in S$ をもつことをいう．（1_S は R の単位元と一致する必要はない．）すると，R の乗法を S 上に制限することによって，S も K 上の線型環となる．R の部分集合 $\mathfrak{l}$ が R の**左イデアル**であるとは，$\mathfrak{l}$ が環 R の左イデアルなることをいう．$K\subset R$ だから，R の左イデアルはベクトル空間として R の部分空間である．R の**右イデアル**，**イデアル**（＝両側イデアル）の定義も同様である．R のイデアル $\mathfrak{a}$ による商環 $R/\mathfrak{a}$ は，$\mathfrak{a}$ が R の部分ベクトル空間だから，自然に K 上の線型環となる．よって，$R/\mathfrak{a}$ を**商線型環**という．

体 K 上の線型環 R_1, R_2 に対して，その**直和** $R_1\oplus R_2$ とは，ベクトル空間としての直和 $R=R_1\oplus R_2$ に，乗法

$$(x_1, y_1)(x_2, y_2)=(x_1x_2, y_1y_2)\qquad(x_1, x_2\in R_1;\ y_1, y_2\in R_2)$$

を導入して生ずる K 上の線型環である．R の単位元は $1_R=(1_{R_1}, 1_{R_2})$ で与えられる．また，R_1, R_2 の K 上の**テンソル積** $R_1\otimes_K R_2$ とは，ベクトル空間としてのテンソル積 $S=R_1\otimes_K R_2$ に，乗法

$$(x_1\otimes y_1)(x_2\otimes y_2) = x_1x_2\otimes y_1y_2 \qquad (x_1, x_2 \in R_1;\ y_1, y_2 \in R_2)$$

を導入して生ずる K 上の線型環である．S の単位元は $1_S=1_{R_1}\otimes 1_{R_2}$ で与えられる．

次に，R_1 から R_2 への K 上の線型環としての**準同型写像**とは，環準同型写像 $f: R_1\to R_2$ であって，しかも f が K 線型写像なるものをいう．もしさらに f が全単射であれば f を K 上の線型環としての**同型写像**といい，このような f が存在することを $R_1\cong R_2$ と書く．そして，R_1, R_2 は (K 上の線型環として) **同型**であるという．

例 1.4 体 K 上の n 次元ベクトル空間 V に対し，V から V への K 線型写像の全体を $\mathrm{End}(V)$ と書けば，$\mathrm{End}(V)$ は K 上の n^2 次元の線型環となり，しかも $\mathrm{End}(V)\cong M_n(K)$ となる．実際，$e_1, \cdots, e_n$ を V の K 上の基底とし，各 $\varphi\in \mathrm{End}(V)$ に対し，$\varphi(e_i)=\sum_j \alpha_{ji}e_j$ で定まる行列 $(\alpha_{ji})\in M_n(K)$ を対応させる写像 $f: \mathrm{End}(V)\to M_n(K)$ が同型写像となる．

例 1.5 体 K 上の線型環 R_1, R_2 と，線型環としての準同型写像 $f: R_1\to R_2$ があれば，$S=f(R_1)$ は R_2 の部分線型環である．また，$\mathfrak{a}=\mathrm{Ker}\, f$ は R_1 のイデアルで，f は同型写像 $\bar{f}: R_1/\mathfrak{a}\to S$ をひきおこす (準同型定理)．これは環の場合と同様だから読者に証明を委ねる．

c) 左 R 加群

R を体 K 上の線型環とする．

定義 1.2 加群 V が**左 R 加群**であるとは，写像

$$\begin{cases} R\times V \longrightarrow V, \\ (a, v) \longmapsto av \end{cases}$$

が与えられていて，

(i) 各 $a, b\in R$, 各 $v, u\in V$ に対して

$$a(bv) = (ab)v, \qquad (a+b)v = av+bv,$$
$$a(v+u) = av+au,$$
$$1_R v = v$$

が成り立つ．したがって $K\subset R$ により V は K 上のベクトル空間となるが，ここで，さらに

(ii)　V は K 上有限次元

となっているものをいう．

例 1.6　$R=M_n(K)$，$V=K^n=$(K の元を成分とする n 次元列ベクトル全体のなすベクトル空間) とする．写像 $R\times V\to V$: $(a, v)\mapsto av$ を通常の行列と列ベクトルの乗法で定義すれば，K^n は左 $M_n(K)$ 加群となる．

例 1.7　体 K 上の線型環 R に対し，$V=R$ とおき，写像 $R\times V\to V$ を R の乗法をそのまま用いて $(a, v)\mapsto av$ とすれば，$V=R$ は左 R 加群となる．R をこのように左 R 加群とみなしたものを**左正則 R 加群**という．

注意　同様に，右 R 加群も定義される．しかし本講では右 R 加群は使用しないので，以下，左 R 加群を (混乱の恐れがなければ) 単に **R 加群**という．

一般に R の部分加群 T と，R 加群 V の部分加群 U とに対し，$t_1u_1+\cdots+t_ru_r$ ($t_1, \cdots, t_r\in T$, $u_1, \cdots, u_r\in U$, r は任意) の形の元全体からなる集合を TU と書く．また，$v\in V$ に対し Tv は $\{tv \mid t\in T\}$ を表わし，また，$a\in R$ に対し aU は $\{au \mid u\in U\}$ を表わすものとする．

R 加群 V の部分加群 U が $RU\subset U$ を満たすとき，U を V の**部分 R 加群**という．このとき U は自然に R 加群となる．例えば，0だけからなる部分加群 (これを 0 と書く) や V 自身は V の部分 R 加群である．

例 1.8　左正則 R 加群 R の部分 R 加群とは，R の左イデアルのことに他ならない．

d) 線型環の表現

体 K 上の線型環 R と，K 上の有限次元ベクトル空間 $V\,(\neq 0)$ があるとする．R の V における (あるいは V 上の) **表現**とは，線型環としての準同型写像

$$\rho:\ R\longrightarrow \mathrm{End}\,(V)$$

であって，$\rho(1_R)=1_V$ (1_V は $\mathrm{End}\,(V)$ の単位元) を満たすものをいう．ベクトル空間 V を表現 ρ の**表現空間**という．$\dim_K V$ を表現 ρ の**次数** (degree) といい，$\deg\,(\rho)$ と書く．表現 ρ という代りに，より詳しく表現空間 V まで付記して，表現 (ρ, V) とも書く．$\mathrm{Ker}\,\rho$ が 0 のとき，表現 ρ は**忠実**であるという．

R の表現 (ρ, V) があれば，次のように V は R 加群になる：$a\in R$, $x\in V$ に対

して $ax \in V$ を

$$ax = \rho(a)x$$

で定義するのである．

逆に，R 加群 V があれば，各 $a \in R$ に対し，$\rho(a) \in \mathrm{End}(V)$ を $\rho(a)x = ax$ ($x \in V$) で定義すれば，$\rho: R \to \mathrm{End}(V)$ は R の表現になる．よって，R の表現を考えることと，**0 でない R 加群**を考えることとは本質的に同一である．表現空間 V を**表現加群**ともいう．また，V の定める表現を表現 V などと略称することもある．

例 1.9　有限群 G の体 K 上の群環 $K[G]$ を R とする．R の表現 $\rho: R \to \mathrm{End}(V)$ があるとき，ρ の G 上への制限写像を ρ_0 とする．$\rho(1_R) = 1_V$ により，$\rho_0(G)$ の各元は可逆行列(すなわち行列式が 0 でない行列)になる．よって，$\mathrm{End}(V)$ の元で行列式が 0 でないもの全体を $GL(V)$ と書くと，ρ_0 は G から $GL(V)$ への写像になる．$GL(V)$ は乗法に関し群をなす．$GL(V)$ を V 上の**一般線型群**という．ρ_0 は G から $GL(V)$ 中への群としての準同型写像である．すなわち，ρ_0 は“群論”(第 8 章)の意味で，V における G の表現である．そして，G が R の K 上の基底をなすから，ρ は ρ_0 により完全に定まる．

逆に，$\rho': G \to GL(V)$ なる任意の群としての準同型写像 ρ' に対し，$\rho: K[G] \to \mathrm{End}(V)$ なる $K[G]$ の表現が $\rho(\sum_{x \in G} \lambda_x x) = \sum \lambda_x \rho'(x)$ で定義され，そして，ρ を G 上に制限して写像 ρ' が得られる．以上から，有限群 G の体 K 上の表現を考えることは，群環 $K[G]$ の表現を考えることと本質的に同一であることがわかる．

問　線型環 R の左正則 R 加群に対応する表現(これを R の**正則表現**という)は忠実であることを示せ．

e) R 加群の間の R 準同型写像

R を体 K 上の線型環，V, U を R 加群とする．加群としての準同型写像 $\varphi: V \to U$ がさらに各 $a \in R$ に対して

$$\varphi(ax) = a\varphi(x) \qquad (\text{各 } x \in V \text{ に対して})$$

を満たすとき，φ を V から U への **R 準同型写像**であるという．このような φ の全体からなる集合を $\mathrm{Hom}_R(V, U)$ と書く．$K \subset R$ により，R 準同型写像 φ は K 線型写像であることに注意しておこう．また，$\varphi(V)$ は U の部分 R 加群，

Ker φ は V の部分 R 加群になる．

R 準同型写像 $\varphi: V\to U$ がさらに全単射であるとき，φ を **R 同型写像**という．このような φ があるとき V と U は **R 同型**（または**同値**）であるといい，$V\cong_R U$ と書く．（記号 $\cong_R$ は線型環の同型を表わす記号 $\cong$ とは添字 R の存在により区別される.）またこのとき，V, U に対応する R の表現 ρ_1, ρ_2（(d) 参照）は**同値**であるといい，$\rho_1\sim\rho_2$ と書く．

$\cong_R$（あるいは $\sim$）なる関係は R 加群（あるいは R の表現）の間の同値関係（類別）になっている．その定めるおのおのの同値類を R 加群の **R 同型類**（あるいは**表現類**）という．

$\mathrm{Hom}_R(V, U)$ は一般にはもはや R 加群の構造をもたないが，次のように K 上のベクトル空間の構造を恒にもつ：$\lambda\in K$ と $\varphi\in\mathrm{Hom}_R(V, U)$ に対して，$\lambda\varphi\in\mathrm{Hom}_R(V, U)$ を

$$(\lambda\varphi)(v) = \lambda\cdot\varphi(v) \qquad (v\in V)$$

で定義する．また，$\varphi, \psi\in\mathrm{Hom}_R(V, U)$ に対して，$\varphi+\psi\in\mathrm{Hom}_R(V, U)$ を

$$(\varphi+\psi)(v) = \varphi(v)+\psi(v) \qquad (v\in V)$$

で定義するのである．

$\mathrm{Hom}_R(V, U)$ の K 上のベクトル空間としての次元を $\langle V, U\rangle_R$ と書く．あるいは，V, U に対応する R の表現 ρ_1, ρ_2 を用いて $\langle\rho_1, \rho_2\rangle_R$ とも書く．（この値を V と U の間の**絡数** (intertwining number) ということもある.）

R 加群 V の部分 R 加群 V_0 に対し，商加群 V/V_0 も次のように自然に R 加群となる：$x\in V$, $a\in R$ に対し V/V_0 の元 $x+V_0$ の a 倍を $ax+V_0$ とおく．これは例のごとく well-defined，すなわち x のとり方によらない．

例 1.10 R 加群 V から R 加群 U への R 準同型写像 $\varphi: V\to U$ に対し，$V/\mathrm{Ker}\,\varphi\cong_R\varphi(V)$ が成り立つ．証明は加群の場合の準同型定理と同様にやればよい．

例 1.11 R の左イデアル $\mathfrak{l}$ は左正則 R 加群 R の部分 R 加群である．$a\in R$ ならば，$\mathfrak{l}a$ も R の左イデアルである．いま，$\varphi: \mathfrak{l}\to\mathfrak{l}a$ を $x\mapsto xa$ で定義すれば，$\varphi(yx)=y\varphi(x)$ $(y\in R,\ x\in\mathfrak{l})$，$\varphi(x_1+x_2)=\varphi(x_1)+\varphi(x_2)$ が成り立つ．よって，$\varphi\in\mathrm{Hom}_R(\mathfrak{l}, \mathfrak{l}a)$．——

$V=U$ のときは，$\mathrm{Hom}_R(V, V)$ を $\mathrm{End}_R(V)$ と書く．$\mathrm{End}_R(V)\ni 1_V$ であり，しかも $\mathrm{End}_R(V)$ は $\mathrm{End}(V)$ の（K 上の線型環としての）部分線型環になってい

る．V の定める R の表現を $\rho: R\to\mathrm{End}(V)$ とすれば，$u\in\mathrm{End}(V)$ に対して，

$$u\in\mathrm{End}_R(V) \iff u\rho(a)=\rho(a)u \qquad (\text{各 } a\in R \text{ に対し})$$

である．実際，$u\in\mathrm{End}(V)$ だから $u\in\mathrm{End}_R(V)\iff u(ax)=au(x)$ (各 $a\in R$ に対し) であるから，$ax=\rho(a)x$，$au(x)=\rho(a)ux$ と書きかえれば，$u\in\mathrm{End}_R(V)$ $\iff u\rho(a)x=\rho(a)ux$ (各 $a\in R$ と各 $x\in V$ に対し) となる．すなわち，$\iff u\rho(a)=\rho(a)u$ (各 $a\in R$ に対し) である．

したがって，$\mathrm{End}_R(R)$ を $\mathrm{End}(V)$ における $\rho(R)$ の**中心化線型環** (commutor algebra) と呼ぶこともある．

f) R 加群 (表現) の可約性，既約性

体 K 上の線型環 R の表現 (ρ, V) が**可約**であるとは，0 と V 以外に V の部分 R 加群 W があることをいう．そのとき，R 加群 W，V/W を表現空間とする R の表現が生ずる．これらをそれぞれ W による (ρ, V) の**部分表現**，W による (ρ, V) の**商表現**という．

可約でない表現を**既約表現**という．表現 (ρ_1, V_1) と (ρ_2, V_2) が同値であれば，一方が既約であることと，他方が既約であることとは同じである．すなわち，表現類の中に一つでも既約表現があれば，その表現類中のどの表現も既約である．このような表現類を**既約表現類**という．

例 1.12 R 加群 V の部分 R 加群 W に対して，

$$\text{表現 } W \text{ が既約} \iff W\neq 0 \text{ かつ } W\supsetneqq W_0\supsetneqq 0 \text{ なる部分 } R \text{ 加群 } W_0 \text{ が存在しない．}$$

このような W を V の**極小な部分 R 加群**，あるいは**既約な部分 R 加群**という．特に V が左正則 R 加群 R のときは，上のような W を R の**極小左イデアル**，あるいは**既約な左イデアル**という．

例 1.13 R 加群 V の部分 R 加群 W に対して，

$$\text{表現 } V/W \text{ が既約} \iff V\neq W \text{ かつ } V\supsetneqq W_1\supsetneqq W \text{ なる部分加群 } W_1 \text{ が存在しない．}$$

このような W を V の**極大な部分 R 加群**という．特に V が左正則 R 加群 R のときは，上のような W を R の**極大左イデアル**という．——

R 加群 V が K 上有限次元なることを用いれば，V の任意の部分 R 加群 W $(\neq 0)$ に対し，W は極小な部分 R 加群 W_0 を含む．実際，$W\supset U\supsetneqq 0$ なる部分 R

加群 U のうちで K 上最小次元のものをとればよい．また，V の任意の部分 R 加群 $W(\neq V)$ に対し，W を含む極大な部分 R 加群 W_1 がある．実際，$V\supsetneqq M\supset W$ なる部分 R 加群 M のうちで K 上最大次元のものをとればよい．

これを用いると，R の表現 (ρ, V) に対して，部分 R 加群の列

$$V=V_0\supsetneqq V_1\supsetneqq V_2\supsetneqq\cdots\supsetneqq V_r=0$$

が存在して，$V_i/V_{i+1}\ (i=0,1,\cdots,r-1)$ がすべて既約な R 加群となることがわかる．すなわち，$V\neq 0$ より，0 を含む極大な部分 R 加群 V_1 をとり，次に $V_1\neq 0$ なら，0 を含む V_1 の極大な部分 R 加群を V_2 とする．……，以下同様に進行すれば，$\dim V_1>\dim V_2>\cdots$ だからいつかは $V_r=0$ に達する（$\because\ \dim V<\infty$）．

このような列を R 加群 V の**組成列**という．"群論"第4章の Jordan-Hölder の定理において知られているように，このとき，商 R 加群の系 $\{V_i/V_{i+1}\}$ は並べ方と R 同型を除いては一意的である．

g) 表現の完全可約性

定理 1.1　体 K 上の線型環 R の表現 (ρ, V) に対して，次の条件は互いに同値である．

(i) 既約 R 部分加群 $V_1,\cdots,V_r$ が存在して，

$$V=V_1\oplus\cdots\oplus V_r \qquad (\text{直和})$$

と書ける．

(ii) いくつかの（無限個でもよい）既約 R 部分加群 $\{U_\lambda\}_{\lambda\in\Lambda}$ が存在して，

$$V=\sum_{\lambda\in\Lambda}U_\lambda$$

と書ける．

(iii) V の任意の部分 R 加群 W に対して，

$$V=W\oplus U$$

となるような V の部分 R 加群 U がある．

証明　(i) $\Longrightarrow$ (ii) は自明．

(ii) $\Longrightarrow$ (iii)：$W\cap T=0$ なる V の部分 R 加群 T のうちで K 上最大次元のものを一つとり，これを T とする．$W+T=V$ をいえばよい．もし $W+T\subsetneqq V$ とすれば，$V=\sum U_\lambda$ により，$U_\lambda\not\subset W+T$ なる $\lambda\in\Lambda$ がある．すると $U_\lambda\cap(W+T)\subsetneqq U_\lambda$ であるが，U_λ の既約性により，$U_\lambda\cap(W+T)=0$．さて $(U_\lambda+T)\cap W=0$

を示そう．もし $w \in (U_\lambda+T)\cap W$ なら，$w=u+t$ $(w\in W,\ u\in U_\lambda,\ t\in T)$ と表わせば $u=w-t\in U_\lambda\cap(W+T)=0$． ∴ $u=0$． ∴ $w=t\in W\cap T=0$． ∴ $w=0$． ∴ $(U_\lambda+T)\cap W=0$．さて $U_\lambda+T\supset T$ だから，$\dim T$ の最大性により，$U_\lambda+T=T$． ∴ $U_\lambda\subset T$．これは $U_\lambda\not\subset W+T$ に反する．

(iii) ⟹ (i)：V が既約なら，$V_1=V$，$r=1$ とおけばよい．V が可約なら，$V\supsetneqq W\supsetneqq 0$ なる部分 R 加群 W がある．そのような W のうち K 上最小次元のものを一つとり，これを V_1 とする．すると明らかに V_1 は既約となる．(iii) より，$V=V_1\oplus W_1$ なる部分 R 加群 W_1 がある．W_1 が既約なら，$V_2=W_1$，$r=2$ とおけばよい．W_1 が可約なら，W_1 中の 0 でない部分 R 加群のうち K 上最小次元のものを一つとり，これを V_2 とする．(iii) より，$V=(V_1\oplus V_2)\oplus W_2$ なる部分 R 加群 W_2 がある．……，と進行すれば，V が K 上有限次元だから，いつかはこの操作は終了し，分解 (i) を得る．∎

定理 1.1 中の条件 (i)-(iii) のどれか (したがって全部) を満たす表現 (ρ, V) を**完全可約**であるという．

h）線型環 R の既約表現と，R の極大左イデアルと極小左イデアル

定理 1.2　体 K 上の線型環 R の既約表現 (ρ, V) に対して，R の極大左イデアル $\mathfrak{l}$ が存在して $R/\mathfrak{l}\cong_R V$ となる．もしさらに R の左正則表現が完全可約ならば，R の極小左イデアル $\mathfrak{l}_0$ が存在して $\mathfrak{l}_0\cong_R V$ となる．

証明　$V\neq 0$ である (c) の表現の定義を参照) から，ある $x\in V$ $(x\neq 0)$ がある．そこで左 R 加群間の写像 $\varphi: R\to V$ を $\varphi(a)=ax$ $(a\in R)$ で定めると，φ は容易に確かめられるように R 準同型写像となる．よって $\varphi(R)$ は V の部分 R 加群であるが，$\varphi(1)=1x=x\in\varphi(R)$ $(x\neq 0)$ だから，$\varphi(R)\neq 0$．よって V の既約性より $\varphi(R)=V$ である．いま $\mathfrak{l}=\mathrm{Ker}\,\varphi$ とおくと，例 1.10 より $R/\mathfrak{l}\cong_R V$ となる．よって $\mathfrak{l}$ は R の極大左イデアルである．もしさらに R の左正則表現が完全可約ならば，$R=\mathfrak{l}\oplus\mathfrak{l}_0$ なる R の左イデアル $\mathfrak{l}_0$ があるから，$V\cong_R\mathfrak{l}_0$ となる．∎

§1.2　半単純線型環

a）線型環の Jacobson 根基

体 K 上の線型環 R の既約表現の全体を $\{(\rho_\lambda, V_\lambda)\}_{\lambda\in\Lambda}$ とする．そして

$$J=J(R)=\bigcap_{\lambda\in\Lambda}\mathrm{Ker}\,\rho_\lambda$$

とおく．各 $\operatorname{Ker}\rho_\lambda$ は R のイデアルだから J も R のイデアルである．J を R の **Jacobson 根基**という．一般に R の二つの表現 (ρ_1, V_1), (ρ_2, V_2) が同値ならば，$\operatorname{Ker}\rho_1=\operatorname{Ker}\rho_2$ となることは容易にわかる．よって，R の既約表現の全体をとる代りに，R の全既約表現類の完全代表系を $\{(\theta_i, U_i)\}_{i\in I}$ とすれば，

$$J(R)=\bigcap_{i\in I}\operatorname{Ker}\theta_i$$

が成り立つ．

定理 1.3 体 K 上の線型環 R の元 x に対し，次の条件は互いに同値である．

(i) $x\in J(R)$.

(ii) x は R のどの極大左イデアルにも属する．

(iii) 各 $a\in R$ に対し，$y(1-ax)=1$ なる $y\in R$ がある．

証明 (i) $\Longrightarrow$ (ii)：$x\in J(R)$ とする．$\mathfrak{l}$ を R の極大左イデアルとすると，左 R 加群 $V=R/\mathfrak{l}$ は既約である．よって $xV=0$ となる．すなわち $xR\subset\mathfrak{l}$. $\therefore$ $x\in\mathfrak{l}$ ($R\ni 1$ だから).

(ii) $\Longrightarrow$ (iii)：$R(1-ax)\ni 1$ をいえばよい．すなわち $R(1-ax)=R$ をいえばよい．もし $R(1-ax)\neq R$ ならば左イデアル $R(1-ax)$ を含むような極大左イデアル $\mathfrak{l}$ がある．$\therefore$ $1-ax\in\mathfrak{l}$. 一方，仮定より $x\in\mathfrak{l}$. $\therefore$ $ax\in\mathfrak{l}$. よって $1\in\mathfrak{l}$. $\therefore$ $\mathfrak{l}=R$. これは矛盾である．

(iii) $\Longrightarrow$ (i)：R の任意の既約表現 (ρ, V) に対して $xV=0$ をいえばよい．もし $xV\neq 0$ とすれば，$xv\neq 0$ なる $v\in V$ がある．よって Rxv は V の部分 R 加群であり，しかも $Rxv\neq 0$. よって V の既約性により $Rxv=V$. よって，ある $a\in R$ が存在して $axv=v$ となる．$\therefore$ $(1-ax)v=0$. そこで $y\in R$ をとって $y(1-ax)=1$ ならしめれば，$y(1-ax)v=0$. $\therefore$ $v=0$. これは $xv\neq 0$ に反する．▌

系 R の極大左(右)イデアルの全体をそれぞれ $\{\mathfrak{l}_\lambda\}_{\lambda\in\Lambda}$, $\{\mathfrak{r}_i\}_{i\in I}$ とすれば，

$$J(R)=\bigcap_{\lambda\in\Lambda}\mathfrak{l}_\lambda=\bigcap_{i\in I}\mathfrak{r}_i.$$

証明 $J(R)=\bigcap\mathfrak{l}_\lambda$ は上述の定理 1.3 中の (i) $\Longleftrightarrow$ (ii) に他ならない．$J(R)=\bigcap\mathfrak{r}_i$ を示すために，R に逆同型な線型環 R^0 を考える．すなわち，集合としては $R^0=R$ であり，さらに K の元によるスカラー倍と加法の演算においても R^0 と R は一致しているものとする．ただ R^0 の乗法 $x*y$ を，R の乗法 xy を用いて

$$x*y=yx$$

と定義する．このようにして K 上の線型環 R^0 が生ずる．すると R^0 の極大左イデアルとは，R の極大右イデアルのことに他ならない．

さて R の表現 (ρ, V) に対し，R^0 の表現 $({}^t\rho, V^*)$ が作れる．すなわち，V^* はベクトル空間 V の双対ベクトル空間（すなわち，$V\to K$ なる1次形式全体のなすベクトル空間）であり，また，${}^t\rho : R^0 \to \mathrm{End}(V^*)$ は

$${}^t\rho(a) = {}^t(\rho(a)) \qquad (a \in R)$$

とおいて定義する．($\rho(a) : V\to V$ から ${}^t(\rho(a)) : V^*\to V^*$ が生ずることは，"線型空間" §2.4, d) 参照．） 逆に，R^0 の表現 (θ, U) から，同様に R の表現 $({}^t\theta, U^*)$ が生ずる．このようにして R と R^0 の表現は対応するが，このとき，"(ρ, V) が可約" $\Longleftrightarrow$ "$({}^t\rho, V^*)$ が可約" が成り立つ．実際，$0 \subsetneqq W \subsetneqq V$ なる部分 R 加群 W があれば

$$W^\perp = \{f\in V^* \mid f(w)=0\,(\text{各 } w\in W \text{ に対し})\}$$

は，$\dim W^\perp = \dim V - \dim W$ を満たし，しかも V^* の部分 R^0 加群である．よって $0\subsetneqq W^\perp \subsetneqq V^*$.

したがって "(ρ, V) が既約" $\Longleftrightarrow$ "$({}^t\rho, V^*)$ が既約" も成り立つ．さて，$\mathrm{Ker}\,\rho = \mathrm{Ker}\,{}^t\rho$ は明らかだから，

$$J(R^0) = J(R)$$

が成り立つ．よって，上述より $J(R) = \bigcap \mathfrak{r}_i$. ∎

定理 1.4　K 上の線型環 R の Jacobson 根基 J はベキ零である．すなわち，ある自然数 n に対して

$$J^n = 0$$

となる．（すなわち，J の任意の元 $x_1, \cdots, x_n$ に対して $x_1\cdots x_n=0$ となる．） しかも R の左イデアル $\mathfrak{l}$ がもしベキ零元からなれば，$\mathfrak{l}\subset J$. したがって $\mathfrak{l}$ もベキ零である．

証明　R の左イデアルからなる組成列

$$R = R_0 \supset R_1 \supset \cdots \supset R_n = 0$$

をとる．すなわち各 R_i は R の左イデアルで，$R_i \supsetneqq \mathfrak{l} \supsetneqq R_{i+1}$ なる R の左イデアル $\mathfrak{l}$ は存在しない $(i=0, 1, \cdots, n-1)$ とする．すると R 加群 R_i/R_{i+1} は既約だから，$J(R_i/R_{i+1})=0$. $\therefore$ $JR_i \subset R_{i+1}$ $(0\leqq i \leqq n-1)$. $\therefore$ $J^nR_0 \subset R_n = 0$. $\therefore$ $J^nR=0$. $\therefore$ $J^n=0$. 次に $x\in\mathfrak{l}$ とし，$x\in J$ を示そう．それには各 $a\in R$ に対して，$y(1-ax)$

$=1$ なる $y\in R$ が存在することをいえばよい(定理1.3(iii)). さて $x\in\mathfrak{l}$. ∴ $ax\in\mathfrak{l}$. よって仮定により $ax=b$ はベキ零である. すなわち, ある自然数 m に対し $b^m=0$ となる. よって, $1+b+b^2+\cdots+b^{m-1}=y$ とおけば $y(1-b)=1$. ∴ $y(1-ax)=1$. ▍

系　R の Jacobson 根基は, R のベキ零元からなる左イデアル(右イデアルでもよい)のうち最大なるものである.

b) 半単純線型環

体 K 上の線型環 R が**半単純**であるとは, R の Jacobson 根基 $J(R)$ が0となることをいう.

定理1.5　体 K 上の線型環 R に対して, 次の条件は互いに同値である.

(i)　R は半単純である.

(ii)　R のすべての(有限次の)表現は完全可約である.

(iii)　R の左正則表現は完全可約である.

(iv)　R は少なくも一つの忠実な完全可約表現をもつ.

証明　(i) ⟹ (ii): R を半単純線型環とする. R の極大左イデアルの全体を $\{\mathfrak{l}_\lambda\}_{\lambda\in\Lambda}$ とすれば, $0=J(R)=\bigcap\mathfrak{l}_\lambda$ である. しかし R は K 上有限次元だから $\{\mathfrak{l}_\lambda\}$ のうちの適当な有限個(それを $\mathfrak{l}_1,\cdots,\mathfrak{l}_r$ とする)をとれば

$$\mathfrak{l}_1\cap\cdots\cap\mathfrak{l}_r=0$$

となる. このような $\{\mathfrak{l}_i\}$ のうち r が最小になるように $\mathfrak{l}_1,\cdots,\mathfrak{l}_r$ をとる. そして

$$\mathfrak{l}_1\cap\cdots\cap\hat{\mathfrak{l}}_i\cap\cdots\cap\mathfrak{l}_r=\mathfrak{m}_i\qquad(1\leqq i\leqq r)$$

とおく. ただし ^ は除外記号で, $\mathfrak{l}_i$ の所だけ欠けていることを意味するものとする. すると $\mathfrak{l}_i\cap\mathfrak{m}_i=\mathfrak{l}_1\cap\cdots\cap\mathfrak{l}_r=0$. しかも r の最小性から $\mathfrak{m}_i\neq 0$. よって, $\mathfrak{l}_i$ の極大性より $R=\mathfrak{l}_i\oplus\mathfrak{m}_i$ となる. ∴ $\mathfrak{m}_i\cong_R R/\mathfrak{l}_i=$(既約左イデアル) $(1\leqq i\leqq r)$ となる. $\mathfrak{m}_1+\cdots+\mathfrak{m}_r=R$ を示そう. いま R の任意の元 a をとり, 直和分解 $R=\mathfrak{l}_i\oplus\mathfrak{m}_i$ に応じて $a=x_i+y_i$ $(x_i\in\mathfrak{l}_i,\ y_i\in\mathfrak{m}_i)$ とおく. $\mathfrak{m}_i$ の作り方より, $j\neq i$ に対して $\mathfrak{m}_j\subset\mathfrak{l}_i$. ∴ $a-(y_1+\cdots+y_r)=(a-y_i)+\sum_{j\neq i}y_j\equiv a-y_i\ (\mathrm{mod}\ \mathfrak{l}_i)\equiv x_i\equiv 0\ (\mathrm{mod}\ \mathfrak{l}_i)$. ∴ $a-(y_1+\cdots+y_r)\in\mathfrak{l}_1\cap\cdots\cap\mathfrak{l}_r=0$. ∴ $a=y_1+\cdots+y_r$. ∴ $R=\mathfrak{m}_1+\cdots+\mathfrak{m}_r$.

さて (ρ, V) を R の表現とする. V の K 上の基底 $e_1,\cdots,e_n$ をとると, $V=RV=\sum_i\mathfrak{m}_iV=\sum_{i,j}\mathfrak{m}_ie_j$ が成り立つ. $\mathfrak{m}_ie_j$ は部分 R 加群で, しかも既約な左 R 加群

$\mathfrak{m}_i$ から $\mathfrak{m}_i e_j$ への R 準同型写像 $x \mapsto xe_j$ $(x \in \mathfrak{m}_i)$ は全射である．その核を $\mathfrak{p}$ とすると，$\mathfrak{m}_i$ の既約性より，$\mathfrak{p}=0$ または $\mathfrak{p}=\mathfrak{m}_i$ である．よって，$\mathfrak{m}_i e_j$ は $\cong_R \mathfrak{m}_i$ であるかまたは $=0$ である．よって，V は定理 1.1 (iii) により完全可約である．

(ii) $\Longrightarrow$ (iii)：これは自明である．

(iii) $\Longrightarrow$ (iv)：これも自明である．

(iv) $\Longrightarrow$ (i)：R のある忠実表現 (ρ, V) が完全可約であるとし，$V=V_1 \oplus \cdots \oplus V_r$ (各 V_i は既約な部分 R 加群) と直和分解する．Jacobson 根基 $J(R)$ の各元 a に対して，$aV_i=0$ となるから，$aV=0$．よって，$a \in \mathrm{Ker}\,\rho=0$．$\therefore$ $a=0$．すなわち $J(R)=0$． ▌

定理 1.6　体 K 上の半単純線型環 R の任意の左イデアル $\mathfrak{l}$ に対して，R のベキ等元 e (すなわち $e^2=e$ なる元) が存在して，$\mathfrak{l}=Re$ となる．しかも，$R=Re \oplus R(1-e)$．

証明　R の左正則表現が完全可約だから，$R=\mathfrak{l} \oplus \mathfrak{l}'$ なる左イデアル $\mathfrak{l}'$ がある．R の単位元 1 をこの直和分解に応じて分解し，$1=e+f$ $(e \in \mathfrak{l},\ f \in \mathfrak{l}')$ とおく．両辺に e を左乗して $e=e^2+ef$．$\therefore$ $ef \in \mathfrak{l} \cap \mathfrak{l}'=0$．$\therefore$ $ef=0$．$\therefore$ $e=e^2$ はベキ等元である．$\mathfrak{l}$ の任意の元 x を上の式に左乗して $x=xe+xf$．$\therefore$ $xf \in \mathfrak{l}' \cap \mathfrak{l}=0$．$\therefore$ $x=xe$．$\therefore$ $\mathfrak{l} \subset Re$．一方，明らかに $Re \subset \mathfrak{l}$．$\therefore$ $\mathfrak{l}=Re$．同様に $\mathfrak{l}'=Rf=R(1-e)$．$\therefore$ $R=Re \oplus R(1-e)$． ▌

定理 1.7　体 K 上の線型環 R のベキ等元 e, f に対し $\mathfrak{l}=Re$，$\mathfrak{m}=Rf$ とおけば，K 上のベクトル空間として $\mathrm{Hom}_R(\mathfrak{l}, \mathfrak{m}) \cong eRf$．

証明　$\varphi \in \mathrm{Hom}_R(\mathfrak{l}, \mathfrak{m})$ に対し，$\varphi(e)=x$ とおくと，$e=e^2$ より，$x=\varphi(e^2)=e\varphi(e)=ex$，また $x \in \varphi(\mathfrak{l}) \subset \mathfrak{m}$ より，ある $y \in R$ が存在して $x=yf$ となる．$\therefore$ $xf=yf^2=yf=x$．$\therefore$ $x=ex=exf$．$\therefore$ $x \in eRf$．よって $\varphi \mapsto \varphi(e)$ により，写像 $\mathrm{Hom}_R(\mathfrak{l}, \mathfrak{m}) \to eRf$ が定義された．この写像を F とおくと，明らかに F は K 線型写像である．F が単射かつ全射であることをいえばよい．まず単射性を示そう．$F(\varphi)=0$ ならば $\varphi(e)=0$．よって，$\mathfrak{l}$ の各元 ae (a は R の元) に対し，$\varphi(ae)=a\varphi(e)=0$．$\therefore$ $\varphi=0$．$\therefore$ $\mathrm{Ker}\,F=0$．次に F の全射性を示そう．eRf の任意の元を y とすると，y はある $z \in R$ により $ezf=y$ と書ける．$\therefore$ $ey=e^2zf=ezf=y$，$yf=ezf^2=ezf=y$．いま R 準同型写像 $\varphi: \mathfrak{l} \to \mathfrak{m}$ を，$\varphi(ae)=ay$ $(a \in R)$ で定義しよう．これが well-defined であること，すなわち，$\mathfrak{l}$ の元 x の書き方 $x=ae$

によらないことをまず確かめる必要がある．すなわち，$a, b \in R$ が $ae=be$ を満たすとき，$ay=by$ となることを見よう．実際，$a-b=c$ とおくと，$ce=0$. $\therefore cy=c(ey)=0$. $\therefore ay=by$. これさえわかれば $\varphi \in \mathrm{Hom}_R(\mathfrak{l}, \mathfrak{m})$ の検証は容易である．しかも $F(\varphi)=\varphi(e)=y$. よって F は全射である．▮

c) 絡数 $\langle V, U \rangle_R$ の公式

R を体 K 上の半単純線型環とし，(ρ, V), (θ, U) を R の表現とする．$\mathrm{Hom}_R(V, U)$ の次元を与える式を導こう．まず U が $U=U_1 \oplus U_2$ (U_1, U_2 は部分 R 加群) と直和分解されれば，K 上のベクトル空間として

$$\mathrm{Hom}_R(V, U) \cong \mathrm{Hom}_R(V, U_1) \oplus \mathrm{Hom}_R(V, U_2)$$

となることは容易にわかる．(V から U への R 準同型写像 φ は，V から U_i への R 準同型写像 φ_i $(i=1,2)$ を‘並置する’: $\varphi=(\varphi_1, \varphi_2)$ ことによって洩れなくかつ重複もなく得られるからである.) これを繰り返せば，一般に $U=U_1 \oplus \cdots \oplus U_r$ (各 U_i は部分 R 加群) のとき，K 上のベクトル空間として

$$\mathrm{Hom}_R(V, U) \cong \mathrm{Hom}_R(V, U_1) \oplus \cdots \oplus \mathrm{Hom}_R(V, U_r)$$

が成り立つことがわかる．

同様に，V が $V=V_1 \oplus V_2$ (V_1, V_2 は部分 R 加群) と直和分解されれば，K 上のベクトル空間として

$$\mathrm{Hom}_R(V, U) \cong \mathrm{Hom}_R(V_1, U) \oplus \mathrm{Hom}_R(V_2, U)$$

が成り立つ．($\varphi_i \in \mathrm{Hom}_R(V_i, U)$ $(i=1,2)$ を加え合わせて，$\mathrm{Hom}_R(V, U)$ の元が洩れなくかつ重複もなく得られる！) かくして，一般に $V=V_1 \oplus \cdots \oplus V_s$, $U=U_1 \oplus \cdots \oplus U_r$ と部分 R 加群の直和に分解されれば，K 上のベクトル空間として

$$\mathrm{Hom}_R(V, U) \cong \bigoplus_{i,j} \mathrm{Hom}_R(V_i, U_j)$$

が成り立つ．V, U は完全可約だから，V_i, U_j は既約としてよい．よって，一般の $\mathrm{Hom}_R(V, U)$ の構造を知るには，V, U が共に既約の場合を調べればよい．

定理 1.8 (Schur の補題) R を体 K 上の線型環とし，V, U を既約な左 R 加群とする．このとき次のことが成り立つ．

(i) $\mathrm{Hom}_R(V, U) \neq 0$ ならば $V \cong_R U$. しかもこのとき $\mathrm{Hom}_R(V, U)$ 中の 0 でない各元 φ は R 同型写像である．$\mathrm{End}_R(V)$ は K 上の斜体となる．

(ii) K が代数的閉体ならば $\mathrm{End}_R(V) \cong K$.

証明　"群論"§8.2, a) 参照. ∎

これを用いて, K が代数的閉体の場合に $\langle V, U\rangle_R = \dim \mathrm{Hom}_R(V, U)$ を求めることができる. すなわち, V, U の既約部分 R 加群への直和分解(これを**既約成分への直和分解**という)

$$V = V_1 \oplus \cdots \oplus V_s,$$
$$U = U_1 \oplus \cdots \oplus U_r$$

において, V_i, U_j を同値性によって分類する:

$V_1, \cdots, V_{m_1},\quad U_1, \cdots, U_{n_1}$ は互いに同値,

$V_{m_1+1}, \cdots, V_{m_1+m_2},\quad U_{n_1+1}, \cdots, U_{n_1+n_2}$ は互いに同値,

……………

$V_{m_1+\cdots+m_{p-1}+1}, \cdots, V_{m_1+\cdots+m_p},\quad U_{n_1+\cdots+n_{p-1}+1}, \cdots, U_{n_1+\cdots+n_p}$ は互いに同値

とし, 上記の異なる行にある V_i, U_j は同値でないとする. すると,

$$\mathrm{Hom}_R(V, U) \cong \bigoplus \mathrm{Hom}_R(V_i, U_j)$$

と, Schur の補題とから, 次元を比べて

$$\langle V, U\rangle_R = m_1n_1 + m_2n_2 + \cdots + m_pn_p$$

が得られる. したがってまた次の**対称性の公式**が得られる.

$$\langle V, U\rangle_R = \langle U, V\rangle_R.$$

これらを定理の形に述べるために, m_i, n_i という量に名前をつけよう. いま, V_1 に同値な任意の既約な左 R 加群 W をとると, 上記より

$$m_1 = \langle W, V\rangle_R = \langle V, W\rangle_R,$$
$$n_1 = \langle W, U\rangle_R = \langle U, W\rangle_R$$

である. 他の m_i, n_i についても同様である. m_1 を W が V 中に含まれる**重複度**または**回数**という. そして, W は V の重複度 m_1 の**既約成分**であるという. 以上から次の定理を得る.

定理 1.9　代数的閉体 K 上の半単純線型環 R の表現 (ρ, V), (θ, U) に対して,

$$\langle V, U\rangle_R = \langle U, V\rangle_R = \sum_{\lambda\in\Lambda} \langle W_\lambda, V\rangle_R \cdot \langle W_\lambda, U\rangle_R$$

が成り立つ. ただし, ここで $\{W_\lambda\}_{\lambda\in\Lambda}$ は, R の既約表現類全体の完全代表系である. ――

定理 1.9 中の $\{W_\lambda\}_{\lambda\in\Lambda}$ が有限個しかないことを確かめておこう.

定理 1.10　体 K 上の半単純線型環 R を既約左イデアルの直和に分解して，$R=\mathfrak{l}_1\oplus\cdots\oplus\mathfrak{l}_r$ とする．すると，R の任意の既約表現 (ρ, V) はある $\mathfrak{l}_i$ による表現と同値である．

証明　定理1.5の証明中で述べた方法でよい．すなわち，V の K 上の基底 $e_1, \cdots, e_n$ をとり，$V=RV=\sum\mathfrak{l}_ie_j$ を考える．V の既約性より，$\mathfrak{l}_ie_j$ は $=0$ かまたは $=V$ となる．$V\neq 0$ だから $\mathfrak{l}_ie_j=V$ となるような組 i, j がある．すると，$\mathfrak{l}_i\to\mathfrak{l}_ie_j=V$ なる R 準同型写像 $x\mapsto xe_j$ が零写像でないから $\mathfrak{l}_i\cong_R V$ (Schur の補題). ∎

定理1.9の応用を述べておく．

定理 1.11　代数的閉体 K 上の半単純線型環 R の表現 (ρ, V) に対して，

$$(\rho, V)\text{ が既約 }\Longleftrightarrow \langle V, V\rangle_R = 1.$$

証明　R の既約表現類全体の完全代表系を $\{W_1, \cdots, W_k\}$ とする．定理1.9により，$\langle W_i, V\rangle_R=m_i$ $(1\leqq i\leqq k)$ とおけば

$$\langle V, V\rangle_R = m_1{}^2+\cdots+m_k{}^2$$

である．よって，$\langle V, V\rangle_R=1 \Longleftrightarrow$ ある $m_i=1$ で他の m_j はすべて $0 \Longleftrightarrow V\cong_R W_i$ なる i がある $\Longleftrightarrow V$ は既約. ∎

d）等質成分と標準分解

体 K 上の半単純線型環 R の表現 (ρ, V) に対し，V を既約な部分 R 加群 $U_1, \cdots, U_r$ の直和に分解して

$$(*)\qquad V = U_1\oplus\cdots\oplus U_r$$

とすることができる (定理1.5 (i) $\Longrightarrow$ (ii)) のではあるが，この分解は一般に無限通りに可能である．例えば $R=K$, $V=K^n$ として，各 $\lambda\in K$ に対し $\rho(\lambda)=\lambda I$ (I は n 次単位行列) とおけば，上の分解 $(*)$ はベクトル空間 K^n を1次元部分空間の直和に分解することに他ならない．よって，K が無限体で，$n>1$ ならば，分解 $(*)$ は無限通りに可能である．

いま，R の既約表現類全体の完全代表系を $\{W_1, \cdots, W_k\}$ とする．W_i を一つ定め，分解 $(*)$ に対して，$U_j\cong_R W_i$ であるような U_j だけの和として生ずる V の部分 R 加群を $V(W_i)$ とおく：

$$V(W_i) = \sum_{U_j\cong_R W_i} U_j.$$

ただし，$U_j\cong_R W_i$ なる U_j がないときは $V(W_i)=0$ とおく．すると，直和分解

$$(**)\qquad V = V(W_1)\oplus\cdots\oplus V(W_k)$$

が生ずる．さて，次の定理が成り立つ．

定理 1.12 直和分解 $(**)$ は出発点の V の既約成分への直和分解 $(*)$ に依存しない．

証明 V の既約部分 R 加群へのもう一つの直和分解 $V=U_1'\oplus\cdots\oplus U_s'$ に対して，$U_j'\cong_R W_i$ なる U_j' 達の和として生ずる V の部分 R 加群を $V'(W_i)$ とおく．証明したいのは $V(W_i)=V'(W_i)$ $(1\leqq i\leqq k)$ である．同じことだから，$V(W_1)=V'(W_1)$ を示そう．$\{U_i\}$, $\{U_j'\}$ を並べ直して

$$V(W_1) = U_1+\cdots+U_p,\qquad V'(W_1) = U_1'+\cdots+U_q'$$

としてよい．直和分解 $V=U_1\oplus\cdots\oplus U_r$ および $V=U_1'\oplus\cdots\oplus U_s'$ に対応する V から U_i, U_j' への射影をそれぞれ π_i, π_j' とおく．$V(W_1)\subset V'(W_1)$ がいえれば逆向きの包含関係もいえることになるから $V(W_1)=V'(W_1)$ を得る．それには $U_i\subset V'(W_1)$ $(1\leqq i\leqq p)$ がいえればよい．いま π_j' を U_i 上に制限した写像を θ_{ji} とおくと，$\theta_{ji}: U_i\to U_j'$ は R 準同型写像である．よって $1\leqq i\leqq p$, $j>q$ なら，U_i と U_j' とが非同値だから，Schur の補題により $\theta_{ji}=0$ となる．一方，各 $u\in U_i$ に対して，

$$u = \theta_{1i}(u)+\theta_{2i}(u)+\cdots+\theta_{si}(u).$$

$$\therefore\quad u = \theta_{1i}(u)+\cdots+\theta_{qi}(u)\in U_1'+\cdots+U_q' = V'(W_1).\qquad\blacksquare$$

よって，$V(W_i)$ は V と W_i のみで（より詳しくは，V と W_i の属する既約表現類のみで）定まることがわかった．$V(W_i)$ を W_i に対応する V の**等質成分** (homogeneous component) という．そして，上の直和分解 $(**)$ を，V の**等質成分への分解**，あるいは V の**標準分解**という．

定理 1.13 体 K 上の半単純線型環 R の表現 (ρ, V) の標準分解を $V=V_1\oplus\cdots\oplus V_k$ $(V_i=V(W_i),\ 1\leqq i\leqq k)$ とすれば，$\mathrm{End}_R(V)$ の各元 ψ に対し $\psi(V_i)\subset V_i$ $(1\leqq i\leqq k)$ が成り立つ．

証明 V_i をさらに既約部分 R 加群に分解して

$$V_i = U_{i1}\oplus\cdots\oplus U_{in_i}\qquad(1\leqq i\leqq k)$$

とおくと，V の直和分解 $V=U_{11}\oplus\cdots\oplus U_{1n_1}\oplus\cdots\oplus U_{k1}\oplus\cdots\oplus U_{kn_k}$ が生ずる．これに対応する V から U_{ij} への射影を π_{ij} とおく．$\pi_{ij}\circ\psi$ を U_{pq} 上へ制限した写像を $\theta_{pq}{}^{ij}$ とおくと，$\theta_{pq}{}^{ij}: U_{pq}\to U_{ij}$ は R 準同型写像であるから，$p\neq i$ のとき

$\theta_{pq}{}^{ij}=0$ となる (Schur の補題). 一方, 各 $u\in U_{pq}$ に対して, $\psi(u)=\sum_{(i,j)}\theta_{pq}{}^{ij}(u)$. $\therefore\ \psi(u)=\theta_{pq}{}^{p1}(u)+\theta_{pq}{}^{p2}(u)+\cdots=\pi_{pq}{}^{p1}(\psi(u))+\pi_{pq}{}^{p2}(\psi(u))+\cdots$. $\therefore\ \psi(u)\in U_{p1}\oplus\cdots\oplus U_{pn_p}$. $\therefore\ \psi(U_{pq})\subset V_p\ (q=1,\cdots,n_p)$. $\therefore\ \psi(V_p)\subset V_p\ (1\leqq p\leqq k)$. ▌

§1.3 単純線型環

a) 半単純線型環の単純成分

補題 1.1 体 K 上の半単純線型環 R のイデアル $\mathfrak{a}$ と左イデアル $\mathfrak{l}$ とが $R=\mathfrak{a}\oplus\mathfrak{l}$ を満たせば, $\mathfrak{l}$ は実は R のイデアルである.

証明 $\mathfrak{l}R\subset\mathfrak{l}$ をいえばよい. それには $\mathfrak{l}R=\mathfrak{l}\mathfrak{a}+\mathfrak{l}^2$ だから, $\mathfrak{l}\mathfrak{a}\subset\mathfrak{l}$ をいえばよい. さて $\mathfrak{a}\mathfrak{l}\subset\mathfrak{a}\cap\mathfrak{l}=0$. $\therefore\ \mathfrak{a}\mathfrak{l}=0$. $\therefore\ (\mathfrak{l}\mathfrak{a})^2=\mathfrak{l}\mathfrak{a}\mathfrak{l}\mathfrak{a}=0$. よって, $\mathfrak{l}\mathfrak{a}\subset J(R)$ (定理 1.4). 一方 R が半単純だから $J(R)=0$. $\therefore\ \mathfrak{l}\mathfrak{a}=0$. ▌

体 K 上の線型環 R のイデアルが 0 と R に限るとき, R を**単純**な線型環という. このとき R の Jacobson 根基 $J(R)$ は 0 になるから, 単純線型環は半単純である.

定理 1.14 体 K 上の半単純線型環 R の極小イデアル (すなわち, $\mathfrak{a}\neq 0$ なるイデアルであって, $\mathfrak{a}\supsetneqq\mathfrak{a}_0\supsetneqq 0$ なる R のイデアル $\mathfrak{a}_0$ が存在せぬもの) の個数は有限である. それらを $\mathfrak{a}_1,\cdots,\mathfrak{a}_k$ とすれば

(i) $R=\mathfrak{a}_1\oplus\cdots\oplus\mathfrak{a}_k$,

(ii) $\mathfrak{a}_i\mathfrak{a}_j=0\quad(i\neq j$ のとき$)$,

(iii) 各 $\mathfrak{a}_i$ は K 上の単純線型環である,

(iv) R のイデアルはすべて $\mathfrak{a}_{i_1}\oplus\cdots\oplus\mathfrak{a}_{i_r}\ (1\leqq i_1<\cdots<i_r\leqq k)$ の形である,

(v) 逆に, 体 K 上の単純線型環 $R_1,\cdots,R_r$ の直和 $R=R_1\oplus\cdots\oplus R_r$ は, K 上の半単純線型環である.

証明 (i) $\mathfrak{a}_1$ を R の極小イデアルとする. R の左正則表現が完全可約だから, $R=\mathfrak{a}_1\oplus\mathfrak{l}_1$ なる R の左イデアル $\mathfrak{l}_1$ がある. 補題 1.1 より $\mathfrak{l}_1$ は R のイデアルとなる. よって $\mathfrak{a}_1\mathfrak{l}_1\subset\mathfrak{a}_1\cap\mathfrak{l}_1=0$, $\mathfrak{l}_1\mathfrak{a}_1\subset\mathfrak{l}_1\cap\mathfrak{a}_1=0$. これを用いると, $\mathfrak{a}_1,\mathfrak{l}_1$ のイデアルは R のイデアルになることがわかる. 実際, 例えば $\mathfrak{a}_1$ のイデアル $\mathfrak{m}$ に対して,

$$R\mathfrak{m}=(\mathfrak{a}_1+\mathfrak{l}_1)\mathfrak{m}=\mathfrak{a}_1\mathfrak{m}\subset\mathfrak{m},$$

$$\mathfrak{m}R=\mathfrak{m}(\mathfrak{a}_1+\mathfrak{l}_1)=\mathfrak{m}\mathfrak{a}_1\subset\mathfrak{m}$$

となるからである. したがって, $\mathfrak{a}_1,\mathfrak{l}_1$ 中のベキ零イデアルはすべて $\subset J(R)=0$ となるから 0 のみである. さらに, R の単位元 1 を直和分解 $R=\mathfrak{a}_1\oplus\mathfrak{l}_1$ に応じて

$1=e+f$ $(e\in\mathfrak{a}_1,\ f\in\mathfrak{l}_1)$ と分解すると，定理1.6の証明と同様にして，e, f はそれぞれ $\mathfrak{a}_1, \mathfrak{l}_1$ の単位元となることがわかる．よって，$\mathfrak{a}_1, \mathfrak{l}_1$ はどちらも半単純線型環である．上述より $\mathfrak{l}_1$ の極小イデアル $\mathfrak{a}_2$ は R の極小イデアルでもある．そして，$\mathfrak{l}_1=\mathfrak{a}_2\oplus\mathfrak{l}_2$ を満たす $\mathfrak{l}_1$ の（したがって R の）イデアル $\mathfrak{l}_2$ がある．以下同様に進行すれば (i) の分解を得る．

（ii） $\mathfrak{a}_i\mathfrak{a}_j\subset\mathfrak{a}_i\cap\mathfrak{a}_j=0$ より出る．

(iii) $\mathfrak{a}_i$ のイデアル $\mathfrak{m}$ は R のイデアルである（上述(i)）．一方，$\mathfrak{a}_i$ は R の極小イデアルだから $\mathfrak{m}$ は 0 か $\mathfrak{a}_i$ のどちらかに一致する．またすでに見たように，(i) の分解に応じて，R の単位元 1 を分解して $1=e_1+\cdots+e_k$ $(e_i\in\mathfrak{a}_i,\ 1\leqq i\leqq k)$ とすれば，e_i は $\mathfrak{a}_i$ の単位元である．よって，$\mathfrak{a}_i$ は R 上の単純線型環である．

(iv) $\mathfrak{b}$ を R のイデアルとすると，$\mathfrak{b}=\mathfrak{b}R=\mathfrak{b}\mathfrak{a}_1+\cdots+\mathfrak{b}\mathfrak{a}_k$ となる．もし $\mathfrak{b}\mathfrak{a}_i\neq 0$ なら，$0\subsetneqq\mathfrak{b}\mathfrak{a}_i\subset\mathfrak{a}_i$ と $\mathfrak{a}_i$ の極小性とにより $\mathfrak{b}\mathfrak{a}_i=\mathfrak{a}_i$ となる．よって，$\mathfrak{b}$ は $\mathfrak{a}_{i_1}\oplus\cdots\oplus\mathfrak{a}_{i_r}$ $(i_1<\cdots<i_r)$ の形となる．特に R の極小イデアルは $\mathfrak{a}_1, \cdots, \mathfrak{a}_k$ に限る．

（v） R_i の単位元を e_i とすると，$1=e_1+\cdots+e_r$ が R の単位元である．$R_iR_j=0$ $(i\neq j)$ であるから，R_i の極小左イデアル $\mathfrak{l}$ は $R\mathfrak{l}\subset\mathfrak{l}$ を満たす．よって，$\mathfrak{l}$ は R の極小左イデアルになる．いま，$R_i=\mathfrak{l}_{i1}\oplus\cdots\oplus\mathfrak{l}_{in_i}$ を，R_i をその極小左イデアルの直和へ分解した式とすると，

$$R=\mathfrak{l}_{11}\oplus\cdots\oplus\mathfrak{l}_{1n_1}\oplus\cdots\oplus\mathfrak{l}_{r1}\oplus\cdots\oplus\mathfrak{l}_{rn_r}$$

は R をその極小左イデアルの直和に分解した式になっている．よって，R の左正則表現 ρ は完全可約である．$1\in R$ であるから ρ は忠実である．よって定理1.5 (iv) より，R は半単純である．∎

定理1.14中の $\mathfrak{a}_1, \cdots, \mathfrak{a}_k$，すなわち，体 K 上の半単純線型環 R の極小イデアルを R の**単純成分**という．

定理 1.15 体 K 上の半単純線型環 R のどの極小左イデアルも，R のある単純成分に含まれる．そして R の二つの極小左イデアル $\mathfrak{l}, \mathfrak{m}$ に対して

$$\mathfrak{l}\cong_R\mathfrak{m} \iff \mathfrak{l}, \mathfrak{m} \text{ を含む } R \text{ の同一の単純成分がある．}$$

証明 $\mathfrak{l}$ を R の極小左イデアルとし，$R=\mathfrak{a}_1\oplus\cdots\oplus\mathfrak{a}_k$ を R の単純成分への分解とする．$0\neq\mathfrak{l}=R\mathfrak{l}=\mathfrak{a}_1\mathfrak{l}+\cdots+\mathfrak{a}_k\mathfrak{l}$ だから，$\mathfrak{a}_i\mathfrak{l}\neq 0$ なる番号 i がある．$0\subsetneqq\mathfrak{a}_i\mathfrak{l}\subset\mathfrak{l}$ と $\mathfrak{l}$ の極小性より $\mathfrak{a}_i\mathfrak{l}=\mathfrak{l}$．$\therefore\ \mathfrak{a}_i\supset\mathfrak{l}$．このような番号 i は $\mathfrak{l}$ に対し一意的である $(i\neq j\Longrightarrow\mathfrak{a}_i\cap\mathfrak{a}_j=0$ だから$)$．次に，R の二つの極小左イデアル $\mathfrak{l}, \mathfrak{m}$ を考えよう．

$\mathfrak{l}, \mathfrak{m}$ を含む R の単純成分をそれぞれ $\mathfrak{a}_i, \mathfrak{a}_j$ とする．そして

$$\mathfrak{l} \cong_R \mathfrak{m} \Leftrightarrow i=j$$

を示そう．

(⟸): $i=j$ とする．$\mathfrak{l} \not\cong_R \mathfrak{m}$ と仮定して矛盾を導こう．$\mathfrak{a}_i$ の左イデアルは R の左イデアルでもある(∵ 定理1.14(ii))．よって，$\mathfrak{a}_i$ の極小左イデアルは R の極小左イデアルである．いま，$\mathfrak{a}_i$ を極小左イデアルの直和に分解して

$$\mathfrak{a}_i = \mathfrak{l}_1 \oplus \cdots \oplus \mathfrak{l}_p$$

とする．$\mathfrak{l}, \mathfrak{m}$ は $\mathfrak{l}_1, \cdots, \mathfrak{l}_p$ のどれかと左 $\mathfrak{a}_i$ 加群として同型である(∵ 定理1.10)．しかも，$x \in \mathfrak{a}_t$ $(t \neq i)$ ならば $x\mathfrak{l}=x\mathfrak{m}=x\mathfrak{l}_1=\cdots=x\mathfrak{l}_p=0$ であるから，実は $\mathfrak{l}, \mathfrak{m}$ は $\mathfrak{l}_1, \cdots, \mathfrak{l}_p$ のどれかと左 R 加群としても同型である．いま $\mathfrak{l}_s \cong_R \mathfrak{l}$ なる $\mathfrak{l}_s$ の全部の和を L, $\mathfrak{l}_t \not\cong_R \mathfrak{l}$ なる $\mathfrak{l}_t$ 全部の和を M とする．仮定 $\mathfrak{l} \not\cong_R \mathfrak{m}$ により，L, M は 0 でない．しかも $\mathfrak{a}_i = L \oplus M$ である．L, M は $\mathfrak{a}_i$ の左イデアルであるが，実は $\mathfrak{a}_i$ のイデアルになることを示そう．(そうすれば $\mathfrak{a}_i$ の単純性に反し，矛盾を得る.) それには $LM=ML=0$ をいえばよい．このためには

$$\mathfrak{l}_s \not\cong_R \mathfrak{l}_t \Longrightarrow \mathfrak{l}_s\mathfrak{l}_t = 0$$

をいえば十分である．すなわち，$\mathfrak{l}_s \not\cong_R \mathfrak{l}_t$ のとき，$\mathfrak{l}_t$ の各元 a に対して $\mathfrak{l}_s a=0$ をいえばよい．R 準同型写像 $\mathfrak{l}_s \to \mathfrak{l}_t$ を $x \mapsto xa$ で定義すると，$\mathfrak{l}_s \not\cong_R \mathfrak{l}_t$ と $\mathfrak{l}_s, \mathfrak{l}_t$ の既約性により，これは零写像になる(Schur の補題)．よって，$\mathfrak{l}_s a=0$. ∴ $\mathfrak{l}_s\mathfrak{l}_t=0$.

(⟹): $\mathfrak{l} \subset \mathfrak{a}_i$ のとき，$\mathfrak{l}$ を表現空間とする R の表現 ρ の核 $\mathrm{Ker}\,\rho$ を考えよう．$\rho(a)x=ax$ $(a \in R,\ x \in \mathfrak{l})$ であるから，

$$\mathrm{Ker}\,\rho = \{a \in R \mid a\mathfrak{l}=0\}$$

である．$\mathrm{Ker}\,\rho$ は R のイデアルだから $\mathfrak{a}_{i_1} \oplus \cdots \oplus \mathfrak{a}_{i_r}$ の形であるが，$\mathfrak{a}_i\mathfrak{a}_j=0\ (i \neq j)$ と $\mathfrak{l} \subset \mathfrak{a}_i$ とから，

$$\mathrm{Ker}\,\rho \supset \mathfrak{a}_1 \oplus \cdots \oplus \hat{\mathfrak{a}}_i \oplus \cdots \oplus \mathfrak{a}_k \qquad (\hat{}\ \text{は除外記号})$$

である．一方，$\mathfrak{a}_i$ は単位元をもち，$\mathfrak{l} \neq 0$ であるから，$\mathfrak{a}_i\mathfrak{l}=\mathfrak{l} \neq 0$. ∴ $\mathfrak{a}_i \not\subset \mathrm{Ker}\,\rho$.

よって，

$$\mathrm{Ker}\,\rho = \mathfrak{a}_1 \oplus \cdots \oplus \hat{\mathfrak{a}}_i \oplus \cdots \oplus \mathfrak{a}_k$$

となる．よって，ρ の核がわかれば，$\mathfrak{l}$ を含む R の単純成分も定まる．

さて，$\mathfrak{m}$ を表現空間とする R の表現を θ とすると，$\mathfrak{l} \cong_R \mathfrak{m}$ だから $\mathrm{Ker}\,\rho = \mathrm{Ker}\,\theta$ である．したがって，$\mathfrak{l}, \mathfrak{m}$ は同じ単純成分に含まれる．▌

系 体 K 上の半単純線型環 R の既約表現類の個数は，R の単純成分の個数に一致する．R の左正則表現の表現空間として R を標準分解すれば，その等質成分は R の単純成分に他ならない．

b) Wedderburn の構造定理

定理 1.15 の系の結果として，体 K 上の単純線型環 R は，同値性を除いてただ一つの既約表現しかもたない．さて，単純線型環の表現 ρ はすべて忠実である．(ρ の核は R のイデアルで，しかも $\rho(1)\neq 0$ だから，$\mathrm{Ker}\,\rho\neq R$．よって $\mathrm{Ker}\,\rho=0$ となる.) 逆に次の定理が成り立つ．

定理 1.16 体 K 上の線型環 R が忠実な既約表現 (ρ, V) をもてば，R は単純である．

証明 J を R の Jacobson 根基とすると V の既約性により，$JV=0$．よって ρ の忠実性により $J=0$．よって R は半単純である．$R=\mathfrak{a}_1\oplus\cdots\oplus\mathfrak{a}_k$ を R の単純成分への分解とする．$k=1$ を示せばよい．$\mathfrak{a}_1V$ は V の部分 R 加群であるが ($\because$ $\mathfrak{a}_1$ は R のイデアル)，$\mathfrak{a}_1\neq 0$ と ρ の忠実性により $\mathfrak{a}_1V\neq 0$．よって V の既約性により $\mathfrak{a}_1V=V$．一方，$i>1$ ならば，$\mathfrak{a}_i\mathfrak{a}_1=0$．$\therefore$ $\mathfrak{a}_iV=0$．$\therefore$ $\mathfrak{a}_i=0$．よって $R=\mathfrak{a}_1$ を得る．▮

次の定理 1.17 は体 K 上の単純線型環の構造を与える基本定理なので掲げておくが，本講では，K が代数的閉体の場合に定理 1.18 の後半の形でしか使用しないのと，定理 1.17 の証明は少々長くなるので略させて頂く．これについては“環と加群”中で述べられるはずである．

定理 1.17 (Wedderburn) (i) 体 K 上の単純線型環 R の (同値性を除いて一意的に定まる) 既約表現を (ρ, V) とする．Schur の補題により $D=\mathrm{End}_R(V)$ は K 上の斜体であるが，D に逆同型な斜体を D^0 とする．すると，ある自然数 n が存在して，D^0 の元を成分とする n 次行列全体のなす K 上の線型環 $M_n(D^0)$ が R と同型となる: $R\cong M_n(D^0)$．

特に K が代数的閉体ならば，$D\cong D^0\cong K$ となり，R は K 上の n 次全行列環 $M_n(K)$ に同型である．

(ii) 逆に，K 上の任意の (ただし K 上有限次元の) 斜体 Δ と自然数 n とに対して，$M_n(\Delta)$ は K 上の単純線型環である．

(iii) K 上の (有限次元の) 斜体 Δ_1, Δ_2 と自然数 n, m とに対して，K 上の線型

環として $M_n(\varDelta_1)\cong M_m(\varDelta_2)$ ならば，$n=m$ かつ K 上の線型環として $\varDelta_1\cong\varDelta_2$ となる．——

若干の補足をしておこう．まず上の定理1.17の(i)における ρ の次数，すなわち V の K 上の次元 $\dim_K V$ を D と n とで表わそう．R の極小左イデアルの一つを $\mathfrak{l}$ とすれば $\mathfrak{l}\cong_R V$ であるから，$\dim_K\mathfrak{l}$ を求めればよい．R の代りに，$M_n(D^0)$ の極小左イデアルを考えればよい．それは次の補題からわかる．

補題 1.2　体 K 上の斜体 $\varDelta$ の元を成分とする n 次行列全体のなす環 $M_n(\varDelta)$ の一つの極小左イデアル $\mathfrak{l}$ が次のようにして得られる：$\mathfrak{l}$ は第1列以外の成分がすべて0であるような行列 $a\in M_n(\varDelta)$ の全体である．

証明　$a\in\mathfrak{l}$，$x\in M_n(\varDelta)$ なら $xa\in\mathfrak{l}$ となることは行列の計算により容易にわかる．$\mathfrak{l}+\mathfrak{l}\subset\mathfrak{l}$ であるから $\mathfrak{l}$ は $M_n(\varDelta)$ の左イデアルである．$\mathfrak{l}$ の極小性を示そう．それには $\mathfrak{l}$ 中の任意の0でない元 a に対し，$M_n(\varDelta)a=\mathfrak{l}$ となることをいえばよい．いま

$$a=\begin{bmatrix}\alpha_1 & 0 & \cdots & 0\\ \alpha_2 & 0 & \cdots & 0\\ \vdots & \vdots & & \vdots\\ \alpha_n & 0 & \cdots & 0\end{bmatrix}\qquad(\alpha_1,\cdots,\alpha_n\in\varDelta)$$

とおけば，$a\neq0$ より，ある $\alpha_i\neq0$ である．行列の行に対する基本変形により，a に左から $M_n(\varDelta)$ 中の適当な行列を掛けることにより次の行列が得られる．

$$(*)\qquad\qquad \begin{matrix}\\ \\ i)\\ \\ \\ \end{matrix}\begin{bmatrix}0 & 0 & \cdots & 0\\ \vdots & \vdots & & \vdots\\ 1 & 0 & \cdots & 0\\ \vdots & \vdots & & \vdots\\ 0 & 0 & \cdots & 0\end{bmatrix}$$

また，2行の交換も行列の行に対する基本変形であるから，$(*)$ の形の行列は $i=1,\cdots,n$ に対して $M_n(\varDelta)a$ に属する．したがって，$M_n(\varDelta)a=\mathfrak{l}$．∎

補題1.2の $\mathfrak{l}$ の K 上の次元を求めよう．まず，$\mathfrak{l}$ は $\varDelta$ 上の n 次元ベクトル空間である．($i=1,\cdots,n$ に対する $(*)$ の形の行列 $a_1,\cdots,a_n$ が $\mathfrak{l}$ の $\varDelta$ 上の基底である．) $\varDelta$ の K 上の基底を $\delta_1,\cdots,\delta_m$ とすれば，mn 個の元 $\delta_i a_j$ $(1\leqq i\leqq m,\ 1\leqq j\leqq n)$ が $\mathfrak{l}$ の K 上の基底となる．よって，補題1.2の $\mathfrak{l}$ に対し

$$\dim_K\mathfrak{l}=n\dim_K\varDelta$$

が成り立つ．定理1.17(i)の場合に戻れば，次の定理が得られる．

定理1.18 体 K 上の単純線型環 $R\cong M_n(D^0)$ (ただし D^0 は K 上の斜体)の既約表現 (ρ, V) の次数は $n\dim_K D^0$ に等しい．特に K が代数的閉体ならば，この次数は n に等しい．すなわち，

$$(\deg(\rho))^2=\dim_K R, \qquad R\cong\rho(R)=\mathrm{End}(V).$$

系1 代数的閉体 K 上の半単純線型環 R の単純成分への分解を $R=\mathfrak{a}_1\oplus\cdots\oplus\mathfrak{a}_k$ とし，$\mathfrak{a}_i\cong M_{n_i}(K)$ $(1\leqq i\leqq k)$ とおく．また R の k 個の互いに非同値な既約表現を $\rho_1, \cdots, \rho_k$ (ただし $\mathrm{Ker}\,\rho_i=\mathfrak{a}_1\oplus\cdots\oplus\widehat{\mathfrak{a}_i}\oplus\cdots\oplus\mathfrak{a}_k$ $(1\leqq i\leqq k)$ とする)とおくと，

$$\dim R=n_1{}^2+\cdots+n_k{}^2,$$
$$\deg(\rho_i)=n_i \qquad (1\leqq i\leqq k).$$

そして，R の左正則表現中の ρ_i の重複度は n_i $(1\leqq i\leqq k)$ に等しい．

系2 代数的閉体 K 上の線型環 R の既約表現を (ρ, V) とすれば，$\rho(R)=\mathrm{End}(V)$．(Burnside の定理)

証明 $\rho(R)=S$ とおく．V は既約な S 加群であるから，$S\hookrightarrow\mathrm{End}(V)$ なる表現を $\rho_0: a\mapsto a$ とすれば，ρ_0 は S の忠実な既約表現である．よって，S は K 上の単純線型環である(定理1.16)．K が代数的閉体だから，$\dim_K S=(\dim_K V)^2$ (定理1.18)．一方，$S\subset\mathrm{End}(V)$，$\dim_K\mathrm{End}(V)=(\dim_K V)^2=\dim_K S$ だから，$S=\mathrm{End}(V)$．▮

c) 代数的閉体上の半単純線型環の既約表現類の個数

定理1.19 代数的閉体 K 上の半単純線型環 R の既約表現類の個数は，R の中心 Z，すなわち R の部分線型環

$$Z=\{z\in R\,|\,az=za\ (\text{各 } a\in R \text{ に対し})\}$$

の K 上の次元に等しい．

証明 求める個数は R の単純成分の個数 k に等しい(定理1.15の系)．$R=\mathfrak{a}_1\oplus\cdots\oplus\mathfrak{a}_k$ を R の単純成分への分解とする．$\mathfrak{a}_i$ の中心を Z_i とすれば，$Z=Z_1\oplus\cdots\oplus Z_k$ となるから，$\dim Z=\dim Z_1+\cdots+\dim Z_k$ である．よって，$\dim Z_i=1$ $(1\leqq i\leqq k)$ をいえばよい．しかし $\mathfrak{a}_i$ は $\cong M_\nu(K)$ の形であるから，その中心 Z_i は ν 次スカラー行列のなす $M_\nu(K)$ の部分線型環に同型である．よって，$\dim Z_i=1$ を得る．▮

§1.4　群環の場合

a）半単純性の判定条件と既約表現類の個数

定理 1.20　有限群 G の体 K 上の群環 $K[G]$ に対して,

$$K[G] \text{ が半単純 } \Longleftrightarrow K \text{ の標数が } G \text{ の位数の約数でない.}$$

証明　$(\Longleftarrow)$ は "群論" 定理 8.1.

$(\Longrightarrow)$　G の位数 n が K の標数 p の倍数とする．G の元全部の和を $a=\sum_{\sigma\in G}\sigma$ とすると，各 $\tau\in G$ に対し $\tau a=a=a\tau$ が成り立つから，$aa=na=0$．しかも a は $K[G]$ の中心に属するから，$K[G]a=\mathfrak{l}$ は左イデアルで，$\mathfrak{l}\neq 0$, $\mathfrak{l}^2=0$．よって，$\mathfrak{l}$ は $K[G]$ の Jacobson 根基 J 中にある．$\therefore$ $J\neq 0$．よって，$K[G]$ は半単純ではない．▌

定理 1.21　K が代数的閉体で，その標数が有限群 G の位数の約数でないならば，G の K 上の既約表現類の個数は G の共役類の個数と一致する．

証明　群環 $K[G]$ の中心 Z の K 上の次元を求めよう．G の共役類への分割を $G=K_1\cup\cdots\cup K_k$ とし，K_i の元の和を $c_i\in K[G]$ とおけば，$c_1,\cdots,c_k$ が Z の K 上の基底になる．("群論" §8.1, c) 参照.) ▌

b）部分群の1次指標の定める群環のベキ等元

以下簡単のため，K を標数0の代数的閉体とし，G を有限群とする．G の部分群 H と，H の K 上の1次指標，すなわち H から乗法群 $K^*=K-\{0\}$ への準同型写像 $\varphi: H\to K^*$ とが与えられているとしよう．このとき，$K[G]$ の元 $e=e(H,\varphi)$ を

$$e=e(H,\varphi)=\frac{1}{|H|}\sum_{h\in H}\varphi(h)h$$

で定義すれば ($|H|$ は H の位数)，$e^2=e$ となることは容易にわかる．しかも $e\neq 0$ であるから，$K[G]$ の左イデアル $\mathfrak{l}=K[G]e$ は $\neq 0$ である．

問　上の $K[G]$ 加群 $\mathfrak{l}$ の定める G の表現は φ^{-1} から誘導された G の表現に同値であることを示せ．(誘導表現については "群論" §8.4 参照.)

c）絡数 $\langle\mathfrak{l}_1,\mathfrak{l}_2\rangle_R$ の計算

H_1, H_2 を有限群 G の部分群とし，φ_1,φ_2 をそれぞれ H_1, H_2 の K 上の1次指標とする．$R=K[G]$ とし，R の左イデアル $\mathfrak{l}_i=Re_i$，ただし $e_i=e(H_i,\varphi_i)$ $(i=1,2)$ に対し，$\langle\mathfrak{l}_1,\mathfrak{l}_2\rangle_R=\dim_K \mathrm{Hom}_R(\mathfrak{l}_1,\mathfrak{l}_2)$ の値を計算しよう．K 上のベクトル

空間として $\mathrm{Hom}_R(\mathfrak{l}_1, \mathfrak{l}_2)$ は e_1Re_2 と同型であった(定理1.7)から，e_1Re_2 の K 上の次元を求めればよい．さて $x \in R$ に対して，

$$x \in e_1Re_2 \Longleftrightarrow e_1x = x \text{ かつ } xe_2 = x$$

である．(e_1, e_2 がベキ等元だから.) 一方，H_1 の各元 h に対し，

$$he_1 = \frac{1}{|H_1|}\sum_{x \in H_1}\varphi_1(x)hx = \varphi_1(h)^{-1}\left\{\frac{1}{|H_1|}\sum_{x \in H_1}\varphi_1(hx)hx\right\}$$
$$= \varphi_1(h)^{-1}e_1$$

となる．また，同様な計算で H_2 の各元 h に対し

$$e_2h = \varphi_2(h)^{-1}e_2$$

となる．よって，$e_1x=x=xe_2$ なる $x \in R$ に対し，

(＊)　$h_1xh_2 = \varphi_1(h_1)^{-1}\cdot\varphi_2(h_2)^{-1}x$　(各 $h_1 \in H_1$ と各 $h_2 \in H_2$ に対し)

が成り立つ．逆に $x \in R$ が(＊)を満たせば

$$\{\varphi_1(h_1)h_1\}x\{\varphi_2(h_2)h_2\} = x$$

だから，これを $h_1 \in H_1$ について加えて，

$$|H_1|e_1x\varphi_2(h_2)h_2 = |H_1|x,$$

すなわち，$e_1x\varphi_2(h_2)h_2=x$ を得る．さらにこれを $h_2 \in H_2$ について加えれば，$e_1xe_2=x$ を得るから $x \in e_1Re_2$ を得る．すなわち，$x \in R$ に対して次の判定法

$$x \in e_1Re_2 \Longleftrightarrow (*) \text{ が成り立つ}$$

を得る．

そこでいま，$x=\sum_{\sigma \in G} f(\sigma)\sigma$ とおいて，条件(＊)を f で述べ直そう．

$$h_1xh_2 = \sum_{\sigma \in G} f(\sigma)h_1\sigma h_2 = \sum_{\tau \in G} f(h_1^{-1}\tau h_2^{-1})\tau$$

であるから，$x=\sum f(\sigma)\sigma$ に対して

$$(*) \text{ が成り立つ} \Longleftrightarrow f(h_1^{-1}\tau h_2^{-1}) = \varphi_1(h_1)^{-1}f(\tau)\varphi_2(h_2)^{-1}$$
$$(\text{各 } h_1 \in H_1,\ h_2 \in H_2,\ \tau \in G \text{ に対し}).$$

$\varphi_i(h_i)^{-1}=\varphi_i(h_i^{-1})$ に注意すれば，以上で次の補題が得られた．

補題 1.3　H_1, H_2 を有限群 G の部分群とし，φ_1, φ_2 をそれぞれ H_1, H_2 の標数0の代数的閉体 K 上の1次指標とする．群環 $R=K[G]$ の左イデアル $\mathfrak{l}_i=Re_i$ を $e_i=e(H_i, \varphi_i)$ $(i=1, 2)$ で定めれば，絡数 $\langle\mathfrak{l}_1, \mathfrak{l}_2\rangle_R$ は次の等式(＊＊)を満たすような関数 $f: G\rightarrow K$ のなすベクトル空間 L の K 上の次元に等しい：

$$(**)\qquad f(h_1\sigma h_2)=\varphi_1(h_1)f(\sigma)\varphi_2(h_2)$$
$$(\text{各 } h_i\in H_i\ (i=1,2) \text{ と各 } \sigma\in G \text{ に対し}).$$ ——

そこで上の等式を満たすような関数 f を定めよう．まず群 G を H_1, H_2 による両側類に分割して，これを

$$G=\bigcup_\lambda H_1\sigma_\lambda H_2$$

とする．$H_1\sigma_\lambda H_2\to K$ なる関数 g であって

$$g(h_1\sigma h_2)=\varphi_1(h_1)g(\sigma)\varphi_2(h_2)$$
$$(\text{各 } h_i\in H_i\ (i=1,2) \text{ と各 } \sigma\in H_1\sigma_\lambda H_2 \text{ に対し})$$

を満たすもの全体のなすベクトル空間を $L(\sigma_\lambda)$ とすれば，L は明らかに $L(\sigma_\lambda)$ 達の直和 $\tilde{L}$ に同型 である．(各 $f\in L$ に対し f の $L(\sigma_\lambda)$ 上への制限を f_λ として，写像 $f\mapsto\sum f_\lambda$ を考えれば，L から $\tilde{L}$ への全単射線型写像を得る.) 一方，$g\in L(\sigma_\lambda)$ は，σ_λ での値 $g(\sigma_\lambda)\in K$ により，$H_1\sigma_\lambda H_2$ 上での値が自動的に定まる．よって，$\dim L(\sigma_\lambda)$ は 0 か 1 である．よって，$\dim L$ は，$L(\sigma_\lambda)\neq 0$ なる λ の個数に等しい．

そこで，$L(\sigma_\lambda)\neq 0$ となる条件を調べよう．σ_λ を σ と書く．$g\in L(\sigma)$, $g(\sigma)\neq 0$ なら，$h_1, h_1'\in H_1$, $h_2, h_2'\in H_2$ に対し

$$(\S)\qquad h_1\sigma h_2=h_1'\sigma h_2' \Longrightarrow \varphi_1(h_1)g(\sigma)\varphi_2(h_2)=\varphi_1(h_1')g(\sigma)\varphi_2(h_2')$$
$$\Longrightarrow \varphi_1(h_1)\varphi_2(h_2)=\varphi_1(h_1')\varphi_2(h_2')$$

である．換言すれば，$h_1\in H_1$, $h_2\in H_2$ に対し

$$h_1\sigma h_2=\sigma \Longrightarrow \varphi_1(h_1)\varphi_2(h_2)=1.$$

すなわち，$L(\sigma)\neq 0$ となるための次の必要条件を得た:

$$(***)\qquad y\in H_2\cap\sigma^{-1}H_1\sigma \Longrightarrow \varphi_2(y)=\varphi_1(\sigma y\sigma^{-1}).$$

逆に，σ が (***) を満たすとしよう．上の計算を逆に辿れば，(§) の成立がわかる．よって，$x=h_1\sigma h_2\in H_1\sigma H_2$ ($h_1\in H_1$, $h_2\in H_2$) に対し，$g(x)=\varphi_1(h_1)\varphi_2(h_2)$ とおけば，g は x の表わし方 $x=h_1\sigma h_2$ によらない(すなわち g は well-defined) から，$g\in L(\sigma)$．しかも $g(\sigma)=1$．$\therefore\ L(\sigma)\neq 0$．よって，(***) は $L(\sigma)\neq 0$ のための十分条件でもある．よって次の定理を得る．

定理 1.22 K を標数 0 の代数的閉体，G を有限群，H_1, H_2 を G の部分群とする．また，$\varphi_i: H_i\to K^*$ $(i=1,2)$ を H_i の K 上の 1 次指標とし，(H_i, φ_i) の定

める群環 $R=K[G]$ の左イデアルを $\mathfrak{l}_i=Re_i$, $e_i=e(H_i,\varphi_i)$ $(i=1,2)$ とする．このとき，$\langle \mathfrak{l}_1,\mathfrak{l}_2\rangle_R=\dim \mathrm{Hom}_R(\mathfrak{l}_1,\mathfrak{l}_2)$ は，条件 $(***)$ を満たすような G の両側類 $H_1\sigma H_2$ の個数に等しい．

系 φ_1,φ_2 がともに H_1,H_2 の単位指標(すなわち，恒等的に $\varphi_1(h_1)=1$, $\varphi_2(h_2)=1$) ならば，$\langle \mathfrak{l}_1,\mathfrak{l}_2\rangle_R$ は G 中の両側類 $H_1\sigma H_2$ の個数 $|H_1\backslash G/H_2|$ に等しい．

d) $H_1\cap H_2=\{1\}$ の場合

定理1.22において，さらに $H_1\cap H_2=\{1\}$ であると仮定しよう．G の両側類 H_1H_2 ($\sigma=1$ の場合)に対しては確かに $(***)$ が成り立つから，$\langle \mathfrak{l}_1,\mathfrak{l}_2\rangle_R\geqq 1$ である．よって，$\langle \mathfrak{l}_1,\mathfrak{l}_2\rangle_R=1$ となるためには，H_1H_2 以外の両側類が $(***)$ を満たさないことが必要十分である．すなわち次の定理を得る．

定理1.23 定理1.22において，$H_1\cap H_2=\{1\}$ ならば，$\langle \mathfrak{l}_1,\mathfrak{l}_2\rangle_R\geqq 1$ である．このとき，$\langle \mathfrak{l}_1,\mathfrak{l}_2\rangle_R=1$ となるための条件は，各 $\sigma\in G-H_1H_2$ に対して，$y\in H_2\cap \sigma^{-1}H_1\sigma$ が存在して，$\varphi_2(y)\neq\varphi_1(\sigma y\sigma^{-1})$ となることである．——

さて，定理1.23で $\langle \mathfrak{l}_1,\mathfrak{l}_2\rangle_R=1$ となったとしよう．このときは，§1.2, c)により $\mathfrak{l}_1,\mathfrak{l}_2$ 中にそれぞれ R の極小左イデアル $\mathfrak{m}_1,\mathfrak{m}_2$ が存在して，$\mathfrak{m}_1\cong_R\mathfrak{m}_2$ となる．このような R の極小左イデアル $\mathfrak{m}_i$ は R 同型を除いて一意的であり，しかも各 $\mathfrak{m}_i$ は $\mathfrak{l}_i$ 中に重複度1で含まれている．次に，この‘共通の’極小左イデアル $\mathfrak{m}_i$ の構成法を考えよう．

定理1.24 定理1.22において，$H_1\cap H_2=1$ かつ $\langle \mathfrak{l}_1,\mathfrak{l}_2\rangle_R=1$ とする．このとき，Re_1e_2 は R の極小左イデアルで，e_1e_2 の K の元による適当なスカラー倍がベキ等元になる．そして，Re_1e_2 に R 同型な R の極小左イデアル $\mathfrak{m}_i\subset\mathfrak{l}_i$ $(i=1,2)$ が存在する．さらに，$Re_1e_2\cong_R Re_2e_1$ である．

証明
$$e_1e_2=\frac{1}{|H_1|}\frac{1}{|H_2|}\sum_{x\in H_1}\sum_{y\in H_2}\varphi_1(x)\varphi_2(y)xy$$
と，$H_1\cap H_2=1$ とから，右辺に登場する xy は H_1H_2 上をちょうど1回動く．よって $e_1e_2\neq 0$ である．$\dim_K e_1Re_2=1$ と $e_1Re_2\ni e_1e_2\neq 0$ より，e_1e_2 は e_1Re_2 の K 基底となる．よって
$$(e_1e_2)^2=e_1e_2e_1e_2\in e_1Re_2$$
は，ある $c\in K$ により
$$(e_1e_2)^2=ce_1e_2$$

と書ける．$c\neq 0$ を示そう．いま，$a\in R$ に対して，$R\to R$ なる K 線型写像 Φ_a を $\Phi_a(x)=xa$ $(x\in R)$ で定義し，そのトレースを $\chi(a)$ と書く．R の基底 $\{\sigma\mid\sigma\in G\}$ を用いれば，各 $\tau\in G$ に対して

$$\chi(1)=|G|\quad(=G\text{ の位数}),\qquad \chi(\tau)=0\quad(\tau\neq 1\text{ のとき})$$

がわかる．よって e_1e_2 の上の展開式より

$$\chi(e_1e_2)=\frac{1}{|H_1|}\frac{1}{|H_2|}\sum_{x\in H_1}\sum_{y\in H_2}\varphi_1(x)\varphi_2(y)\chi(xy)=\frac{|G|}{|H_1||H_2|}\neq 0$$

を得る．($H_1\cap H_2=1$ に注意！) 一方，Re_1e_2 の K 基底 $a_1,\cdots,a_r$ を拡大して R の K 基底 $a_1,\cdots,a_r,\cdots,a_n$ $(n=|G|)$ を作れば，$\Phi_{e_1e_2}(a_i)=ca_i$ $(1\leqq i\leqq r)$，$\Phi_{e_1e_2}(a_j)\equiv 0\ (\mathrm{mod}\ Re_1e_2)$ $(j>r)$ より，$\chi(e_1e_2)=rc$ を得る．

$$\therefore\quad rc=\frac{|G|}{|H_1||H_2|}\neq 0.\qquad\therefore\quad c\neq 0.$$

よって，

$$e=\frac{1}{c}e_1e_2$$

とおけば，$e^2=e\neq 0$，そして $Re_1e_2=Re$ である．Re が R の極小左イデアルであることを示そう．もしそうでなければ，$Re=\mathfrak{a}_1\oplus\mathfrak{a}_2$，$\mathfrak{a}_1\neq 0$，$\mathfrak{a}_2\neq 0$ を満たす R の左イデアル $\mathfrak{a}_1,\mathfrak{a}_2$ がある．この分解に応じて $e=f_1+f_2$ と書くと，$f_1=f_1e=f_1^2+f_1f_2$ より $f_1=f_1^2$ かつ $f_1f_2\in\mathfrak{a}_1\cap\mathfrak{a}_2=0$．同様に，$f_2=f_2^2$ かつ $f_2f_1=0$ となるから，$f_1=ef_1e=(1/c^2)e_1e_2f_1e_1e_2\in e_1Re_2=Ke$．よって，$f_1$ は $f_1=\lambda e$ $(\lambda\in K)$ の形になる．$f_1^2=f_1$ より $\lambda^2=\lambda$．$\therefore$ $\lambda=0$ または $\lambda=1$ である．さて，$Re=Rf_1+Rf_2$，$Rf_1\subset\mathfrak{a}_1$，$Rf_2\subset\mathfrak{a}_2$ より，$Rf_1=\mathfrak{a}_1$，$Rf_2=\mathfrak{a}_2$．$\therefore$ $f_1\neq 0$．$\therefore$ $\lambda\neq 0$．$\therefore$ $\lambda=1$．$\therefore$ $f_1=e$．$\therefore$ $f_2=e-f_1=0$．$\therefore$ $\mathfrak{a}_2=0$ (矛盾)．よって，Re の極小性がわかった．

次に $Re=Re_1e_2\subset Re_2$ だから，残る所は，Re に R 同型な Re_1 の極小左イデアルの存在をいえばよい．それには $e_1Re\neq 0$ をいえばよい ($\because$ $\mathrm{Hom}_R(Re_1,Re)\cong e_1Re$)．しかし，$e_1Re\ni e_1e_2e=(1/c)(e_1e_2)^2=e_1e_2\neq 0$ だから，$e_1Re\neq 0$ は確かに成り立つ．

最後に，$\langle\mathfrak{l}_1,\mathfrak{l}_2\rangle_R=\langle\mathfrak{l}_2,\mathfrak{l}_1\rangle_R$ だから，e_1,e_2 をとりかえて上の議論を用いれば，Re_2e_1 も R の極小左イデアルで，しかも Re_1,Re_2 に共通な既約成分である．そのような既約成分は R 同型を除いて一意的だったから，$Re_2e_1\cong_R Re_1e_2$．▌

§1.5 半単純線型環のテンソル積

a) 半単純線型環のテンソル積とその表現

定理 1.25 K を代数的閉体，R と S をともに K 上の半単純線型環とする．

(i) テンソル積(§1.1, b)参照) $R\otimes_K S$ を T とすれば，T も K 上の半単純線型環である．そして，R, S の単純成分の個数をそれぞれ r, s とすれば，T の単純成分の個数は rs である．特に，R と S が単純ならば T も単純である．

(ii) $(\rho, V), (\theta, U)$ をそれぞれ R と S の既約表現とすれば，$(\rho\otimes\theta,\ V\otimes U)$ は，$T=R\otimes S$ の既約表現である．ただし，$\rho\otimes\theta$ は，$(\rho\otimes\theta)(a\otimes b)=\rho(a)\otimes\theta(b)$ $(a\in R,\ b\in S)$ で定められた T の表現である．

(iii) 逆に，$T=R\otimes S$ の任意の既約表現 (φ, W) に対して，R の既約表現 (ρ, V) と S の既約表現 (θ, U) とが存在して，$V\otimes U\cong_T W$ (すなわち $\rho\otimes\theta\sim\varphi$) となる．しかも，与えられた φ に対し ρ, θ は同値を除いて一意的である．

証明 (i) $R=\mathfrak{a}_1\oplus\cdots\oplus\mathfrak{a}_r$ と $S=\mathfrak{b}_1\oplus\cdots\oplus\mathfrak{b}_s$ をそれぞれ R, S の単純成分への分解とすれば，

$$T = R\otimes S = (\mathfrak{a}_1\otimes\mathfrak{b}_1)\oplus(\mathfrak{a}_1\otimes\mathfrak{b}_2)\oplus\cdots\oplus(\mathfrak{a}_r\otimes\mathfrak{b}_s)$$

となる．よって，$\mathfrak{a}_i\otimes\mathfrak{b}_j$ が K 上の単純線型環であることをいえば，T の半単純性がわかる(定理 1.14(v))．さて，$\mathfrak{a}_i, \mathfrak{b}_j$ はいずれも K 上の全行列環に同型である．(K が代数的閉体だから．定理 1.17(i)参照.) よって，K 上の有限次元ベクトル空間 V, U を適当にとれば，K 上の線型環として，$\mathfrak{a}_i\cong\mathrm{End}(V)$，$\mathfrak{b}_j\cong\mathrm{End}(U)$ となる．$\therefore$ $\mathfrak{a}_i\otimes\mathfrak{b}_j\cong\mathrm{End}(V)\otimes\mathrm{End}(U)$．一方，線型代数学でよく知られているように，$\mathrm{End}(V)\otimes\mathrm{End}(U)\cong\mathrm{End}(V\otimes U)$ である．実際，$\mathrm{End}(V)\otimes\mathrm{End}(U)\to\mathrm{End}(V\otimes U)$ なる写像

$$A\otimes B\longrightarrow C \qquad (\text{ただし } C(v\otimes u)=Av\otimes Bu)$$

$(A\in\mathrm{End}(V),\ B\in\mathrm{End}(U),\ v\in V,\ u\in U)$ が同型を与える．よって，$\mathfrak{a}_i\otimes\mathfrak{b}_j$ も K 上の全行列環に同型となるから，単純である．よって，T は rs 個の単純成分をもつ．

(ii) 定理 1.18 の系 2 (Burnside の定理)により，$\rho(R)=\mathrm{End}(V)$，$\theta(S)=\mathrm{End}(U)$ である．よって(i)に述べた同型対応 $\mathrm{End}(V)\otimes\mathrm{End}(U)\cong\mathrm{End}(V\otimes U)$ により，$\mathrm{End}(V)\otimes\mathrm{End}(U)$ と $\mathrm{End}(V\otimes U)$ とを同一視すれば，$\rho(R)\otimes\theta(S)=\mathrm{End}(V\otimes U)$ である．すなわち，$(\rho\otimes\theta)(T)=\mathrm{End}(V\otimes U)$ であるから，T 加

群 $V\otimes U$ は，0 と $V\otimes U$ 以外に部分 T 加群をもたない．

(iii) (φ, W) を $T=R\otimes S$ の既約表現とする．R, S をそれぞれ T の部分線型環 $R\otimes 1_S$，$1_R\otimes S$ と同一視すれば，W は R 加群とも，また S 加群ともみなせる．R 加群 W 中に極小な部分 R 加群 V をとる．すると，$H=\mathrm{Hom}_R(V, W)$ は次のように S 加群の構造をもつ：$f\in H$ と $b\in S$ に対し，$bf\in H$ を

$$(bf)(v)=b\cdot f(v)$$

で定義するのである．(W が S 加群であるから，右辺が意味をもつ.) さて，K 線型写像 $V\otimes_K H\to W$ が

$$v\otimes f\longmapsto f(v) \qquad (v\in V,\ f\in H)$$

により定義されるが，これは T 加群の間の T 準同型写像である．実際，$a\otimes b\in T$ $(a\in R,\ b\in S)$ に対して，

$$(a\otimes b)(v\otimes f)=av\otimes bf\longmapsto (bf)(av)=baf(v)=(a\otimes b)f(v)$$

となるからである．(上記のごとく $R\subset T$，$S\subset T$ とみなせば，T 中で R の各元 a と S の各元 b とは可換で，

$$ba=ab=(\text{同一視以前に戻って})\,(a\otimes 1_S)(1_R\otimes b)=a\otimes b$$

となるからである.) さて，V のとり方から $H\neq 0$．よって，S 加群 H 中に極小部分 S 加群 U がとれる．上の T 準同型写像 $V\otimes H\to W$ による $V\otimes U$ の像 W_0 は 0 でない．(もし $W_0=0$ なら，$V\otimes H\to W$ の作り方から $U=0$ となり矛盾.) よって，W の既約性により $W=W_0$ である．$V\otimes U, W$ はどちらも既約な T 加群 (上の (ii) を見よ) であるから，いま得られた全射 T 準同型写像は T 同型写像である．$\therefore\ V\otimes U\cong_T W$.

次に，$V\otimes U\cong_T W$ を満たす既約な R 加群 V と S 加群 U が，同値を除いて一意的であることを示そう．いま，V_0, U_0 がそれぞれ既約な R 加群と S 加群であって，$V_0\otimes U_0\cong_T W$ を満たしたとする．U の K 基底を $u_1, \cdots, u_n$ とすると，$V\otimes U=(V\otimes u_1)\oplus\cdots\oplus(V\otimes u_n)$，しかも $R\subset T$ とみなすと，各 $V\otimes u_i$ は部分 R 加群で，しかも $\cong_R V$ である．よって，R 加群として，$\langle W, V\rangle_R=n>0$ であり，しかも V と同値でない既約な R 加群 V_1 に対しては，$\langle W, V_1\rangle_R=0$ である．一方で同様にして，$\langle W, V_0\rangle_R=\dim U_0>0$ となるから，$V\cong_R V_0$ を得る．$U\cong_S U_0$ の方も同様である．▮

系　R, S の既約表現類の完全代表系をそれぞれ

$$\rho_1,\ \cdots,\ \rho_r;\ \theta_1,\ \cdots,\ \theta_s$$

とすれば，$T=R\otimes S$ の既約表現類の完全代表系が rs 個の表現

$$\rho_1\otimes\theta_1,\quad \rho_1\otimes\theta_2,\quad \cdots,\quad \rho_r\otimes\theta_s$$

によって与えられる．

b) 表現空間の標準分解と $\mathrm{End}_R(V)$ の既約表現

定理 1.26 代数的閉体 K 上の半単純線型環 R の表現 (ρ, V) に対し，表現空間 V の等質成分への標準分解（§1.2, d) 参照）を

$$(*)\qquad V = V_1\oplus\cdots\oplus V_t$$

とし，$S=\mathrm{End}_R(V)=\{b\in\mathrm{End}(V)\mid b\rho(a)=\rho(a)b$ (各 $a\in R$ に対し)$\}$ とおく．すると以下のことが成り立つ．

(i) $\rho(R)$ は K 上の半単純線型環であって，その単純成分の個数は t である．そして，これらの単純成分を適当な順序に並べて $\mathfrak{a}_1, \cdots, \mathfrak{a}_t$ とすると，$V_i=\mathfrak{a}_i V$ $(1\leqq i\leqq t)$ となる．

(ii) S は K 上の半単純線型環であって，S の単純成分の個数は t である．そして，$(*)$ は S 加群 V の等質成分への標準分解である．

(iii) R と S のテンソル積である線型環 $T=R\otimes_K S$ の表現 $\tilde{\rho}: T\to\mathrm{End}(V)$ を

$$\tilde{\rho}(a\otimes b) = \rho(a)b = b\rho(a)\qquad (a\in R,\ b\in S)$$

で定めることができる．すると各 V_i は既約な部分 T 加群となる．よって，既約 R 加群 U_i と既約 S 加群 W_i とが（同値を除いて一意的に）存在して（§1.5, a)）

$$U_i\otimes W_i \cong_T V_i\qquad (1\leqq i\leqq t)$$

となる．このとき $U_1, \cdots, U_t$ のどの二つも R 同型ではない．また，$W_1, \cdots, W_t$ のどの二つも S 同型ではない．

(iv) $\dim U_i=n_i$，$\dim W_i=m_i$ $(1\leqq i\leqq t)$ とおけば

$$n_i = \langle V_i, W_i\rangle_S,\qquad m_i = \langle V_i, U_i\rangle_R\qquad (1\leqq i\leqq t)$$

となる．また，K 上の線型環として次の二つの同型が成り立つ．

$$\rho(R) \cong M_{n_1}(K)\oplus\cdots\oplus M_{n_t}(K),$$
$$S \cong M_{m_1}(K)\oplus\cdots\oplus M_{m_t}(K).$$

$$(\mathrm{v})\qquad \mathrm{End}_S(V) = \rho(R).$$

証明 (i) R の単純成分を $\mathfrak{a}_1, \cdots, \mathfrak{a}_r$ とする．$\mathrm{Ker}\,\rho$ は R のイデアルだから，いくつかの $\mathfrak{a}_j$ の直和である．よって例えば，$\mathrm{Ker}\,\rho=\mathfrak{a}_{m+1}\oplus\cdots\oplus\mathfrak{a}_r$ としてよい．

すると，$\rho(R)\cong R/\mathrm{Ker}\,\rho\cong\mathfrak{a}_1\oplus\cdots\oplus\mathfrak{a}_m$．よって，$\rho(R)$ は単純線型環 $\mathfrak{a}_1, \cdots, \mathfrak{a}_m$ の直和に同型だから半単純である．この同型により $\rho(R)$ を以下 $\mathfrak{a}_1\oplus\cdots\oplus\mathfrak{a}_m$ と同一視する．$\mathfrak{a}_iV=M_i$ $(1\leqq i\leqq m)$ とおくと，M_i は V の部分 R 加群である．$M_1, \cdots, M_m$ が R 加群 V の等質成分になることを示そう．

$\rho(R)$ の単位元 1_V を $1_V=e_1+\cdots+e_m$ $(e_i\in\mathfrak{a}_i,\ 1\leqq i\leqq m)$ と表わすと，$\mathfrak{a}_i=Re_i=e_iR$ だから，

$$M_i = \mathfrak{a}_iV = e_iRV = e_iV \qquad (1\leqq i\leqq m)$$

である．さて，$i\neq j$ のとき $e_ie_j=0$ で，また $e_i^2=e_i$ であることを用いれば，$V=M_1\oplus\cdots\oplus M_m$ を得る．実際，各 $v\in V$ に対し，$v=1_Vv=e_1v+\cdots+e_mv$ $(e_iv\in M_i)$ だから，$V=M_1+\cdots+M_m$．次に，$v_i\in M_i$ $(1\leqq i\leqq m)$，$v_1+\cdots+v_m=0$ ならば，両辺に e_i を左乗して $e_iv_j=0$ $(i\neq j)$，$e_iv_i=v_i$ を用いれば，$v_i=0$ $(1\leqq i\leqq m)$ を得る．$\therefore$ $V=M_1\oplus\cdots\oplus M_m$.

次に，$\mathfrak{a}_i$ を極小左イデアルの直和に分解して，$\mathfrak{a}_i=\mathfrak{l}_1\oplus\cdots\oplus\mathfrak{l}_\nu$ とし，V の K 基底を $x_1, \cdots, x_\mu$ とすれば，$M_i=\mathfrak{a}_iV=\sum\mathfrak{l}_ix_j$ となる．各 $\mathfrak{l}_ix_j$ は，R 準同型写像 $\mathfrak{l}_i\to\mathfrak{l}_ix_j : x\mapsto xx_j$ による $\mathfrak{l}_i$ の像であるから，0 であるかまたは $\mathfrak{l}_ix_j\cong_R\mathfrak{l}_i$ である．さて，$M_i=\sum\mathfrak{l}_ix_j$ により M_i はいくつかの $\mathfrak{l}_ix_j$ の直和になる(定理1.1(ii) $\Longrightarrow$ (iii) の証明参照)．よって，M_i に (R 同型の意味で) 含まれる R の極小左イデアル $\mathfrak{l}$ は $\mathfrak{a}_i$ の極小左イデアルに R 同型であるものに限る．よって，$1\leqq i<j\leqq m$ のとき $\langle M_i, M_j\rangle_R=0$ となる．最後に $M_i\neq0$ である．($\mathfrak{a}_i\neq0$，$\mathfrak{a}_i\subset\mathrm{End}\,(V)$，$1\leqq i\leqq m$ だから．) よって $V=M_1\oplus\cdots\oplus M_m$ は R 加群 V の標準分解になる．よって $m=t$，かつ 適当な順序で $V_i=M_i$ $(1\leqq i\leqq t)$ となる．よって $V_i=\mathfrak{a}_iV$ $(1\leqq i\leqq t)$.

(ii) まず $\mathrm{End}\,(V_i)$ を $\mathrm{End}\,(V)$ の中に部分線型環として埋め込もう．そのため，$f\in\mathrm{End}\,(V_i)$ に対し $\tilde{f}\in\mathrm{End}\,(V)$ を次のように定める：$x\in V_i$ のとき $\tilde{f}(x)=f(x)$，$x\in V_j$ $(j\neq i)$ のとき，$\tilde{f}(x)=0$．すると，写像 $f\mapsto\tilde{f}$ は $\mathrm{End}\,(V_i)\to\mathrm{End}\,(V)$ なる単射で，しかも K 上の線型環としての準同型写像である．この写像により $\mathrm{End}\,(V_i)\subset\mathrm{End}\,(V)$ とみなせば，$\mathrm{End}\,(V_i)$ は $\mathrm{End}\,(V)$ の部分線型環である．そして，和 $\sum\mathrm{End}\,(V_i)$ は直和 $\mathrm{End}\,(V_1)\oplus\cdots\oplus\mathrm{End}\,(V_t)$ になっている．埋め込みの結果として，1_{V_i} は V の標準分解 ($*$) による V から V_i への射影となることに注意しよう．

さて各 $a\in R$ に対し，$\rho(a)V_i\subset V_i$．よって $\rho(a)$ の V_i 上への制限写像を $\rho_i(a)$

と書けば，$\rho_i(a) \in \mathrm{End}(V_i)$ で，$\rho_i: R \to \mathrm{End}(V_i)$ は R の表現である．さて各 $b \in S = \mathrm{End}_R(V)$ が $bV_i \subset V_i$ を満たすことは既知である（§1.2, d)，定理 1.13)．よって，b の V_i 上への制限写像を b_i と書けば，$b_i \in \mathrm{End}(V_i)$ である．しかも $b\rho(a) = \rho(a)b$ より $b_i\rho_i(a) = \rho_i(a)b_i$ である．すなわち，表現 ρ_i による R 加群 V_i において，$b_i \in \mathrm{End}_R(V_i)$ $(1 \leqq i \leqq t)$ である．しかも，埋め込み方 $\mathrm{End}(V_i) \subset \mathrm{End}(V)$ を想起すれば，$b = b_1 + \cdots + b_t$ である．

いま $\mathrm{End}_R(V_i) = S_i$ $(1 \leqq i \leqq t)$ とおく．S_i は $\rho_i(R)$ の各元と可換な $\mathrm{End}(V_i)$ の元の全体である．S_i は $\mathrm{End}(V_i)$ の，したがって $\mathrm{End}(V)$ の部分線型環である．$S_i \subset \mathrm{End}(V_i)$ により $S_1 + \cdots + S_t$ は直和である：$S_1 + \cdots + S_t = S_1 \oplus \cdots \oplus S_t$．そして，$i \neq j$ のとき $S_iS_j = 0$ であるから，これは線型環としても直和である．

さて上記により，$S \subset S_1 + \cdots + S_t$ である．逆の包含関係の成立を示そう．いま $g_i \in S_i$ $(1 \leqq i \leqq t)$ ならば，各 $a \in R$ に対して $\rho_i(a)g_i = g_i\rho_i(a)$．したがって，$g_i$ は $\rho(a)$ とも可換になる．よって，$g_1 + \cdots + g_t$ は $\rho(a)$ と可換になる．よって，$S_1 + \cdots + S_t \subset S$ を得る．以上から

$$S = S_1 \oplus \cdots \oplus S_t.$$

よって，S が半単純であることをいうには，各 S_i が単純線型環なることをいえばよい．そのとき $S_i \neq 0$ $(\because\ S_i \ni 1_{V_i})$ だから，S の単純成分の個数は t となる．そして，

$$V_i = 1_{V_i}(V) \subset S_iV \subset \mathrm{End}(V_i)V = V_i. \qquad \therefore\ V_i = S_iV.$$

よって (i) の結果により，(＊) は S 加群 V の等質成分への標準分解となる．結局，(ii) の証明を完了するには，R 加群 V の等質成分の個数が 1 である場合に次の補題をいえばよい．

補題 1.4 K を代数的閉体，R を K 上の半単純線型環，(ρ, V) を R の表現とし，R 加群 V の等質成分の個数は 1 に等しいとする．このとき，$\mathrm{End}_R(V)$ は K 上の単純線型環である．そして，V が既約 R 加群 U を重複度 d で含めば，$\dim \mathrm{End}_R(V) = d^2$．

証明 V を既約な部分 R 加群の直和に分解して，これを

$$V = U_1 \oplus \cdots \oplus U_d$$

とする．この分解により定まる V から U_i への射影を π_i とする．どの U_i も一定の既約 R 加群 U に R 同型である．そのような R 同型写像 $\varphi_i: U \to U_i$ を各 i

について定めておく．U_i の既約性と，$U_i \cong_R U_j$ とより，$\langle U_i, U_j\rangle_R=1$ が各 i, j について成り立つ．よって，$\mathrm{Hom}_R(U_i, U_j)$ は K 上1次元である．さて，$\varphi_j\circ\varphi_i^{-1}$ は，U_i から U_j への R 同型写像であり，しかも $\neq 0$ だから，$\varphi_j\circ\varphi_i^{-1}$ が $\mathrm{Hom}_R(U_i, U_j)$ の K 上の基底になっている．

さて，$S=\mathrm{End}_R(V)$ とおく．各 $b\in S$ に対し，$U_i\to U_j$ なる写像 $x\mapsto \pi_j b(x)$ は $\mathrm{Hom}_R(U_i, U_j)$ に属する．よって，スカラー $\lambda_{ji}\in K$ が定まって

$$\pi_j b(x) = \lambda_{ji}\varphi_j\varphi_i^{-1}(x) \qquad (\text{各 } x\in U_i \text{ に対し})$$

となる．スカラー λ_{ji} は $b\in S$ と j, i で定まるから，これを $\lambda_{ji}=\lambda_{ji}(b)$ とおけば，写像

$$\psi : \begin{cases} S \longrightarrow M_d(K), \\ b \longmapsto \Lambda(b) = (\lambda_{ji}(b)) \end{cases}$$

を得る．ψ は容易にわかるように K 線型写像であって，しかも S の単位元 1_V を単位行列に写している．ψ が乗法を保存することを示そう．$b, b'\in S$, $x\in U_i$ に対し，

$$\lambda_{ji}(bb')\varphi_j\varphi_i^{-1}(x) = \pi_j bb'(x)$$

であるが，ここへ $1_V=\pi_1+\cdots+\pi_d$ を代入して

$$= \pi_j b\left(\sum_{k=1}^{d}\pi_k b'(x)\right) = \sum_{k=1}^{d}\lambda_{jk}(b)\varphi_j\varphi_k^{-1}(\pi_k b'(x))$$

$$= \sum_{k=1}^{d}\lambda_{jk}(b)\varphi_j\varphi_k^{-1}(\lambda_{ki}(b')\varphi_k\varphi_i^{-1}(x))$$

$$= \sum_{k=1}^{d}\lambda_{jk}(b)\lambda_{ki}(b')\varphi_j\varphi_k^{-1}\varphi_k\varphi_i^{-1}(x)$$

$$= \sum_{k=1}^{d}\lambda_{jk}(b)\lambda_{ki}(b')\varphi_j\varphi_i^{-1}(x) = \left(\sum_{k=1}^{d}\lambda_{jk}(b)\lambda_{ki}(b')\right)\varphi_j\varphi_i^{-1}(x).$$

$$\therefore\quad \lambda_{ji}(bb') = \sum_{k=1}^{d}\lambda_{jk}(b)\lambda_{ki}(b'). \qquad \therefore\quad \Lambda(bb') = \Lambda(b)\Lambda(b').$$

よって，ψ は線型環の間の準同型写像となる．ψ が全単射であることを示そう．単射性：$\psi(b)=0$ ならば $\Lambda(b)=0$ だから，各 $x\in U_i$ に対し $\pi_j b(x)=0$ $(1\leqq j\leqq d)$．左辺を $j=1, \cdots, d$ について加えれば $b(x)=0$ $(1\leqq i\leqq d)$ を得る．よって，$bV=0$．$\therefore$ $b=0$．全射性：$M_d(K)$ の任意の元 (μ_{ji}) に対し，$b\in\mathrm{End}(V)$ を次のように定義する：$x\in U_i$ に対して

$$b(x)=\mu_{1i}\varphi_1\varphi_i^{-1}(x)+\cdots+\mu_{di}\varphi_d\varphi_i^{-1}(x).$$

すると，$b\in S$ となる．実際，$a\in R$, $x\in U_i$ ならば

$$\rho(a)b(x)=\sum_{k=1}^{d}\mu_{ki}\rho(a)\varphi_k\varphi_i^{-1}(x)=\sum_{k=1}^{d}\mu_{ki}\varphi_k\varphi_i^{-1}(ax)=b\rho(a)(x)$$

となる．よって，$\rho(a)b=b\rho(a)$ となる．

以上で，K 上の線型環として，$S\cong M_d(K)$ がわかった．よって，$\dim S=d^2$ である．▌

さて，定理 1.26 (iii) の証明に戻ろう．$T=R\otimes_K S$ とする．写像 $R\times S\to \mathrm{End}(V):(a,b)\mapsto\rho(a)b=b\rho(a)$ $(a\in R,\ b\in S)$ は双線型だから，$T=R\otimes S\to\mathrm{End}(V)$ なる線型写像 $\tilde{\rho}:a\otimes b\mapsto\rho(a)b=b\rho(a)$ をひきおこす．$\rho(a)$ と b の可換性により，$\tilde{\rho}$ が乗法を保つことがわかる．しかも $\tilde{\rho}(1_R\otimes 1_V)=1_V$ だから，$\tilde{\rho}$ は T の表現である．そして $\rho(a)V_i\subset V_i$, $bV_i\subset V_i$ より，各 V_i は V の部分 T 加群であることがわかる．さて V_i が既約な T 加群であることを示そう．各 $c\in T$ に対し，$\tilde{\rho}(c)$ の V_i 上への制限写像を $\tilde{\rho}_i(c)$ とすると，$\tilde{\rho}_i(c)\in\mathrm{End}(V_i)$ である．(i), (ii) に述べた単純成分への分解 $\rho(R)=\mathfrak{a}_1\oplus\cdots\oplus\mathfrak{a}_t$ $(V_i=\mathfrak{a}_iV)$, $S=S_1\oplus\cdots\oplus S_t$ を用いると，$\mathfrak{a}_jV_i=0$, $S_jV_i=0$ $(i\neq j)$ だから，$p=q=i$ 以外の (p,q) に対しては $\tilde{\rho}_i(\mathfrak{a}_p\otimes S_q)=0$ となる．よって，

$$\mathfrak{M}=\sum_{(p,q)\neq(i,i)}\mathfrak{a}_p\otimes S_q$$

は $\mathrm{Ker}\,\tilde{\rho}_i$ に含まれる．$\tilde{\rho}_i(R\otimes S)=\tilde{\rho}_i(\mathfrak{a}_i\otimes S_i)+\tilde{\rho}_i(\mathfrak{M})=\tilde{\rho}_i(\mathfrak{a}_i\otimes S_i)$ だから，V_i の T 加群としての既約性をいうには，V_i が $\mathfrak{a}_i\otimes S_i$ 加群として既約であることをいえばよい．

さて，V_i に既約 R 加群 U が重複度 d で含まれるとし，$\dim_K U=f$ としよう．すると，U は $\mathfrak{a}_i$ の極小左イデアルと R 同型であった((i) の証明参照)から，$\mathfrak{a}_i\cong M_f(K)$ である．また，$S_i\cong M_d(K)$ である．(S_i は K 上の単純線型環で，K 上 d^2 次元だから.) よって，公式 $\mathrm{End}(P)\otimes\mathrm{End}(Q)\cong\mathrm{End}(P\otimes Q)$ により，$\mathfrak{a}_i\otimes S_i\cong M_{fd}(K)$ である．よって，$\mathfrak{a}_i\otimes S_i$ 加群の次元はすべて fd の倍数であり，特に，fd 次元の $\mathfrak{a}_i\otimes S_i$ 加群は既約である．さて，$\dim V_i=d\cdot\dim U=fd$ であって V_i は $\mathfrak{a}_i\otimes S_i$ 加群として既約である．よって，V_i は $R\otimes S$ 加群としても既約である．

よって，既約 R 加群 U_i と既約 S 加群 W_i とが存在して $U_i\otimes W_i\cong_T V_i$ とな

る $(i=1, \cdots, t)$. さて既述のように(定理1.25の証明参照), 既約な U_i, W_i はそれぞれ

$$\langle V_i, U_i \rangle_R > 0, \qquad \langle V_i, W_i \rangle_S > 0$$

により同値を除いて一意的に特徴づけられている. さて, $\mathfrak{a}_i V = V_i$ から, U_i は $\mathfrak{a}_i$ の極小左イデアルに R 同型となるのであった. 同様に, $S_i V = V_i$ から, W_i は S_i の極小左イデアルに S 同型となる. よって, $i \neq j$ ならば, $U_i \not\cong_R U_j$, $W_i \not\cong_S W_j$ となる. これで(iii)の証明が完了した.

(iv) $\dim U_i = n_i$, $\dim W_i = m_i$ $(1 \leqq i \leqq t)$ とおくと, (iii)の証明中に述べたように, $\mathfrak{a}_i \cong M_{n_i}(K)$, $S_i \cong M_{m_i}(K)$ である. また, $U_i \otimes W_i \cong_T V_i$ から, 定理1.25の証明の終りの部分で述べたように, $\langle V_i, W_i \rangle_S = \dim U_i = n_i$, $\langle V_i, U_i \rangle_R = \dim W_i = m_i$ が成り立つ. よって,

$$\rho(R) \cong \mathfrak{a}_1 \oplus \cdots \oplus \mathfrak{a}_t \cong M_{n_1}(K) \oplus \cdots \oplus M_{n_t}(K),$$
$$S \cong S_1 \oplus \cdots \oplus S_t \cong M_{m_1}(K) \oplus \cdots \oplus M_{m_t}(K)$$

を得る.

(v) $\mathrm{End}_S(V) = R'$ とおけば, $\rho(R) \subset R'$ は明らかである. よって $R' \subset \rho(R)$ を示そう. さて, R' は, S 加群 V の標準分解 $V = V_1 \oplus \cdots \oplus V_t$ を'保存する'. すなわち, $R' V_i \subset V_i$ $(1 \leqq i \leqq t)$ が成り立つ(定理1.13). よって, R' の任意の元 c の V_i 上への制限写像を c_i とすると, $c_i \in \mathrm{End}(V_i)$ $(1 \leqq i \leqq t)$. しかも明らかに $c_i \in \mathrm{End}_S(V_i)$ であり, 埋め込み $\mathrm{End}(V_i) \subset \mathrm{End}(V)$ により, $c = c_1 + \cdots + c_t$ となっている. よって, $c \in \rho(R)$ をいうには, 各 c_i が $c_i \in \rho_i(R) = \mathfrak{a}_i$ ($\rho_i(a)$ は $\rho(a)$ $(a \in R)$ の V_i 上への制限写像)であることをいえばよい. さて, $S_i = \mathrm{End}_R(V_i) = \mathrm{End}_{\mathfrak{a}_i}(V_i)$, $\mathrm{End}_S(V_i) = \mathrm{End}_{S_i}(V_i)$ であるから, 結局,

$$\mathrm{End}_{S_i}(V_i) = \mathfrak{a}_i \qquad (1 \leqq i \leqq t)$$

をいえばよい.

(iv)における n_i, m_i のとり方から, (iv)の結果を $\mathrm{End}_{S_i}(V_i)$ に適用して,

$$\dim \mathrm{End}_{S_i}(V_i) = n_i^2$$

を得る. 一方, $\dim \mathfrak{a}_i = (\dim U_i)^2 = n_i^2$. $\therefore$ $\dim \mathfrak{a}_i = \dim \mathrm{End}_{S_i}(V_i)$. これと $\mathfrak{a}_i \subset \mathrm{End}_{S_i}(V_i)$ とから, $\mathfrak{a}_i = \mathrm{End}_{S_i}(V_i)$ を得る. ∎

さて, 定理1.26の仮定の下で, V の既約な部分 S 加群 U を作る一つの方法を述べよう. まず $a \in R$ を任意にとり, $U = aV = \rho(a)V$ とおく. すると U は V

の部分 S 加群となる．実際，各 $b\in S$ に対し，$bU=b\rho(a)V=\rho(a)bV\subset\rho(a)V=U$ となるからである．では，a をどのようにとればこの U が S 加群として既約になるだろうか？

定理 1.27 $K, R, (\rho, V)$，$S=\mathrm{End}_R(V)$，$V=V_1\oplus\cdots\oplus V_t$，$\rho(R)=\mathfrak{a}_1\oplus\cdots\oplus\mathfrak{a}_t$，$S=S_1\oplus\cdots\oplus S_t$，$U_i, W_i, n_i, m_i$ の意味は定理 1.26 と同じとする．このとき

(i) $a\in R$ と番号 i とに対して次の 5 条件は互いに同値である．

(イ) aV は V の既約な部分 S 加群であって，$aV\subset V_i$.

(ロ) $\rho(Ra)$ は $\rho(R)$ の極小左イデアルで，$\rho(Ra)\subset\mathfrak{a}_i$.

(ハ) $\rho(aR)$ は $\rho(R)$ の極小右イデアルで，$\rho(aR)\subset\mathfrak{a}_i$.

(ニ) $aV\subset V_i$,　$\dim(aV)=m_i$.

(ホ) $aV\subset V_i$,　$\dim(aU_i)=1$.

(ii) $\mathfrak{a}_i$ の極小右イデアルへの直和分解を $\mathfrak{a}_i=\mathfrak{r}_1\oplus\cdots\oplus\mathfrak{r}_{n_i}$ とすれば，各 $\mathfrak{r}_jV$ は V の既約部分 S 加群であって，

$$V_i=\mathfrak{r}_1V\oplus\cdots\oplus\mathfrak{r}_{n_i}V$$

は S 加群 V_i の直和分解を与える．そしてベキ等元 f_i により $\mathfrak{r}_i=f_iR$ とおけば，$\mathfrak{r}_iV=f_iV$ $(1\leqq i\leqq t)$ である．

証明 (i) $a\in R$ とし aV が既約 S 加群とすれば，aV を既約成分として使って S 加群 V の標準分解ができるから，aV はある等質成分 V_i 中に含まれねばならない(定理 1.26 (ii))．よって，いま $aV\subset V_i$ の場合を考えよう．すると，S 加群として aV が既約ということは，S_i 加群として aV が既約だということと同値である．$S_i\cong M_{m_i}(K)$ だから，S_i 加群としては恒に $\dim(aV)\geqq m_i$ であって，等号成立が aV の既約性と同値である．すなわち，(イ) $\Leftrightarrow$ (ニ) を得る．

次に，$V_i=U_{i1}\oplus\cdots\oplus U_{im_i}$ を R 加群 V_i の既約部分 R 加群 $\{U_{ij}\}$ の直和への分解とする．したがって，$U_i\cong_R U_{ij}$ $(1\leqq j\leqq m_i)$ である．$aV_i=aU_{i1}\oplus\cdots\oplus aU_{im_i}$ である．さて，$aV=aV_1\oplus\cdots\oplus aV_t$ と $aV_j\subset V_j$ $(1\leqq j\leqq t)$ とより，$aV\subset V_i$ ならば各 j $(1\leqq j\leqq t,\ j\neq i)$ に対し，$aV_j=0$ である．($\because$ $aV_j\subset aV\cap V_j\subset V_i\cap V_j=0$.) よって，$aV=aV_i$．また，$U_{i1},\cdots,U_{im_i}$ は U_i に R 同型だから K 上のベクトル空間として，$aU_{i1},\cdots,aU_{im_i}$ は aU_i に同型である．よって，$\dim(aV_i)=m_i\dim(aU_i)$．したがって $aV\subset V_i$ のとき

$$\dim(aV)=m_i \Leftrightarrow \dim(aV_i)=m_i \Leftrightarrow \dim(aU_i)=1$$

となるから，(ニ) ⇔ (ホ) を得る．

次に，$V_i \supset aV \ne 0$ より，$\rho(a) \ne 0$ を得る．i 以外の j $(1 \le j \le t)$ に対し $aV_j = 0$ となることから，$\rho(R) = \mathfrak{a}_1 \oplus \cdots \oplus \mathfrak{a}_t$ に応じて $\rho(a) = a_1 + \cdots + a_t$ と表わせば，$a_j = 0$ $(j \ne i)$．∴ $\rho(a) = a_i \in \mathfrak{a}_i$．よって，$\rho(Ra) = \rho(R)\rho(a)$, $\rho(aR) = \rho(a)\rho(R)$ はそれぞれ $\mathfrak{a}_i$ の左イデアル，右イデアルで，かつ 0 ではない．そして，$\rho(aR) = \rho(a)\mathfrak{a}_i$, $\rho(Ra) = \mathfrak{a}_i \rho(a)$ である．

さて，既約 R 加群（したがって既約 $\mathfrak{a}_i$ 加群）U_i の K 基底をとり，同型 $\mathfrak{a}_i \cong M_{n_i}(K)$ により，$\mathfrak{a}_i$ と $M_{n_i}(K)$ とを同一視しよう．すると，条件 (ホ) における $\dim(aU_i)$ は行列 $\rho(a) \in M_{n_i}(K)$ の階数にほかならない．さて，正則行列 $x, y \in GL(n_i, K)$ をとり，線型代数で周知のように，

$$x\rho(a)y = \begin{bmatrix} 1 & & & & & & \\ & \ddots & {}^p & & & 0 & \\ & & 1 & & & & \\ & & & 0 & & & \\ & 0 & & & \ddots & & \\ & & & & & & 0 \end{bmatrix} = J_p$$

(p は $\rho(a)$ の階数）と書ける．このとき，$\rho(a) = x^{-1} J_p y^{-1}$ だから，

$$\dim \mathfrak{a}_i \rho(a) = \dim M_{n_i}(K) x^{-1} J_p y^{-1} = \dim M_{n_i}(K) J_p,$$
$$\dim \rho(a) \mathfrak{a}_i = \dim x^{-1} J_p y^{-1} M_{n_i}(K) = \dim J_p M_{n_i}(K)$$

である．ところが，$M_{n_i}(K) J_p$ と $J_p M_{n_i}(K)$ とは次の形の行列の集合となる：

$$M_{n_i}(K) J_p = \begin{array}{c} \overbrace{}^{p} \\ \boxed{\begin{array}{c|c} * & 0 \end{array}} \end{array} \Big\} n_i, \quad J_p M_{n_i}(K) = \begin{array}{c} \overbrace{}^{n_i} \\ \boxed{\begin{array}{c} * \\ \hline \end{array}} \end{array} \Big\} p.$$

よって，$\dim \mathfrak{a}_i \rho(a) = \dim \rho(a) \mathfrak{a}_i = p n_i$．さて，$\mathfrak{a}_i$ の極小左イデアルの次元は n_i であった（定理 1.18）から，$p=1 \Leftrightarrow \mathfrak{a}_i \rho(a)$ が $\mathfrak{a}_i$ の（したがって $\rho(R)$ の）極小左イデアル——となる．すなわち，(ホ) ⇔ (ロ) を得る．

また，$\mathfrak{a}_i = M_{n_i}(K)$ の右イデアル $\mathfrak{r}$ に対して，$\mathfrak{r}$ の元の転置行列の全体 ${}^t\mathfrak{r}$ は $\mathfrak{a}_i$ の左イデアルになるから，$\mathfrak{r}$ が $\mathfrak{a}_i$ の極小右イデアルであるということと，${}^t\mathfrak{r}$ が $\mathfrak{a}_i$ の極小左イデアルであるということとは同値である．よって，$p=1 \Leftrightarrow \rho(a)\mathfrak{a}_i$ が $\mathfrak{a}_i$ の（したがって $\rho(R)$ の）極小右イデアル——となる．よって，(ホ) ⇔ (ハ) を得る．

(ii) 上の同一視 $\mathfrak{a}_i=M_{n_i}(K)$ と，転置行列をとる操作により，$\mathfrak{a}_i=\mathfrak{l}_1\oplus\cdots\oplus\mathfrak{l}_{n_i}$ (ただし $\mathfrak{l}_j={}^t\mathfrak{r}_j$ $(1\leqq j\leqq n_i)$) である．ベキ等元 e_i を用いて $\mathfrak{l}_j=\mathfrak{a}_ie_j$ $(1\leqq j\leqq n_i)$ と表わせば，例のごとく $1=e_1+\cdots+e_{n_i}$，$e_ie_j=0$ $(i\neq j)$ である．よって，${}^te_j=f_j$ とおくと，$f_if_j=0$ $(i\neq j)$，$1_{\mathfrak{a}_i}=f_1+\cdots+f_{n_i}$ である．さて，$\mathfrak{r}_jV=(f_jR)V=f_jV$ と $1_{\mathfrak{a}_i}=\sum f_j$ より，$V_i=f_1V+\cdots+f_{n_i}V$ を得るが，これが直和になることが定理1.26 (i) の証明と同様にしてわかる．また，(i) より f_jV は既約 S 加群である．
$\therefore$ $V_i=\mathfrak{r}_1V\oplus\cdots\oplus\mathfrak{r}_{n_i}V$. ▮

§1.6 表現の指標

体 K 上の線型環 R の表現 (ρ, V) に対して，次のような R から K への K 線型写像 χ_ρ を，ρ の**指標**という．

$$\chi_\rho(a) = (\rho(a) \text{ のトレース}) = \mathrm{Tr}\,(\rho(a)) \qquad (a\in R).$$

二つの表現 (ρ, V) と (ρ', V') とが同値ならば，R 同型写像で対応する V, V' の K 基底をとれば，$\rho(a)$ と $\rho'(a)$ の行列は一致するから，$\chi_\rho=\chi_{\rho'}$ である．逆は一般には成立しないが，K の標数が 0 のときには次の定理を得る．

定理 1.28 K を標数 0 の体，R を K 上の半単純線型環とする．R の二つの表現 (ρ, V)，(ρ', V') の指標が一致すれば，$\rho\sim\rho'$.

証明 R の既約表現類全体の完全代表系を (ρ_i, W_i) $(1\leqq i\leqq t)$ とし，ρ_i の指標を χ_i $(1\leqq i\leqq t)$ とする．いま，V, V' を既約な部分 R 加群の直和に分解して，

$$V = V_1\oplus\cdots\oplus V_r, \qquad V' = V_1'\oplus\cdots\oplus V_s'$$

とする．$\{V_j\}$ 中に $\cong_R W_i$ なる V_j が m_i 個，$\{V_j'\}$ 中に $\cong_R W_i$ なる V_j' が m_i' 個あるとすれば，

$$\chi_\rho = \sum m_i\chi_i, \qquad \chi_{\rho'} = \sum m_i'\chi_i$$

を得る．よって，$\chi_1, \cdots, \chi_t$ が K 上1次独立であることがいえれば，$m_i=m_i'$ $(1\leqq i\leqq t : \boldsymbol{Z}$ において！) となり，$V\cong_R V'$ を得る．

いま，$R=\mathfrak{a}_1\oplus\cdots\oplus\mathfrak{a}_t$ を R の単純成分への分解とする．W_i は $\mathfrak{a}_i$ の極小左イデアル $(1\leqq i\leqq t)$ としてよい．さて，$\lambda_1, \cdots, \lambda_t\in K$ が

$$\lambda_1\chi_1+\cdots+\lambda_t\chi_t = 0$$

を満たしたとする．$i\neq j$ のとき $\mathfrak{a}_i\mathfrak{a}_j=0$. $\therefore$ $\mathfrak{a}_iW_j=0$. よって，$\chi_j(\mathfrak{a}_i)=0$. また，$\mathfrak{a}_i$ の単位元を e_i とすれば，$\chi_i(e_i)=\dim W_i$. これより，$\lambda_i\dim W_i=0$ $(1\leqq i\leqq t)$

を得る．K の標数は0だから，$\lambda_1=\cdots=\lambda_t=0$. ▌

定理1.28の証明から次の系を得る．

系　標数0の体 K 上の半単純線型環 R の既約表現 $\rho_1, \cdots, \rho_t$ のどの二つも互いに非同値であるならば，これらの指標 $\chi_{\rho_1}, \cdots, \chi_{\rho_t}$ は K 上1次独立である．

例1.14　R が有限群 G の群環 $K[G]$ のときは，R の表現 ρ の指標を G 上に制限したものが，"群論"§8.3で述べられた指標である．

例1.15　K 上の線型環 R_i の表現 (ρ_i, V_i) $(i=1, 2)$ に対し，$R_1\otimes R_2$ の表現 $\rho_1\otimes\rho_2$ の指標 χ は

$$\chi(a\otimes b)=\chi_1(a)\chi_2(b) \qquad (a\in R_1,\ b\in R_2)$$

で与えられる．ここで χ_i は ρ_i の指標である $(i=1, 2)$.

問　　題

1　有限群 G の部分群 H の1次指標 φ を用いて群環 $R=\boldsymbol{C}[G]$ のベキ等元 $e=e(H, \varphi^{-1})$ と R の左イデアル $\mathfrak{l}=Re$ を作る．$\mathfrak{l}$ による R の表現に含まれる R の既約表現 (ρ_i, V_i) の重複度を l_i とする $(1\leqq i\leqq r)$．ただし $\{(\rho_i, V_i)\}$ は R の既約表現類全体の完全代表系とする．このとき ρ_i の指標を χ_i とすれば

$$l_i=\frac{1}{|H|}\sum_{h\in H}\chi_i(h)\varphi(h)^{-1} \qquad (1\leqq i\leqq r)$$

が成り立つことを示せ．

［ヒント］　誘導表現における Frobenius の相互律("群論"§8.4，定理8.17)を用いよ．$\mathfrak{l}$ による R の表現の指標 χ は φ からの誘導指標 φ^G で，$l_i=(\varphi^G, \chi_i)_G=(\varphi, \chi_i|_H)_H$.

2　有限群 G の部分群 H, K がある．H, K の単位指標を用いて，群環 $\boldsymbol{C}[G]$ のベキ等元 e, f を作る：

$$e=\frac{1}{|H|}\sum_{\sigma\in H}\sigma, \qquad f=\sum_{\tau\in K}\tau.$$

そして，e, f により生成された $R=\boldsymbol{C}[G]$ の左イデアルをそれぞれ $\mathfrak{l}, \mathfrak{m}$ とする：$\mathfrak{l}=Re$, $\mathfrak{m}=Rf$．このとき次の量は互いに等しいことを示せ．

(i)　G 中の両側類 HaK $(a\in G)$ の個数 $|H\backslash G/K|$.

(ii)　$\dim_{\boldsymbol{C}}\mathrm{Hom}_R(\mathfrak{l}, \mathfrak{m})=\langle\mathfrak{l}, \mathfrak{m}\rangle_R$.

(iii)　$\dim_{\boldsymbol{C}} eRf$.

(iv)　$\dfrac{|G|}{|H|\cdot|K|}\displaystyle\sum_{\mathfrak{K}}\frac{|H\cap\mathfrak{K}|\cdot|K\cap\mathfrak{K}|}{|\mathfrak{K}|}$　(ここで $\mathfrak{K}$ は G の共役類全体上にわたる；$|X|$ は集合 X の元の個数の意).

［ヒント］ (i)＝(ii)＝(iii) は本文中にある．G の既約表現類全体の完全代表系を $\rho_1, \cdots, \rho_r$ とし，$\mathfrak{l}, \mathfrak{m}$ による表現中の ρ_i の重複度をそれぞれ l_i, m_i とすると，$\dim_R \mathrm{Hom}(\mathfrak{l}, \mathfrak{m}) = l_1m_1 + \cdots + l_rm_r$．ここで l_i は問題1から $|H|^{-1}\sum_{\mathfrak{K}} |\mathfrak{K} \cap H| \chi_i(\mathfrak{K})$ となる．ただし $\mathfrak{K}$ は G の共役類，$\chi_i(\mathfrak{K})$ は $\mathfrak{K}$ 上で ρ_i の指標 χ_i のとる一定値である．これにより $\sum l_i m_i$ を表わし，指標の第2直交関係式を用いよ．

3　n 次対称群 $G=\mathfrak{S}_n$ の元 $\sigma=(1, \cdots, n)$ の生成する巡回群を H とすれば

$$|H\backslash G/H| = \frac{1}{n^2}\sum_{d|n} d^{n/d}\binom{n}{d}! \varphi(d)^2$$

となることを示せ．ただし $\varphi(d)$ は Euler の関数で，$1 \leqq x \leqq d$ であってかつ d と互いに素な整数 x の個数を表わす．

［ヒント］ 問題2の式 (iv) を用いよ．

4　n 次対称群 $G=\mathfrak{S}_n$ において，$\{1, \cdots, k\}, \{k+1, \cdots, n\}$ を変えない元 G の σ: $\sigma\{1, \cdots, k\}=\{1, \cdots, k\}$，$\sigma\{k+1, \cdots, n\}=\{k+1, \cdots, n\}$ の全体のなす部分元を H とする：$H \cong \mathfrak{S}_k \times \mathfrak{S}_{n-k}$．このとき，$|H\backslash G/H|=1+\mathrm{Min}(k, n-k)$ を示せ．

5　有限群 G の部分群 H, K に対し，H, K による G の左剰余類のなす集合を $X=G/H$, $Y=G/K$ とする．G を直積集合 $Z=X\times Y$ に左から作用させる：

$$a(x, y) = (ax, ay) \qquad (a \in G,\ x \in X,\ y \in Y).$$

$z \in Z$ の G 軌道を Gz と書く：

$$Gz = \{az \mid a \in G\}.$$

Z 中の G 軌道の個数を $|G\backslash Z|=|G\backslash(X\times Y)|$ と書く．すると，$|G\backslash Z|=|H\backslash G/K|$ となることを示せ．

6　$\begin{bmatrix} A & B \\ 0 & C \end{bmatrix}$ の形の複素行列（ただし A, C はそれぞれ p 次，q 次の複素正方行列，B は $p\times q$ 型の複素行列の全体）のなす線型環 R の Jacobson 根基を定めよ．

7　黒碁石4個，白碁石4個の計8個を円状に並べる仕方は何通りか．ただし黒石どうし，白石どうしは区別しない．また，円を裏返した並べ方はもとの並べ方と区別する．

［ヒント］ 次問．

8　黒石4個，白石4個を一列に並べる並べ方全体のなす集合を Ω，位数8の巡回群を G とし，σ を G の生成元とする．Ω の元 $(a_1, \cdots, a_8)$ $(a_i=0, 1)$ と σ に対し，$\sigma(a_1, \cdots, a_8)=(a_8, a_1, \cdots, a_7)$ とおき G を Ω に左から作用させるとき，Ω 中の G 軌道の個数を求めよ．

［ヒント］ 次問．

9　8次対称群 $\mathfrak{S}_8$ の部分群 $H=\{\sigma \in \mathfrak{S}_8 \mid \sigma\{1, 2, 3, 4\}=\{1, 2, 3, 4\}\}$ と $Z=\langle(1\ 2\ \cdots\ 8)\rangle$ とを考える．このとき $|Z\backslash\mathfrak{S}_8/H|$ を求めよ．

10　$n_1, \cdots, n_r$ を自然数とし，対称群の直積 $\mathfrak{S}_{n_1}\times\cdots\times\mathfrak{S}_{n_r}$ を自然な仕方で $\mathfrak{S}_n$ $(n=n_1+\cdots+n_r)$ 中に部分群として埋めこむ．また，$(1\ 2\ \cdots\ n) \in \mathfrak{S}_n$ の生成する $\mathfrak{S}_n$ の部分群を Z_n とすれば，$n_1, \cdots, n_r$ の最大公約数を D として

$$|Z_n\backslash\mathfrak{S}_n/\mathfrak{S}_{n_1}\times\cdots\times\mathfrak{S}_{n_r}|=\frac{1}{n}\sum_{d|D}\frac{\left(\dfrac{n}{d}\right)!}{\left(\dfrac{n_1}{d}\right)!\cdots\left(\dfrac{n_r}{d}\right)!}\varphi(d)$$

が成り立つことを示せ．ただし $\varphi(d)$ は Euler 関数で，和は D の正の約数 d 上にわたる．

11　行列

$$\begin{bmatrix} A & -B \\ B & A \end{bmatrix} \qquad (A\in M_n(\boldsymbol{R}),\ \ B\in M_n(\boldsymbol{R}))$$

からなる $\boldsymbol{R}$ (実数体) 上の線型多元環を R とする．R の既約表現を R 同型を除いてすべて求めよ．

12　Burnside の定理 (定理 1.18 の系 2) を用いて，一般線型群 $GL(n,\boldsymbol{C})$ の部分群 G の各元の固有値がすべて 1 ならば，ある $P\in GL(n,\boldsymbol{C})$ が存在して，

$$PGP^{-1}\text{ の各元は}\begin{bmatrix} 1 & * & * & \cdots & * \\ 0 & 1 & * & \cdots & * \\ 0 & 0 & 1 & \cdots & * \\ & \cdots & & \ddots & \vdots \\ 0 & 0 & 0 & \cdots & 1 \end{bmatrix}\text{の形}$$

となることを示せ．(同時三角行列化の定理)

第2章　対称群の複素既約表現

n 次対称群 $\mathfrak{S}_n$ の複素数体 $\boldsymbol{C}$ 上のすべての既約表現を(同値性を除いて)求めることを目標にする．なお第3章でそれらの指標の求め方を述べる．群環 $\boldsymbol{C}[\mathfrak{S}_n]$ は半単純である(定理1.20)から，第1章の結果が使える．

§2.1　n 次対称群 $\mathfrak{S}_n$ とその共役類

"群論"(§1.1, 例1.2)に述べられているように，1から n までの n 個の自然数からなる集合を

$$\Omega = \{1, 2, \cdots, n\}$$

とし，Ω の置換，すなわち，Ω から Ω への全単射の全体のなす群(積演算としては写像の結合をとる)を $\mathfrak{S}_n$ と書き，これを **n 次対称群**というのであった．$\mathfrak{S}_n \ni \sigma$ が $1, 2, \cdots, n$ をそれぞれ $i_1, i_2, \cdots, i_n$ に写すとき，すなわち，$\sigma(k)=i_k$ $(1 \leqq k \leqq n)$ のとき

$$\sigma = \begin{pmatrix} 1 & 2 & \cdots & n \\ i_1 & i_2 & \cdots & i_n \end{pmatrix}$$

と書く．すなわち，これは $\sigma(p)=i_p$ $(1 \leqq p \leqq n)$ と同じ意味である．置換 σ の他の表示法は巡回置換を用いるものである．Ω 中の相異なる p 個の元 $i_1, i_2, \cdots, i_p$ に対し，$\mathfrak{S}_n$ の元 $(i_1\ i_2\ \cdots\ i_p)=\tau$ を

$$\begin{cases} \tau(i_1) = i_2, \quad \tau(i_2) = i_3, \quad \cdots, \quad \tau(i_{p-1}) = i_p, \quad \tau(i_p) = i_1, \\ \tau(j) = j \qquad (j \in \Omega - \{i_1, \cdots, i_p\} \text{ のとき}) \end{cases}$$

で定義し，これを長さ p の**巡回置換**という．特に $p=1$ なら，(i_1) は $\mathfrak{S}_n$ の単位元である．$\mathfrak{S}_n$ の任意の元 σ は

$$\sigma = \tau_1 \tau_2 \cdots \tau_s$$

の形に書ける．ここで $\tau_1, \cdots, \tau_s$ は長さがそれぞれ $l_1, \cdots, l_s$ の巡回置換で，τ_i と τ_j は $i \neq j$ のとき共通の文字(Ω の元)を含まない．そして $l_1 + \cdots + l_s = n$.

例 2.1　$\mathfrak{S}_9$ の元

$$\sigma=\begin{pmatrix}1 & 2 & 3 & 4 & 5 & 6 & 7 & 8 & 9\\ 3 & 5 & 4 & 1 & 6 & 2 & 8 & 7 & 9\end{pmatrix}$$

に対し，$\sigma=(1\ 3\ 4)(2\ 5\ 6)(7\ 8)(9)$．――

共通の文字を含まない巡回置換は互いに可換だから，$\tau_1, \cdots, \tau_s$ は任意に並べかえてよい．よって $l_1 \geqq \cdots \geqq l_s > 0$ としてよい．しかし，σ に対して上のような巡回置換 $\tau_1, \cdots, \tau_s$ のなす集合は一意的に定まる．集合 $\{\tau_1, \cdots, \tau_s\}$ 中にある長さ p の巡回置換 τ_i の個数を $\alpha_p=\alpha_p(\sigma)$ $(p=1, \cdots, n)$ と書くことにする．すると，$l_1+\cdots+l_s=n$ だから，

$$\begin{cases}\alpha_1+2\alpha_2+3\alpha_3+\cdots+n\alpha_n=n,\\ \alpha_1\geqq 0,\quad \alpha_2\geqq 0,\quad \cdots,\quad \alpha_n\geqq 0\end{cases}$$

が成り立つ．α_p は $p=l_i$ なる i $(1\leqq i\leqq s)$ の個数である．$l_1 \geqq \cdots \geqq l_s > 0$ と並べれば，$l_1, \cdots, l_s$ は σ により一意的に定まる．このとき数列 $(l_1, \cdots, l_s)$ を **σ の定める n の分割**と呼ぶ．また，$\alpha_p=\alpha_p(\sigma)$ を用いて作った記号

$$1^{\alpha_1}2^{\alpha_2}\cdots n^{\alpha_n}$$

を σ の**型**という．"群論" (§1.6, 定理1.8) にあるように，$\mathfrak{S}_n$ の2元 σ, τ が共役であるための条件は，σ と τ の型が同じであることが必要十分である．換言すれば，σ と τ の定める n の分割が一致することである．型 $(1^{\alpha_1}2^{\alpha_2}\cdots n^{\alpha_n})$ の元からなる共役類を**型 $(1^{\alpha_1}2^{\alpha_2}\cdots n^{\alpha_n})$ の共役類**という．

さて，一般に自然数 n に対して，自然数の列 $(n_1, \cdots, n_s)$ が次の条件を満たすとき，これを n の（ちょうど s 個の成分への）**分割**という：

$$n_1\geqq\cdots\geqq n_s>0,\qquad n_1+\cdots+n_s=n.$$

すると，n の任意の分割 $(n_1, \cdots, n_s)$ に対して，ある $\sigma\in\mathfrak{S}_n$ をとれば σ の定める n の分割が $(n_1, \cdots, n_s)$ になる．例えば

$$\sigma=\tau_1\tau_2\cdots\tau_s,$$

$$\text{ただし}\quad\begin{cases}\tau_1=(1, 2, \cdots, n_1),\\ \tau_2=(n_1+1, n_1+2, \cdots, n_1+n_2),\\ \qquad\cdots\cdots\cdots\cdots\cdots\\ \tau_s=(n_1+\cdots+n_{s-1}+1, \cdots, n_1+\cdots+n_{s-1}+n_s)\end{cases}$$

とおけばよい．

n の分割の総数を $p(n)$ と書き，これを n の**分割数**という．よって

定理 2.1　$\mathfrak{S}_n$ は $p(n)$ 個の共役類をもつ. ——

今後の記述の便宜のため, $\boldsymbol{Z}^m=\boldsymbol{Z}\times\cdots\times\boldsymbol{Z}$ (m 個) の元, すなわち整数の列 $\lambda=(\lambda_1,\cdots,\lambda_m)$ が $\lambda_1\geqq\cdots\geqq\lambda_m\geqq 0$, $n=\lambda_1+\cdots+\lambda_m$ を満たすとき, この λ も n の (高々 m 個の成分への) 分割と呼ぶ. そのとき, もし

$$\lambda_1\geqq\cdots\geqq\lambda_k>0,\qquad \lambda_{k+1}=\cdots=\lambda_m=0$$

ならば, k を λ の**深さ**と呼ぶ. $\boldsymbol{Z}^m$ 中の n の分割の全体のなす $\boldsymbol{Z}^m$ の部分集合を $M_m{}^{(n)}$ と書く. $M_m{}^{(n)}$ は第3章で至る所に登場することになる.

ちょうど m 個の成分への n の分割 $\lambda=(\lambda_1,\cdots,\lambda_m)$ ($\lambda_1\geqq\cdots\geqq\lambda_m>0$) と, 高々 m 個の成分への n の分割 $\mu=(\mu_1,\cdots,\mu_m)$ ($\mu_1\geqq\cdots\geqq\mu_m\geqq 0$) とを区別する必要が生じたときにそなえて, 前者の λ を n の成分数 m の**正規分割**と呼び, 後者の μ を n の成分数 m の**広義分割**と呼ぶことにする.

例 2.2　上の例2.1における σ の定める9の分割は $(3,3,2,1)$ である. σ の型は $1^1 2^1 3^2 4^0 5^0 6^0 7^0 8^0 9^0$ である.

例 2.3　$1\leqq n\leqq 10$ に対する $p(n)$ の値は

n	1	2	3	4	5	6	7	8	9	10
$p(n)$	1	2	3	5	7	11	15	22	30	42

となる. 例えば, 3の分割は

$$(3),\quad (2,1),\quad (1,1,1)$$

の3個である. 5の分割は

$$(5),\quad (4,1),\quad (3,2),\quad (3,1,1),\quad (2,2,1),\quad (2,1,1,1),\quad (1,1,1,1,1)$$

の7個である.

注意　σ の型を表わすのに, $\alpha_p(\sigma)=0$ なる p は書かず, $\alpha_p(\sigma)=1$ なる p の所は p^1 と書かずに単に p と書いて表示を節約する習慣がある. 例えば, 例2.2の σ の型は $(1,2,3^2)$ である. また, 例2.3の5の分割を型を用いてこの記法で書けば, それぞれ (5), $(1,4)$, $(2,3)$, $(1^2,3)$, $(1,2^2)$, $(1^3,2)$, (1^5) である. 以下, 型と分割をこのように表示する. 便宜に応じて順序も変えて, 例えば $(1^3,2^2,4)$ を $(4,2^2,1^3)$ とも書くことにする.

定理2.1と定理1.21により, n 次対称群 $\mathfrak{S}_n$ は $\boldsymbol{C}$ 上で $p(n)$ 個の既約表現類をもつ. すなわち, 群環 $R=\boldsymbol{C}[\mathfrak{S}_n]$ の極小左イデアルは R 同型を除いて $p(n)$ 個ある. 以下これらを具体的に構成しよう.

§2.2　Young 図形，台と盤

a)　台と盤

自然数 n の分割 $(n_1, \cdots, n_s)$ に対し，同じ大きさの正方形 n 個を，第 i 行に n_i 個 $(i=1, \cdots, s)$ ずつ左端をそろえて並べたものを，分割 $(n_1, \cdots, n_s)$ の定める n 次の**台**という．この分割の深さをその台の深さという．例えば，13 の分割 $(4, 3, 2^2, 1^2)$ の定める 13 次の台は深さ 6 であって，図 2.1 である．もちろん，台から逆に分割 $(n_1, \cdots, n_s)$ がきまる．H. Weyl に従って $(n_1, \cdots, n_s)$ をこの台の**符号数** (signature) と呼ぶことにする．

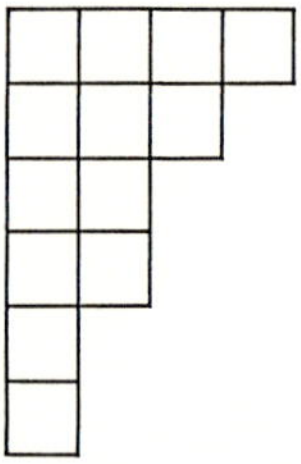

図 2.1

n 次の台 D に対し，その各正方形に $\Omega=\{1, 2, \cdots, n\}$ の元 $1, 2, \cdots, n$ を一つずつ (勝手な場所に) 書きいれたものを，台 D 上の**盤**という．一つの台上には $n!$ 個の盤が作れる．台の次数，符号数を，その上の盤の次数，符号数と呼ぶ．

台および盤を併せて **Young 図形**という．

例 2.4　符号数 $(4, 2, 1)$ の 7 次の盤の例を図 2.2 に示す．——

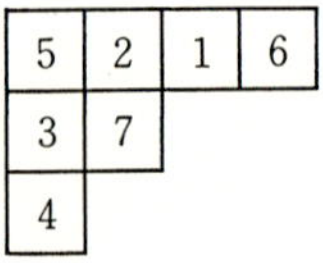

図 2.2

盤 B の第 i 行第 j 列にある文字を $B(i, j)$ と書く．例 2.4 の盤 B の場合ならば，$B(1, 1)=5$，$B(1, 2)=2$，$B(3, 1)=4$ である．

D を n 次の台とし，B を D 上の盤とする．D, B の行と列を (転置行列の場合と同様に) いれかえた台，盤をそれぞれ ${}^tD$, ${}^tB$ と書く．${}^tB$ は ${}^tD$ 上の盤である．${}^tD$, ${}^tB$ をそれぞれ D, B に**共役**な台，盤という．

例 2.5　上の例 2.4 の盤に共役な盤は次の符号数 $(3, 2, 1^2)$ の盤である．——

5	3	4
2	7	
1		
6		

図 2.3

b) 水平置換と垂直置換

n 次の盤 B の**水平置換**とは，$\mathfrak{S}_n$ の元 σ であって，各 i に対して，盤 B の第 i 行の文字を全体として変えないものをいう．すなわち，$\Omega=\{1,2,\cdots,n\}$ の部分集合 $\mathfrak{M}_1,\mathfrak{M}_2,\cdots$ を

$$\mathfrak{M}_i=\{B(i,1),B(i,2),\cdots\}=(B\text{ の第 }i\text{ 行の文字達})$$

で定めたとき，$\sigma(\mathfrak{M}_1)=\mathfrak{M}_1$，$\sigma(\mathfrak{M}_2)=\mathfrak{M}_2$，$\cdots$ となる $\sigma\in\mathfrak{S}_n$ を盤 B の水平置換という．その全体は $\mathfrak{S}_n$ の部分群をなす．これを盤 B の**水平置換群**といい，$\mathfrak{H}_B$ と書く．したがって，B の符号数を $(n_1,\cdots,n_s)$ とすれば

$$\mathfrak{H}_B\cong\mathfrak{S}_{n_1}\times\mathfrak{S}_{n_2}\times\cdots\times\mathfrak{S}_{n_s}$$

である．

盤 B に共役な盤 ${}^tB$ の水平置換を，盤 B の**垂直置換**という．すなわち，盤 B の垂直置換とは，各 i に対して，盤 B の第 i 列の文字を全体として変えないような $\mathfrak{S}_n$ の元をいう．盤 B の垂直置換の全体のなす $\mathfrak{S}_n$ の部分群を $\mathfrak{K}_B$ と書き，これを盤 B の**垂直置換群**という．

定義から

$$\mathfrak{H}_B\cap\mathfrak{K}_B=\{1\}$$

となることは明らかである．

さて，符号数 $(n_1,\cdots,n_s)$ の n 次の盤 B と $\sigma\in\mathfrak{S}_n$ とに対して，新しい盤 $B_1=\sigma B$ を

$$B_1(i,j)=\sigma(B(i,j))\qquad(i=1,2,\cdots,\ \ j=1,2,\cdots)$$

で定義する．B と B_1 とは同じ台上にある．そして，B,B_1 の第 i 行にある文字からなる集合をそれぞれ $\mathfrak{M}_i,\mathfrak{M}_i'$ とすれば，$\sigma\mathfrak{M}_i=\mathfrak{M}_i'$ $(i=1,2,\cdots)$ である．よって，$\tau\in\mathfrak{S}_n$ に対して，

$$\tau(\mathfrak{M}_i')=\mathfrak{M}_i'\ \ (1\leqq i\leqq s)\iff\tau\sigma(\mathfrak{M}_i)=\sigma(\mathfrak{M}_i)\ \ (1\leqq i\leqq s)\iff\sigma^{-1}\tau\sigma\in\mathfrak{H}_B$$

であるから，

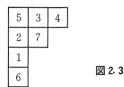

$$\sigma \mathfrak{H}_B \sigma^{-1} = \mathfrak{H}_{\sigma B}$$

が成り立つ．同様に

$$\sigma \mathfrak{K}_B \sigma^{-1} = \mathfrak{K}_{\sigma B}$$

が成り立つ．

§2.3 Young 図形の定める $C[\mathfrak{S}_n]$ の極小左イデアル

n 次の盤 B から次に述べるように，群環 $R = C[\mathfrak{S}_n]$ の極小左イデアルが生ずる．いま，置換 $\sigma \in \mathfrak{S}_n$ の符号("群論" §1.1, (1.7))を $\mathrm{sgn}(\sigma)$ と書く．すなわち，σ が偶置換(奇置換)のとき，$\mathrm{sgn}(\sigma) = +1$ $(\mathrm{sgn}(\sigma) = -1)$ である．$\sigma \mapsto \mathrm{sgn}(\sigma)$ は $\mathfrak{S}_n \to C^*$ なる準同型写像である．さて，$G = \mathfrak{S}_n$, $H_1 = \mathfrak{H}_B$, $H_2 = \mathfrak{K}_B$, $\varphi_1(\sigma) = 1$ (すべての $\sigma \in H_1$ に対し), $\varphi_2(\sigma) = \mathrm{sgn}(\sigma)$ (すべての $\sigma \in H_2$ に対し) とおいて，§1.4, d) の定理 1.23, 1.24 を利用しよう．すなわち，

$$a_B = \frac{1}{|\mathfrak{H}_B|} \sum_{\sigma \in \mathfrak{H}_B} \sigma, \quad b_B = \frac{1}{|\mathfrak{K}_B|} \sum_{\sigma \in \mathfrak{K}_B} \mathrm{sgn}(\sigma) \sigma$$

とおいて，定理 1.7 と定理 1.23 により，$R = C[\mathfrak{S}_n]$ のベキ等元 a_B, b_B を作る．a_B, b_B をそれぞれ盤 B に属する **Young 水平対称子**，**Young 垂直対称子**という．$\mathfrak{H}_B \cap \mathfrak{K}_B = \{1\}$ であるから，$\dim a_B R b_B \geq 1$ である．実は $\dim a_B R b_B = 1$ であることを示そう．それには定理 1.23 により，"$\sigma \in \mathfrak{S}_n - \mathfrak{H}_B \mathfrak{K}_B$ ならば，$\mathfrak{K}_B \cap \sigma^{-1} \mathfrak{H}_B \sigma$ 上で sgn が恒等的に 1 にはならない"——ということを示せばよい．すなわち，"$\sigma \in \mathfrak{S}_n - \mathfrak{H}_B \mathfrak{K}_B$ ならば，$\mathfrak{K}_B \cap \sigma^{-1} \mathfrak{H}_B \sigma$ が奇置換を含む"——ということを示せばよい．まず次の補題から始める．

補題 2.1 n 次の盤 B と $\sigma \in \mathfrak{S}_n$ に対して，

$$\sigma \in \mathfrak{H}_B \mathfrak{K}_B \iff \mathfrak{H}_B \cap \sigma \mathfrak{K}_B \sigma^{-1} = \{1\}.$$

証明 ($\Longrightarrow$): $\sigma = hk$ ($h \in \mathfrak{H}_B$, $k \in \mathfrak{K}_B$) の形であるならば，$\mathfrak{H}_B \cap \sigma \mathfrak{K}_B \sigma^{-1} = \mathfrak{H}_B \cap hk \mathfrak{K}_B k^{-1} h^{-1}$ であるが，ここで $\mathfrak{H}_B = h \mathfrak{H}_B h^{-1}$, $k \mathfrak{K}_B k^{-1} = \mathfrak{K}_B$ であるから，$\mathfrak{H}_B \cap \sigma \mathfrak{K}_B \sigma^{-1} = h(\mathfrak{H}_B \cap \mathfrak{K}_B) h^{-1} = \{1\}$.

($\Longleftarrow$): $\mathfrak{H}_B \cap \sigma \mathfrak{K}_B \sigma^{-1} = \{1\}$ とする．$\sigma \mathfrak{K}_B \sigma^{-1} = \mathfrak{K}_{\sigma B}$ であるから，$\mathfrak{H}_B \cap \mathfrak{K}_{\sigma B} = \{1\}$ である．すると，B で同行にある 2 文字 i, j $(i \neq j)$ は，σB では決して同列にはない．(もし i, j が σB で同列にあれば，互換 (i, j) が $\mathfrak{H}_B \cap \mathfrak{K}_{\sigma B}$ に属して，$\mathfrak{H}_B \cap \mathfrak{K}_{\sigma B} = \{1\}$ に反する!) したがって，B の第 1 行の文字 $i_1, i_2, \cdots$ は σB では別々の列に

ある．よって σB の適当な垂直置換 τ をとれば，τ によって $i_1, i_2, \cdots$ はそれぞれのいる列の最上段に行く．すなわち，$\tau\sigma B$ の第1行の文字 $j_1, j_2, \cdots$ は，$i_1, i_2, \cdots$ とは順序を除いて一致する．したがって，さらに B の適当な水平置換 ρ をとれば，ρ によって $i_1, i_2, \cdots$ はそれぞれ $j_1, j_2, \cdots$ に行く．これで次のことがわかった．

"$\mathfrak{H}_B \cap \mathfrak{K}_{\sigma B} = \{1\}$ ならば，ある $\rho \in \mathfrak{H}_B$ と，ある $\tau \in \mathfrak{K}_{\sigma B}$ とが存在して，ρB と $\tau\sigma B$ とは第1行が一致する．"

しかも，このとき，$\mathfrak{H}_{\rho B} = \rho\mathfrak{H}_B\rho^{-1} = \mathfrak{H}_B$，$\mathfrak{K}_{\tau\sigma B} = \tau\mathfrak{K}_{\sigma B}\tau^{-1} = \mathfrak{K}_{\sigma B}$ であるから，$\mathfrak{H}_{\rho B} \cap \mathfrak{K}_{\tau\sigma B} = \{1\}$．よって，$\rho B$ の第2行の文字は $\tau\sigma B$ では別々の列にある．よって上と同様に，ある $\rho' \in \mathfrak{H}_{\rho B} = \mathfrak{H}_B$ と，ある $\tau' \in \mathfrak{K}_{\tau\sigma B} = \mathfrak{K}_{\sigma B}$ とが存在して，$\rho'\rho B$ と $\tau'\tau\sigma B$ とは，第1行も第2行も一致する．

以下この操作を続行すれば，結局

$$\rho_1,\ \rho_2,\ \cdots,\ \rho_t \in \mathfrak{H}_B$$

と

$$\tau_1,\ \tau_2,\ \cdots,\ \tau_t \in \mathfrak{K}_{\sigma B}$$

とが存在して

$$\rho_t \cdots \rho_1 B = \tau_t \cdots \tau_1 \sigma B$$

となる．

$$\therefore\quad \rho_t \cdots \rho_1 = \tau_t \cdots \tau_1 \sigma.$$

そこで $\rho_t \cdots \rho_1 = h\ (\in \mathfrak{H}_B)$，$\tau_t \cdots \tau_1 = \sigma k \sigma^{-1}\ (k \in \mathfrak{K}_B)$ とおくと，$h = \sigma k \sigma^{-1} \cdot \sigma = \sigma k$．
$\therefore\ \sigma = hk^{-1} \in \mathfrak{H}_B\mathfrak{K}_B$. ∎

そこで宿題の事実を示そう．それには，もう少し精密な次の補題を示せば十分である．

補題 2.2 $\sigma \in \mathfrak{S}_n - \mathfrak{H}_B\mathfrak{K}_B$ ならば $\mathfrak{K}_B \cap \sigma^{-1}\mathfrak{H}_B\sigma$ は互換を含む．

証明 補題2.1により $\sigma \notin \mathfrak{H}_B\mathfrak{K}_B$ から，$\mathfrak{H}_B \cap \sigma\mathfrak{K}_B\sigma^{-1} \neq \{1\}$ となる．いま，B の第 i 行にある文字のなす集合を $\mathfrak{M}_i\ (i=1, 2, \cdots)$ とし，σB の第 j 列にある文字のなす集合を $\mathfrak{N}_j\ (j=1, 2, \cdots)$ とすれば，$\Omega = \{1, \cdots, n\}$ の二つの分割

$$\Omega = \mathfrak{M}_1 \cup \mathfrak{M}_2 \cup \cdots, \qquad \Omega = \mathfrak{N}_1 \cup \mathfrak{N}_2 \cup \cdots$$

が生ずる．ここで，ある i とある j とに対し，$\mathfrak{M}_i \cap \mathfrak{N}_j$ の元の個数 $|\mathfrak{M}_i \cap \mathfrak{N}_j|$ が $\geqq 2$ となる．実際，もし恒に $|\mathfrak{M}_i \cap \mathfrak{N}_j| \leqq 1$ ならば，$\mathfrak{H}_B \cap \sigma\mathfrak{K}_B\sigma^{-1} = \{1\}$ となってしまう．なぜなら，各 $p \in \Omega$ に対し，$p \in \mathfrak{M}_i$，$p \in \mathfrak{N}_j$ なる i, j をとれば $\mathfrak{M}_i \cap \mathfrak{N}_j$

$=\{p\}$．そして，各 $\rho\in\mathfrak{H}_B\cap\sigma\mathfrak{R}_B\sigma^{-1}=\mathfrak{H}_B\cap\mathfrak{R}_{\sigma B}$ に対し，$\rho(\mathfrak{M}_i)=\mathfrak{M}_i$，$\rho(\mathfrak{N}_j)=\mathfrak{N}_j$ であるから，$\rho(\mathfrak{M}_i\cap\mathfrak{N}_j)=\mathfrak{M}_i\cap\mathfrak{N}_j$．$\therefore\ \rho(p)=p$．$\therefore\ \rho=1$．すなわち，$\mathfrak{H}_B\cap\sigma\mathfrak{R}_B\sigma^{-1}=\{1\}$ となる．

いま，$|\mathfrak{M}_i\cap\mathfrak{N}_j|\geqq 2$ なる i, j をとれば，Ω の相異なる2元 p, q が存在して，$p\in\mathfrak{M}_i$，$q\in\mathfrak{M}_i$，$p\in\mathfrak{N}_j$，$q\in\mathfrak{N}_j$ となる．すると，互換 (p, q) は $\in\mathfrak{H}_B\cap\sigma\mathfrak{R}_B\sigma^{-1}$ となる．▌

もとへ戻れば，いま，$c_B=|\mathfrak{H}_B|\cdot|\mathfrak{R}_B|a_Bb_B$，すなわち，

$$c_B=\sum_{\sigma\in\mathfrak{H}_B}\sum_{\tau\in\mathfrak{R}_B}\mathrm{sgn}\,(\tau)\sigma\tau\in R=\boldsymbol{C}[\mathfrak{S}_n]$$

とおけば，Rc_B は R の極小左イデアルとなることがわかった(定理1.24)．c_B を盤 B に属する **Young 対称子**という．そして，定理1.24の証明からわかるように，$e_1=a_B$，$e_2=b_B$ とおけば，$(e_1e_2)^2=ce_1e_2$，$rc=|\mathfrak{S}_n|/|\mathfrak{H}_B|\cdot|\mathfrak{R}_B|$ ($r=\dim Rc_B$) だから，これらを $c_B=|\mathfrak{H}_B|\cdot|\mathfrak{R}_B|e_1e_2$ に代入して

$${c_B}^2=|\mathfrak{H}_B|^2|\mathfrak{R}_B|^2\frac{|\mathfrak{S}_n|}{r\cdot|\mathfrak{H}_B|\cdot|\mathfrak{R}_B|}\frac{1}{|\mathfrak{H}_B|\cdot|\mathfrak{R}_B|}c_B=\frac{|\mathfrak{S}_n|}{r}c_B=\frac{n!}{r}c_B$$

である．r は $\mathfrak{S}_n$ の複素既約表現の次数だから，$\mathfrak{S}_n$ の位数 $n!$ の約数である ("群論" §8.3，定理8.11)．よって $n!/r$ も整数である．上式から，

$$e_B=\frac{r}{n!}c_B$$

はベキ等元で，$Rc_B=Re_B$ を満たす．(e_B も Young 対称子ということがあるが，本講では c_B のみをそう呼ぶ.)

ここで sgn の値が ±1 のみであることに注意すると，c_B は $\mathfrak{S}_n$ の有理数体 $\boldsymbol{Q}$ 上の群環 $\boldsymbol{Q}[\mathfrak{S}_n]$ に属する．$\boldsymbol{Q}[\mathfrak{S}_n]=R_0$ とおくと，$\boldsymbol{C}\otimes_{\boldsymbol{Q}}R_0=R$ だから，R_0c_B の $\boldsymbol{Q}$ 上の基底が，Rc_B の $\boldsymbol{C}$ 上の基底になる．したがって，以上をまとめて次の定理を得る．

定理2.2　(i)　n 次の盤 B に対し，$\mathfrak{l}_B=Rc_B$ ($R=\boldsymbol{C}[\mathfrak{S}_n]$) は R の極小左イデアルである．($\mathfrak{l}_B$ を**盤 B の定める極小左イデアル**という.)

(ii)　$\mathfrak{l}_B$ による $\mathfrak{S}_n$ の $\boldsymbol{C}$ 上の既約表現 ρ_B は有理数体 $\boldsymbol{Q}$ 上で実現できる．すなわち，$\mathfrak{l}_B$ の適当な $\boldsymbol{C}$ 基底に関し，各 $\sigma\in\mathfrak{S}_n$ に対応する $\rho_B(\sigma)$ の行列成分はすべて有理数となる．

(iii)　$\mathfrak{l}_B$ は Ra_B, Rb_B 中に重複度1で含まれる既約 R 加群として (R 同型を除

いて）特徴づけられる．

§2.4　極小左イデアル $\mathfrak{l}_B$ の分類

定理 2.3　B, B' を n 次の盤とする．B, B' の定める $R=\boldsymbol{C}[\mathfrak{S}_n]$ の極小左イデアル $\mathfrak{l}_B, \mathfrak{l}_{B'}$ に対して，

$$\mathfrak{l}_B \cong_R \mathfrak{l}_{B'} \Leftrightarrow B, B' \text{ の符号数が一致する．}$$

証明　$(\Longleftarrow)$：B, B' の符号数が一致すれば，B, B' は同一の台 D 上にある．よって，ある $\sigma \in \mathfrak{S}_n$ が存在して，$B'=\sigma B$ となる．すると，$\mathfrak{H}_{B'}=\sigma\mathfrak{H}_B\sigma^{-1}$，$\mathfrak{R}_{B'}=\sigma\mathfrak{R}_B\sigma^{-1}$ であったから，

$$\sum_{\rho' \in \mathfrak{H}_{B'}} \rho' = \sigma\left(\sum_{\rho \in \mathfrak{H}_B} \rho\right)\sigma^{-1}, \qquad \sum_{\tau' \in \mathfrak{R}_{B'}} \operatorname{sgn}(\tau')\tau' = \sigma\left(\sum_{\tau \in \mathfrak{R}_B} \operatorname{sgn}(\tau)\tau\right)\sigma^{-1}.$$

$$\therefore \quad a_{B'} = \sigma a_B \sigma^{-1}, \qquad b_{B'} = \sigma b_B \sigma^{-1}.$$

$$\therefore \quad c_{B'} = \sigma c_B \sigma^{-1}. \qquad \therefore \quad Rc_{B'} = R\sigma c_B \sigma^{-1} = Rc_B\sigma^{-1}.$$

よって，R 同型写像 $x \mapsto x\sigma^{-1}$ $(x \in Rc_B)$ により $\mathfrak{l}_B \cong_R \mathfrak{l}_{B'}$ となる．

$(\Longrightarrow)$：B, B' の符号数が異なるとしよう．

$$e_1 = a_B = \frac{1}{|\mathfrak{H}_B|}\sum_{\sigma \in \mathfrak{H}_B} \sigma, \qquad e_2 = b_B = \frac{1}{|\mathfrak{R}_B|}\sum_{\tau \in \mathfrak{R}_B} \operatorname{sgn}(\tau)\tau,$$

$$e_1' = a_{B'} = \frac{1}{|\mathfrak{H}_{B'}|}\sum_{\sigma \in \mathfrak{H}_{B'}} \sigma, \qquad e_2' = b_{B'} = \frac{1}{|\mathfrak{R}_{B'}|}\sum_{\tau \in \mathfrak{R}_{B'}} \operatorname{sgn}(\tau)\tau$$

とおけば，$\mathfrak{l}_B$ が Re_1, Re_2 中に含まれる回数がそれぞれ 1 で，また，$\mathfrak{l}_{B'}$ が Re_1', Re_2' 中に含まれる回数もそれぞれ 1 である．よって，絡数の公式（§1.2, c)）により

$$\langle Re_1, Re_2' \rangle_R \geqq \langle \mathfrak{l}_B, \mathfrak{l}_{B'} \rangle_R,$$

$$\langle Re_2, Re_1' \rangle_R \geqq \langle \mathfrak{l}_B, \mathfrak{l}_{B'} \rangle_R$$

が成り立つ．

よって，$\langle Re_1, Re_2' \rangle_R=0$ または $\langle Re_2, Re_1' \rangle_R=0$ がいえれば十分である．

さて，B, B' の符号数をそれぞれ $(n_1, \cdots, n_r)$, $(m_1, \cdots, m_s)$ としよう．これらが異なるから，

$$n_1 = m_1, \quad n_2 = m_2, \quad \cdots, \quad n_{i-1} = m_{i-1}, \quad n_i \neq m_i$$

なる番号 i がある．このとき例えば，$n_i > m_i$ として

$$(*)\qquad \langle Re_1, Re_2'\rangle_R = 0$$

を示そう．($n_i<m_i$ なら $\langle Re_2, Re_1'\rangle_R=0$ が示されるわけである．)

さて，($*$) をいうには §1.4, c) の考察が使える．$K=\boldsymbol{C}$, $G=\mathfrak{S}_n$, $H_1=\mathfrak{H}_B$, $\varphi_1(\sigma)=1$ (各 $\sigma\in H_1$ に対し)，$H_2=\mathfrak{R}_{B'}$, $\varphi_2(\sigma)=\mathrm{sgn}(\sigma)$ (各 $\sigma\in H_2$ に対し) とおいて定理1.22を使うのである．すると，($*$) をいうには，各 $\sigma\in\mathfrak{S}_n$ に対して，§1.4, c) の等式 ($***$) が不成立であることをいえばよい．すなわち，各 $\sigma\in\mathfrak{S}_n$ に対して，$\mathfrak{R}_{B'}\cap\sigma^{-1}\mathfrak{H}_B\sigma$ が奇置換を含むことをいえばよい．

$\mathfrak{R}_{B'}\cap\sigma^{-1}\mathfrak{H}_B\sigma=\sigma^{-1}(\mathfrak{R}_{\sigma B'}\cap\mathfrak{H}_B)\sigma$ であるから，$\mathfrak{R}_{\sigma B'}\cap\mathfrak{H}_B$ が互換を含むことをいえばよい．$\sigma B'=B''$ とおき，B' と B'' が同じ符号数をもつことに注意しよう．$\mathfrak{R}_{B''}\cap\mathfrak{H}_B$ が互換を含むことをいうには，相異なる2文字 $\alpha,\beta\in\Omega=\{1,\cdots,n\}$ を適当にとれば，これらが B では同行，B'' では同列にあることをいえばよい．

このような α,β がなかったとして矛盾を導こう．すると，B の第1行の元は B'' の別々の列に属するから，

$$n_1\leqq m_1.\qquad\therefore\quad n_1=m_1.$$

よって補題2.1の論法により，$\tau\in\mathfrak{R}_{B''}$ が存在して，B と $\tau B''$ の第1行の元は全体として一致する．$\tau B''$ ももちろん B'' (したがって B') と同じ符号数をもつ．さて，B の第2行の元は B'' の別々の列に属する．しかも $\tau B''$ は B'' にその垂直置換を施しただけの盤であるから，B の第2行の元は，$\tau B''$ からその第1行を除いた盤の別々の列に属する．よって

$$n_2\leqq m_2.\qquad\therefore\quad n_2=m_2.$$

よって $\tau'\in\mathfrak{R}_{\tau B''}=\tau\mathfrak{R}_{B''}\tau^{-1}=\mathfrak{R}_{B''}$ が存在して，B と $\tau'\tau B''$ とは，第1行の元のみならず，第2行の元も集合として一致する．以下同様に進行すれば

$$n_1=m_1,\qquad n_2=m_2,\qquad\cdots$$

となり，$n_i>m_i$ なる番号 i が登場する余地がない．これは仮定に反して矛盾である．▌

以上で，異なる台上の盤の定める $R=\boldsymbol{C}[\mathfrak{S}_n]$ の極小左イデアルは，R 同型でないことがわかった．ところが，n 次の台の個数は n の分割数 $p(n)$ で，これは $\mathfrak{S}_n$ の共役類の個数であるから，これらの異なる台 $D_1,\cdots,D_N$ ($N=p(n)$) 上の盤を一つずつとって，それを $B_1,\cdots,B_N$ とし，B_i の定める R の極小左イデアルを $\mathfrak{l}_i=\mathfrak{l}_{B_i}$ ($i=1,\cdots,N$) とすれば，$\mathfrak{S}_n$ のどの複素既約表現 (ρ,V) も，ある $\mathfrak{l}_i$ による表

現に同値になる．したがって，(ρ, V) は有理数体 $\boldsymbol{Q}$ 上で実現可能になる（定理 2.1）．以上を定理として述べておこう．

定理 2.4　n 次対称群 $\mathfrak{S}_n$ の複素数体 $\boldsymbol{C}$ 上の既約表現類の全体と，n 次の台の全体との間には，1：1 の対応が存在する．すなわち，$\mathfrak{S}_n$ の任意の複素既約表現 (ρ, V) に対して，次のような n 次の台 D が一意的に存在する：D 上の任意の盤 B の定める $R=\boldsymbol{C}[\mathfrak{S}_n]$ の極小左イデアル $\mathfrak{I}_B=Rc_B$（c_B は B に属する Young 対称子）による表現が (ρ, V) と同値になる．（$\mathfrak{I}_B$ を表現空間とする既約表現を，**台 D に属する**（あるいは D に対応する）**既約表現**という．台 D の符号数を，D に属する既約表現の符号数であるという．）

系　n 次対称群 $\mathfrak{S}_n$ の任意の複素既約表現 (ρ, V) に対し，V の $\boldsymbol{C}$ 基底を適当にとれば，各 $\sigma \in \mathfrak{S}_n$ に対して，$\rho(\sigma)$ の行列成分 $\rho_{ij}(\sigma)$ がすべて有理数になる．

注意　実は，$\rho_{ij}(\sigma)$ がすべて整数となるように V の $\boldsymbol{C}$ 基底をとることもできる（第2章問題2参照）．

例 2.6　符号数 (n) の n 次の台 D

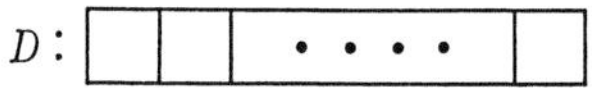

図 2.4

上の任意の盤 B に対して，

$$\mathfrak{H}_B = \mathfrak{S}_n, \qquad \mathfrak{K}_B = \{1\}.$$

$$\therefore \quad a_B = \frac{1}{|\mathfrak{H}_B|}\sum_{\sigma \in \mathfrak{S}_n} \sigma = \frac{1}{n!}\sum_{\sigma \in \mathfrak{S}_n} \sigma, \qquad b_B = \frac{1}{|\mathfrak{K}_B|}\sum_{\tau \in \mathfrak{K}_B} \mathrm{sgn}\,(\tau)\tau = 1.$$

$$\therefore \quad c_B = a_B b_B = a_B. \qquad \therefore \quad \mathfrak{I}_B = Rc_B = Ra_B.$$

さて，各 $\sigma \in \mathfrak{S}_n$ に対して，$\sigma a_B = a_B \sigma = a_B$ となることが容易にわかるから，$\mathfrak{I}_B = Ra_B = \boldsymbol{C}a_B$．よって，$\mathfrak{I}_B$ は 1 次元である．そして，各 $\sigma \in \mathfrak{S}_n$ と各 $x \in \mathfrak{I}_B$ に対して

$$\sigma x = x$$

となる．よって，$V=\mathfrak{I}_B$ の定める表現 ρ_D の次数は 1 で，ρ_D は $\mathfrak{S}_n$ の単位表現 $\sigma \mapsto 1_V$（各 $\sigma \in \mathfrak{S}_n$ に対し）に他ならない．ρ_D の指標は $\mathfrak{S}_n$ の単位指標 $\sigma \mapsto 1$（各 $\sigma \in \mathfrak{S}_n$ に対し）である．

例 2.7　符号数 $(1^n)=(1, 1, \cdots, 1)$ の n 次の台 D

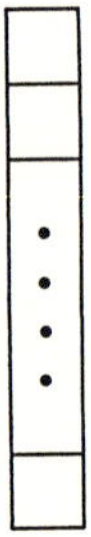

図2.5

上の任意の盤 B に対して,
$$\mathfrak{H}_B = \{1\}, \qquad \mathfrak{R}_B = \mathfrak{S}_n.$$
$$\therefore \quad a_B = 1, \qquad b_B = \frac{1}{n!} \sum_{\tau \in \mathfrak{S}_n} \mathrm{sgn}\,(\tau)\tau.$$
$$\therefore \quad c_B = b_B. \quad \therefore \quad \mathfrak{l}_B = Rc_B = Rb_B.$$

さて,各 $\sigma \in \mathfrak{S}_n$ に対して,$\sigma b_B = b_B \sigma = \mathrm{sgn}\,(\sigma) b_B$ となることが容易にわかるから,$\mathfrak{l}_B = Rb_B = Cb_B$. よって,$\mathfrak{l}_B$ は1次元である.そして,各 $\sigma \in \mathfrak{S}_n$ と各 $x \in \mathfrak{l}_B$ に対して

$$\sigma x = \mathrm{sgn}\,(\sigma) x$$

となる.よって,$V = \mathfrak{l}_B$ の定める表現 ρ_D の次数は1で,$\rho_D : \sigma \mapsto \mathrm{sgn}\,(\sigma) 1_V$ (各 $\sigma \in \mathfrak{S}_n$ に対し) である.ρ_D の指標は $\mathfrak{S}_n$ の符号関数 $\sigma \mapsto \mathrm{sgn}\,(\sigma)$ (各 $\sigma \in \mathfrak{S}_n$ に対し) に他ならない.――

群環 $R = C[\mathfrak{S}_n]$ の極小左イデアルの R 同型による分類ができたから,R を単純成分に分解する様子が判明する.まず,R の単純成分の全体と R の既約表現類の全体との間には,次のような1:1対応があった(定理1.2および定理1.15参照).すなわち,R の既約表現 (ρ, V) に対し,$V \cong {}_R\mathfrak{l}$ なる R の極小左イデアル $\mathfrak{l}$ が存在する.$\mathfrak{l}$ のとり方はいろいろあるが,$\mathfrak{l}$ は R 同型を除いては確定しているから,$\mathfrak{l}$ を含むような R の単純成分 $\mathfrak{a}$ は一意に決まる.(ρ, V) の定める既約表現類に単純成分 $\mathfrak{a}$ を対応させることにより求むる1:1対応を得る.さて定理2.3により,R の既約表現類の全体と n 次の台の全体との間に1:1対応がついているから,結局,R の単純成分の全体と n 次の台全体との間に1:1対応が成り立っている.台 D に対応する R の単純成分を $\mathfrak{a}(D)$ と書く.

より具体的にいえば，単純成分 $\mathfrak{a}(D)$ は次のように特徴づけられる：台 D 上の任意の盤 B の定める R の極小左イデアル $\mathfrak{l}_B=Rc_B$ を含むような R の単純成分が一意的に存在する．それが $\mathfrak{a}(D)$ である．

注意　D 上の盤 $B_1, \cdots, B_s$ を適当にとれば，$\mathfrak{a}(D)$ は $Rc_{B_1}, \cdots, Rc_{B_s}$ の直和になることがわかる（第2章問題1参照）．$B_1, \cdots, B_s$ の具体的な選び方（標準盤と称するものをとる）も知られている．これについては後述の§3.6, d)，定理3.16を参照．

定理 2.5　対称群 $\mathfrak{S}_n$ の逆自己同型

$$\begin{cases} \mathfrak{S}_n \longrightarrow \mathfrak{S}_n, \\ \sigma \longmapsto \sigma^{-1} \end{cases}$$

からひきおこされる群環 $C[\mathfrak{S}_n]=R$ の逆自己同型 $R\to R$ を $a\to\hat{a}$ $(a\in R)$ とする：$(\sum\lambda_\sigma\sigma)\hat{}=\sum\lambda_\sigma\sigma^{-1}$．すると，任意の n 次の台 D に対して，R の単純成分 $\mathfrak{a}(D)$ はこの逆自己同型の下で不変である：$\widehat{\mathfrak{a}(D)}=\mathfrak{a}(D)$．そして，$D$ 上の任意の盤 B に対して，$Rc_B\cong_R R\hat{c}_B$．

証明　台 D 上の任意の盤 B に対して

$$\hat{a}_B=\frac{1}{|\mathfrak{H}_B|}\sum_{\sigma\in\mathfrak{H}_B}\sigma^{-1}=a_B,$$

$$\hat{b}_B=\frac{1}{|\mathfrak{K}_B|}\sum_{\sigma\in\mathfrak{K}_B}\mathrm{sgn}\,(\sigma)\sigma^{-1}=\frac{1}{|\mathfrak{K}_B|}\sum_{\sigma\in\mathfrak{K}_B}\mathrm{sgn}\,(\sigma^{-1})\sigma^{-1}=b_B.$$

$$\therefore\quad \hat{c}_B=(a_Bb_B)\hat{}=\hat{b}_B\hat{a}_B=b_Ba_B.$$

よって定理1.24により，$Rc_B\cong_R R\hat{c}_B$．よって，$R\hat{c}_B\subset\mathfrak{a}(D)$．$\therefore$ $\widehat{\mathfrak{a}(D)}\cap\mathfrak{a}(D)\neq 0$．一方，$\widehat{\mathfrak{a}(D)}$ は明らかに R の単純成分であるから，$\widehat{\mathfrak{a}(D)}=\mathfrak{a}(D)$ となる．▌

問　　題

1　n 次の台 D に対応する群環 $C[\mathfrak{S}_n]$ の単純成分 $\mathfrak{a}(D)$ は，D 上の適当な盤 $B_1, \cdots, B_s$ をとれば，$\mathfrak{a}(D)=Rc_{B_1}\oplus\cdots\oplus Rc_{B_s}$ となることを示せ．

[ヒント]　定理1.1の証明をよく見れば，D 上のすべての盤 B にわたる和 $\sum Rc_B$ が $\mathfrak{a}(D)$ になることさえわかればよい．それには $\sum Rc_B$ が R のイデアルであって $\subset\mathfrak{a}(D)$ であることを確かめよ．$\sigma\in\mathfrak{S}_n$ に対し $\sigma(\sum Rc_B)\sigma^{-1}$ を考えよ．

2　$\mathfrak{S}_n$ の任意の表現 (ρ, V) に対し，V の C 基底を適当にとれば，各 $\sigma\in\mathfrak{S}_n$ に対して，$\rho(\sigma)$ の行列成分がすべて $\in Z$ となることを示せ（Z は整数全体の環）．

[ヒント]　ρ の完全可約性と定理2.3より，V の C 基底 $e_1, \cdots, e_n$ をとれば，各 i と各 $\sigma\in\mathfrak{S}_n$ に対して $\sigma e_i\in\sum Qe_j$ となる．$\{\sigma e_i\mid\sigma\in\mathfrak{S}_n,\ i=1, \cdots, n\}$ の Z 係数の1次結合全体

のなす V の部分加群を M とすれば，各 $\sigma\in\mathfrak{S}_n$ に対し $\sigma M=M$. M は有限生成の Abel 群で，有限位数の元をもたぬから，m を適当にとると $M\cong\boldsymbol{Z}^m$ である．一方，$\sum\boldsymbol{Q}e_j=N$ とおくと，$N\supset M$ と $\dim_{\boldsymbol{Q}}N=n$ より $m\leqq n$. $e_1,\cdots,e_n\in M$ より $m\geqq n$. よって $m=n$ で M の $\boldsymbol{Z}$ 基底は V の $\boldsymbol{C}$ 基底となる．

3　$\boldsymbol{C}$ 上の n 次元ベクトル空間 $V=\boldsymbol{C}e_1+\cdots+\boldsymbol{C}e_n$ 上に $\mathfrak{S}_n$ の表現 $\rho:\mathfrak{S}_n\to GL(V)$ を次のように作る：$\rho(\sigma)e_i=e_{\sigma(i)}$ $(\sigma\in\mathfrak{S}_n,\ i=1,\cdots,n)$. このとき，$\rho$ は符号数 (n) と $(n-1,1)$ をもつ二つの既約成分 $\rho_n,\rho_{n-1,1}$ の直和に分解することを示せ．

4　問題3を用いて，$\mathfrak{S}_n$ の表現 $\rho_{n-1,1}$ の指標を求めよ．

5　$\mathfrak{S}_4$ の符号数 $(2,2)$ をもつ既約表現 $\rho_{2,2}$ の次数が2であることを示せ．

6　符号数 $(3,1)$ の台 D 上の任意の盤 B に対し，$\boldsymbol{C}[\mathfrak{S}_4]=R$ の左イデアル Ra_B (a_B: Young 水平対称子) の定める $\mathfrak{S}_4$ の表現を既約成分に分解せよ．また，Rb_B (b_B: Young 垂直対称子) の定める $\mathfrak{S}_4$ の表現を既約成分に分解せよ．

7　対称群 $\mathfrak{S}_4$ の既約表現 $\rho_{3,1}$ を交代群 $\mathfrak{A}_4$ 上に制限して得られる $\mathfrak{A}_4$ の表現は既約であることを証明せよ．$\rho_{2,2}$ の場合は制限 $\rho_{2,2}|\mathfrak{A}_4$ が可約となることを示せ．

8　x の形式的ベキ級数 ($\boldsymbol{Z}$ 係数) のなす環において，

$$\frac{1}{\prod_{n=1}^{\infty}(1-x^n)}=1+p(1)x+p(2)x^2+p(3)x^3+\cdots$$

が成り立つことを示せ ($p(n)$ は n の分割数)．

9　型 $(2,2)$ の元 $\sigma\in\mathfrak{S}_4$ の全体からなる $\mathfrak{S}_4$ の共役類を $\mathfrak{K}$ とし，$\mathfrak{K}$ の張る $\boldsymbol{C}[\mathfrak{S}_4]$ の部分ベクトル空間を V とする．$\mathfrak{S}_4$ の表現 (ρ,V) を $\rho(\sigma)x=\sigma x\sigma^{-1}$ $(\sigma\in\mathfrak{S}_4,\ x\in V)$ で定める．ρ を既約成分に分解せよ．

第3章　対称群の複素既約指標

本章の目的は，f 次対称群 $\mathfrak{S}_f$ の複素既約表現(第2章で定めた)の指標を具体的に与える Frobenius の公式を述べ，その応用として，$\mathfrak{S}_f$ の指標表の作り方，次数公式，および指標の値を与える漸化式(Murnaghan-Nakayama の公式)，指標の分岐則($\mathfrak{S}_f \to \mathfrak{S}_{f-1}$ なる制限写像下での)などを述べることである．

§3.1　ある誘導指標の値の計算

a）誘導表現 $1_H{}^G$ とその指標

有限群 G とその部分群 H に対して，xH $(x \in G)$ の形の左剰余類の全体からなる集合を G/H とし，G/H の元を基底とする複素数体 $\boldsymbol{C}$ 上のベクトル空間を V とする．V を表現空間とする G の表現 (ρ, V) を $\rho(a)xH=axH$ $(a \in G,\ x \in G)$ で定める．これは G の G/H 上の置換表現と呼ばれる．表現 ρ を $1_H{}^G$ と書く("群論"§8.1，例8.2参照)．これは H の単位表現 $1_H : y \mapsto 1_H(y)=1$ から誘導された G の表現("群論"例8.13参照)に他ならない．すなわち，表現 (ρ, V) は G の群環 $R=\boldsymbol{C}[G]$ の左イデアル $\mathfrak{l}=Re$，ただし

$$e = \frac{1}{|H|}\sum_{\sigma \in H}\sigma$$

による表現と同値である．なぜなら，G の左剰余類への分割を $G=x_1H+\cdots+x_rH$ とすれば，$\mathfrak{l}$ は $\boldsymbol{C}$ 基底 $x_1e=e_1, \cdots, x_re=e_r$ をもち，しかも $\sigma x_iH=x_jH$ のとき $\sigma e_i=e_j$ となるから，$V \cong_R \mathfrak{l}$ となる．$1_H{}^G$ の指標 ψ は，$\psi(a)=\mathrm{Tr}\,\rho(a)$ だから，次のように与えられる：$a \in G$ に対して

$$\psi(a) = \#\{xH \in G/H \mid axH=xH\}.$$

(ここで，$\#$ は集合 $\{\cdots\}$ の元の個数を意味する．) すなわち，$\psi(a)$ は G/H の置換 $\rho(a) : G/H \to G/H$ の G/H 中の固定点の個数である．よって，いま G の部分集合 $F(a)$ を

$$F(a) = \{x \in G \mid x^{-1}ax \in H\}$$

で定義すれば，$F(a)H=F(a)$ であり，しかも

$$\psi(a) = |F(a)/H| = \frac{|F(a)|}{|H|}$$

である．($|X|$ も集合 X の元の個数を意味する．記号 $\#$ と $|\cdots|$ とは結果を見易くするためにどちらも用いることにする.) $\psi(a)$ の値をさらに詳しく調べよう．

いま，$a\in G$ の属する G の共役類を $\mathfrak{K}_a$ と書くと，$\mathfrak{K}_a\cap H=\phi$ (空集合) ならば，$F(a)=\phi$ であるから

$$\psi(a) = 0$$

である．$\mathfrak{K}_a\cap H\neq\phi$ の場合を考えよう．$h_0=x_0{}^{-1}ax_0\in H$ を一つ固定すると，$x\in G$ に対して次が成り立つ.

$$x^{-1}ax = h_0 \Longleftrightarrow xx_0{}^{-1}\in C_G(a).$$

ここで $C_G(a)$ は a の G における中心化群である．すなわち，$C_G(a)=\{y\in G\,|\,ya=ay\}$.

そこで，写像 $\Phi: G\to G$ を $\Phi(y)=y^{-1}ay$ で定義すると，$F(a)$ は Φ による H の全逆像であるから，$F(a)$ は部分集合族 $\{\Phi^{-1}(h)\,|\,h\in H\}$ に分割される．しかも上記により，$h\notin H\cap\mathfrak{K}_a$ ならば $\Phi^{-1}(h)=\phi$ であり，また，$h_0\in H\cap\mathfrak{K}_a$ ならば $\Phi^{-1}(h_0)=C_G(a)x_0$ である．したがって，h_0 が $H\cap\mathfrak{K}_a$ 上を動くとき $|\Phi^{-1}(h_0)|$ は一定値 $|C_G(a)|$ をとるから，結局,

$$|F(a)| = |C_G(a)|\cdot|H\cap\mathfrak{K}_a|$$

を得る．すなわち，次の補題が得られる．

補題 3.1 有限群 G とその部分群 H に対し，表現 $1_H{}^G$ の指標 ψ の $a\in G$ における値は

$$\psi(a) = \frac{|C_G(a)|\cdot|H\cap\mathfrak{K}_a|}{|H|}$$

で与えられる．ただし，$\mathfrak{K}_a$ は a の属する G の共役類.

b) $G=\mathfrak{S}_f$, $H=\mathfrak{S}_{f_1}\times\cdots\times\mathfrak{S}_{f_n}$ **の場合**

f を自然数，B を f 次の盤とし，$(f_1,\cdots,f_n)$ を B の符号数とする．$G=\mathfrak{S}_f$, $H=\mathfrak{H}_B$ (水平置換群) とおいて生ずる表現 $1_H{}^G$ (a) 参照) の指標 ψ は B の符号数にしか依存しない．実際，f 次の盤 B' も符号数 $(f_1,\cdots,f_n)$ をもてば，$H=\mathfrak{H}_B$ と $H'=\mathfrak{H}_{B'}$ とは G において共役だから，$1_H{}^G$ と $1_{H'}{}^G$ とは同値になり，したがって，

同一の指標をもつ.（補題3.1の公式からも指標の一致がすぐわかる.）よって，$1_H{}^G$ の指標 ψ を $\psi_{f_1,\cdots,f_n}$ と書くことにする．$H=\mathfrak{H}_B\cong\mathfrak{S}_{f_1}\times\cdots\times\mathfrak{S}_{f_n}$ であるから，この対応により H の元 h を $h\leftrightarrow(h_1,\cdots,h_n)$ $(h_i\in\mathfrak{S}_{f_i},\ 1\leqq i\leqq n)$ と表わす．すると，h_i の型(§2.1参照)が $(1^{\alpha_{i1}}2^{\alpha_{i2}}\cdots f_i{}^{\alpha_{if_i}})$ のとき，h の型 $(1^{\alpha_1}2^{\alpha_2}\cdots f^{\alpha_n})$ は

$$\alpha_1=\sum_i\alpha_{i1},\qquad \alpha_2=\sum_i\alpha_{i2},\qquad \cdots$$

で与えられる．よって，$a\in G=\mathfrak{S}_f$ の型が $(1^{\alpha_1}2^{\alpha_2}\cdots)$ のとき，各 $h\in H\cap\mathfrak{K}_a$ は

$$(\sharp)\qquad \begin{cases} 1\cdot\alpha_{i1}+2\cdot\alpha_{i2}+\cdots=f_i & (1\leqq i\leqq n),\\ \alpha_{1j}+\alpha_{2j}+\cdots\quad=\alpha_j & (1\leqq j\leqq f),\\ \alpha_{ij}\in\boldsymbol{Z}\ \ (\text{整数環}),\quad \alpha_{ij}\geqq 0 & (1\leqq i\leqq n,\ 1\leqq j\leqq f)\end{cases}$$

を満たす．いま，$(\sharp)$ を満たすような n 行 f 列の行列 (α_{ij}) 全体のなす集合を $M(n,f;\boldsymbol{Z}_+)^\sharp$ と書けば，上述により写像

$$\Psi:\ \begin{cases} H\cap\mathfrak{K}_a\longrightarrow M(n,f;\boldsymbol{Z}_+)^\sharp,\\ \qquad h\longmapsto(\alpha_{ij})\end{cases}$$

が生じた．$(\sharp)$ を満たす (α_{ij}) に対して，各 i につき型 $(1^{\alpha_{i1}}2^{\alpha_{i2}}\cdots)$ の元 $h_i\in\mathfrak{S}_{f_i}$ が存在するから，$(h_1,\cdots,h_n)$ に対応する元 $h\in H$ が作れる．よって，Ψ は全射である．しかも，与えられた $(\alpha_{ij})\in M(n,f;\boldsymbol{Z}_+)^\sharp$ の全逆像 $\Psi^{-1}((\alpha_{ij}))$ に属する $H\cap\mathfrak{K}_a$ の元の個数は，型 $(1^{\alpha_{i1}}2^{\alpha_{i2}}\cdots)$ の元 $x\in\mathfrak{S}_{f_i}$ の個数を $g(\alpha_{i1},\alpha_{i2},\cdots)$ とおくとき，

$$|\Psi^{-1}((\alpha_{ij}))|=\prod_{i=1}^n g(\alpha_{i1},\alpha_{i2},\cdots)$$

で与えられる．ところが，$g(\alpha_{i1},\alpha_{i2},\cdots)$ は，型 $(1^{\alpha_{i1}}2^{\alpha_{i2}}\cdots)$ の元 $h_i\in\mathfrak{S}_{f_i}$ を一つ固定すれば，h_i の $\mathfrak{S}_{f_i}$ 中の中心化群 C_i の $\mathfrak{S}_{f_i}$ における指数に等しい．しかも C_i の位数 $|C_i|$ は $|C_i|=1^{\alpha_{i1}}\alpha_{i1}!2^{\alpha_{i2}}\alpha_{i2}!\cdots$ で与えられる（"群論" §1.6, 定理1.8の証明における計算および "群論" 問1.49参照）．よって

$$|\Psi^{-1}((\alpha_{ij}))|=\prod_{i=1}^n\frac{f_i!}{1^{\alpha_{i1}}\alpha_{i1}!2^{\alpha_{i2}}\alpha_{i2}!\cdots}$$

である．Ψ の全射性より

$$|H\cap\mathfrak{K}_a|=\sum_{(\alpha_{ij})}\prod_{i=1}^n\frac{f_i!}{1^{\alpha_{i1}}\alpha_{i1}!2^{\alpha_{i2}}\alpha_{i2}!\cdots}$$

となる．(和はすべての $(\alpha_{ij})\in M(n,f;\boldsymbol{Z}_+)^\sharp$ についてとる.) よって

$$|H\cap\mathfrak{K}_a|=\frac{f_1!\cdots f_n!}{1^{\alpha_1}2^{\alpha_2}\cdots}\sum_{(\alpha_{ij})}\prod_{i=1}^{n}\frac{1}{\alpha_{i1}!\alpha_{i2}!\cdots}$$

を得る．さて，$|H|=f_1!\cdots f_n!$ と $|C_G(a)|=1^{\alpha_1}\alpha_1!2^{\alpha_2}\alpha_2!\cdots$ と上式を補題3.1中の式に代入すれば $\psi_{f_1,\cdots,f_n}(a)$ の値を得る：

$$\psi_{f_1,\cdots,f_n}(a)=\sum_{(\alpha_{ij})}\frac{\alpha_1!}{\alpha_{11}!\alpha_{21}!\cdots}\frac{\alpha_2!}{\alpha_{12}!\alpha_{22}!\cdots}\cdots\frac{\alpha_f!}{\alpha_{1f}!\alpha_{2f}!\cdots}.$$

この結果をもっと見易くするために，右辺の $\alpha_i!/\alpha_{1i}!\alpha_{2i}!\cdots$ が多項係数の形であることに着目して，次のような量を導入する．いま，複素数体 $\boldsymbol{C}$ 上に n 個の独立変数 $\varepsilon_1,\cdots,\varepsilon_n$ を導入し，$\varepsilon_1,\cdots,\varepsilon_n$ のベキ和

$$\sigma_i=\sigma_i(\varepsilon_1,\cdots,\varepsilon_n)=\varepsilon_1{}^i+\cdots+\varepsilon_n{}^i\qquad(i=0,1,\cdots)$$

を考える．σ_i は多項式環 $\boldsymbol{C}[\varepsilon_1,\cdots,\varepsilon_n]$ の元である．

定理 3.1　$a\in\mathfrak{S}_f$ の型が $(1^{\alpha_1}2^{\alpha_2}\cdots f^{\alpha_f})$ ならば，指標値 $\psi_{f_1,\cdots,f_n}(a)$ は，$\sigma_1{}^{\alpha_1}\cdots\sigma_f{}^{\alpha_f}$ の展開式における項 $\varepsilon_1{}^{f_1}\cdots\varepsilon_n{}^{f_n}$ の係数に等しい．

証明　多項定理を用いて $\sigma_1{}^{\alpha_1}\cdots\sigma_f{}^{\alpha_f}$ を展開すれば

$$\sum\frac{\alpha_1!}{\lambda_1!\lambda_2!\cdots}\varepsilon_1{}^{\lambda_1}\varepsilon_2{}^{\lambda_2}\cdots\sum\frac{\alpha_2!}{\mu_1!\mu_2!\cdots}\varepsilon_1{}^{2\mu_1}\varepsilon_2{}^{2\mu_2}\cdots\sum\frac{\alpha_f!}{\kappa_1!\kappa_2!\cdots}\varepsilon_1{}^{f\kappa_1}\varepsilon_2{}^{f\kappa_2}\cdots$$

となるから，$\varepsilon_1{}^{f_1}\cdots\varepsilon_n{}^{f_n}$ の係数は

$$\sum\frac{\alpha_1!}{\lambda_1!\lambda_2!\cdots}\frac{\alpha_2!}{\mu_1!\mu_2!\cdots}\cdots\frac{\alpha_f!}{\kappa_1!\kappa_2!\cdots}$$

である．ここで和は

$$\begin{cases}\lambda_1+2\mu_1+\cdots+f\kappa_1=f_1,\\ \lambda_2+2\mu_2+\cdots+f\kappa_2=f_2,\\ \cdots\cdots\cdots\cdots\cdots\\ \lambda_1+\lambda_2+\cdots\qquad=\alpha_1,\\ \mu_1+\mu_2+\cdots\qquad=\alpha_2,\\ \cdots\cdots\cdots\cdots\cdots\\ \kappa_1+\kappa_2+\cdots\qquad=\alpha_f\end{cases}$$

の整数解 $\lambda_i\geqq0$, $\mu_j\geqq0$, $\cdots$, $\kappa_k\geqq0$ のすべてにわたってとる．これは上に述べた $\psi_{f_1,\cdots,f_n}(a)$ の値を与える式にほかならない．▌

§3.2 ξ 関数と S 関数 (Schur 関数)

ここでも $\varepsilon_1, \cdots, \varepsilon_n$ は $\boldsymbol{C}$ 上の独立変数である．

a) ξ 関数と S 関数の定義

$\boldsymbol{Z}^n = \boldsymbol{Z} \times \cdots \times \boldsymbol{Z}$ (n 個) の元 $l = (l_1, \cdots, l_n)$ に対して，$\boldsymbol{Z}[\varepsilon_1, \cdots, \varepsilon_n, \varepsilon_1^{-1}, \cdots, \varepsilon_n^{-1}]$ の元 $\xi(l)$ を行列式

$$\xi(l) = \begin{vmatrix} \varepsilon_1^{l_1} & \varepsilon_1^{l_2} & \cdots & \varepsilon_1^{l_n} \\ \varepsilon_2^{l_1} & \varepsilon_2^{l_2} & \cdots & \varepsilon_2^{l_n} \\ & \cdots\cdots & & \\ \varepsilon_n^{l_1} & \varepsilon_n^{l_2} & \cdots & \varepsilon_n^{l_n} \end{vmatrix}$$

で定義する．詳しくは $\xi(l)(\varepsilon_1, \cdots, \varepsilon_n)$ とも書く．$\xi(l)$ を $l \in \boldsymbol{Z}^n$ に対応する **ξ 関数**という．この行列式を簡単のため，以下，

$$|\varepsilon^{l_1}, \varepsilon^{l_2}, \cdots, \varepsilon^{l_n}|$$

とも書く．$l_1 \geqq 0, \cdots, l_n \geqq 0$ ならば，$\xi(l) \in \boldsymbol{Z}[\varepsilon_1, \cdots, \varepsilon_n]$ である．定義から $\xi(l)$ は $\varepsilon_1, \cdots, \varepsilon_n$ の交代式である．特に，$\boldsymbol{Z}^n$ の元

$$\delta = (n-1, n-2, \cdots, 2, 1, 0)$$

に対しては，$\xi(\delta)$ は Vandermonde の行列式となるから

$$\xi(\delta) = \prod_{i<j} (\varepsilon_i - \varepsilon_j)$$

である．各 $l \in \boldsymbol{Z}^n$ に対して，整域 $\boldsymbol{Z}[\varepsilon_1, \cdots, \varepsilon_n, \varepsilon_1^{-1}, \cdots, \varepsilon_n^{-1}]$ において $\xi(l)$ が $\xi(\delta)$ で割り切れる：$\xi(\delta) | \xi(l)$ —— ということは，$l_1 \geqq 0, \cdots, l_n \geqq 0$ ならば周知であり，l_i の中に負の整数が混じっていても，十分大きい自然数 k を用いて，$(\varepsilon_1 \cdots \varepsilon_n)^k \xi(l) = \xi(l_1 + k, \cdots, l_n + k)$ を考えれば容易にわかる．よって，

$$\frac{\xi(l)}{\xi(\delta)} \in \boldsymbol{Z}[\varepsilon_1, \cdots, \varepsilon_n, \varepsilon_1^{-1}, \cdots, \varepsilon_n^{-1}]$$

である．

いま，$\lambda = (\lambda_1, \cdots, \lambda_n) \in \boldsymbol{Z}^n$ に対し，$S_\lambda(\varepsilon_1, \cdots, \varepsilon_n) = S_\lambda(\varepsilon) \in \boldsymbol{Z}[\varepsilon_1, \cdots, \varepsilon_n, \varepsilon_1^{-1}, \cdots, \varepsilon_n^{-1}]$ を

$$S_\lambda(\varepsilon_1, \cdots, \varepsilon_n) = \frac{\xi(\lambda + \delta)}{\xi(\delta)}$$

で定義し，S_λ を λ に対応する **S 関数**（あるいは **Schur 関数**）という．(S_λ を $\{\lambda\}$ と書く習慣があるが，本講では集合の記法との混乱を考えて，S_λ を用いること

にした.)

b) ξ 関数と S 関数による展開

$\boldsymbol{Z}^n$ の元 $l=(l_1, \cdots, l_n)$ であって,

$$l_1 > l_2 > \cdots > l_n \geqq 0$$

を満たすものの全体からなる $\boldsymbol{Z}^n$ の部分集合を L_n と書く. また, $\boldsymbol{Z}^n$ の元 $\lambda=(\lambda_1, \cdots, \lambda_n)$ であって,

$$\lambda_1 \geqq \lambda_2 \geqq \cdots \geqq \lambda_n \geqq 0$$

を満たすものの全体からなる $\boldsymbol{Z}^n$ の部分集合を M_n と書く.

ここで

$$\delta+M_n = L_n$$

に注意しよう. 実際, $\lambda=(\lambda_1, \cdots, \lambda_n) \in M_n$ ならば, $\lambda_1 \geqq \cdots \geqq \lambda_n \geqq 0$ だから, $l=\delta+\lambda=(l_1, \cdots, l_n)$ は $l_i=\lambda_i+(n-i)>\lambda_{i+1}+(n-i-1)=l_{i+1}$ を満たす. すなわち, $l_1>\cdots>l_n=\lambda_n \geqq 0$. $\therefore$ $l \in L_n$. 逆に, $l=(l_1, \cdots, l_n) \in L_n$ としよう. すると, $\lambda=l-\delta$ を $(\lambda_1, \cdots, \lambda_n)$ とおけば, $l_i>l_{i+1}$ より $l_i-1 \geqq l_{i+1}$.

$$\therefore \quad \lambda_i = l_i-(n-i) \geqq l_{i+1}-(n-i-1) = \lambda_{i+1}.$$

よって, $\lambda_1 \geqq \cdots \geqq \lambda_n = l_n \geqq 0$. $\therefore$ $\lambda \in M_n$ である.

定理 3.2 (i) $\{\xi(l) \mid l \in L_n\}$ は $\boldsymbol{C}$ 上1次独立である. $\boldsymbol{C}$ 係数の $\varepsilon_1, \cdots, \varepsilon_n$ の交代多項式 P は $\xi(l)$ $(l \in L_n)$ の $\boldsymbol{C}$ 係数の1次結合である. もし P がさらに $\boldsymbol{Z}$ 係数であれば, P は $\xi(l)$ $(l \in L_n)$ の $\boldsymbol{Z}$ 係数の1次結合となる.

(ii) $\{S_\lambda \mid \lambda \in M_n\}$ は $\boldsymbol{C}$ 上1次独立である. $\boldsymbol{C}$ 係数の $\varepsilon_1, \cdots, \varepsilon_n$ の対称多項式 P は S_λ $(\lambda \in M_n)$ の $\boldsymbol{C}$ 係数の1次結合である. もし P がさらに $\boldsymbol{Z}$ 係数であれば, P は S_λ $(\lambda \in M_n)$ の $\boldsymbol{Z}$ 係数の1次結合となる.

証明 (i) 行列式を展開して

$$\xi(l) = \sum_{\sigma \in \mathfrak{S}_n} \operatorname{sgn}(\sigma)\, \varepsilon_{\sigma(1)}{}^{l_1} \varepsilon_{\sigma(2)}{}^{l_2} \cdots \varepsilon_{\sigma(n)}{}^{l_n}$$

となる. よって, l, l' が L_n の相異なる2元ならば, $\xi(l), \xi(l')$ の展開式には共通項がない. よって, $\{\xi(l) \mid l \in L_n\}$ は $\boldsymbol{C}$ 上1次独立である. 次に, 交代多項式 P の展開式中に $\alpha \varepsilon_1{}^{m_1} \cdots \varepsilon_n{}^{m_n}$ $(\alpha \in \boldsymbol{C})$ の形の項が登場すれば, 各 $\sigma \in \mathfrak{S}_n$ に対し, $\alpha \cdot \operatorname{sgn}(\sigma)\, \varepsilon_{\sigma(1)}{}^{m_1} \cdots \varepsilon_{\sigma(n)}{}^{m_n}$ なる形の項も登場せねばならない. よって, P は $\alpha \xi(m)$ $(m=(m_1, \cdots, m_n))$ の形の式の和となる. ここで $m_1 \geqq \cdots \geqq m_n \geqq 0$ としてよい.

さて，もし $m_i=m_j$ $(i\neq j)$ なる i,j があれば $\xi(m)=0$ であるから，P は $\alpha\xi(m)$ $(m\in L_n)$ の形の式の和である．特に α がすべて整数なら，P は $\xi(l)$ $(l\in L_n)$ の整係数1次結合である．

(ii) 対称多項式 P に対し，$\xi(\delta)P$ は交代多項式だから，(i) により $\xi(\delta)P$ は $\xi(l)$ $(l\in L_n)$ の $\boldsymbol{C}$ 係数1次結合（もし P が $\boldsymbol{Z}$ 係数なら，$\xi(\delta)P$ は $\xi(l)$ $(l\in L_n)$ の $\boldsymbol{Z}$ 係数1次結合）となる：$\xi(\delta)P=\alpha\xi(l)+\alpha'\xi(l')+\cdots$．よって，$l-\delta=\lambda$, $l'-\delta=\lambda'$, $\cdots$ とおけば，$P=\alpha S_\lambda+\alpha' S_{\lambda'}+\cdots$ となる．ここで $l,l',\cdots\in L_n$ だから，λ, $\lambda',\cdots\in M_n$ である．次に，$\{S_\lambda\,|\,\lambda\in M_n\}$ が $\boldsymbol{C}$ 上1次独立であることを示そう．それは，$\{\xi(\delta)S_\lambda\,|\,\lambda\in M_n\}$ が $\{\xi(l)\,|\,l\in L_n\}$ に一致する（$\because$ $\delta+M_n=L_n$）ことから，(i) に帰着する．▌

§3.3 $\mathfrak{S}_f$ の類関数 ω_λ と既約指標 χ_λ

以下，前節§3.2の $L_n\subset\boldsymbol{Z}^n$, $M_n\subset\boldsymbol{Z}^n$ を頻用する．

a) ω_λ の定義

f 次対称群 $\mathfrak{S}_f$ と自然数 n とが与えられているとしよう．M_n の部分集合 $M_n{}^{(f)}$ を $M_n{}^{(f)}=\{\lambda=(\lambda_1,\cdots,\lambda_n)\in M_n\,|\,\lambda_1+\cdots+\lambda_n=f\}$ で定義する．したがって§2.1の用語でいえば，$M_n{}^{(f)}$ は f の成分数 n の広義分割の全体からなる集合である．

このとき，各 $\lambda\in M_n$ に対して $\mathfrak{S}_f$ 上の類関数 ω_λ（すなわち，$\mathfrak{S}_f$ の各共役類 $\mathfrak{K}$ 上で一定値をとる関数 $\omega_\lambda:\mathfrak{S}_f\to\boldsymbol{C}$，換言すれば，各 $x,y\in\mathfrak{S}_f$ に対し $\omega_\lambda(xyx^{-1})=\omega_\lambda(y)$ なる関数）を次のように定義する．

$a\in\mathfrak{S}_f$ の型を $(1^{\alpha_1}2^{\alpha_2}\cdots f^{\alpha_f})$ とし，§3.1, §3.2の $\varepsilon_1,\cdots,\varepsilon_n$ のベキ和 $\sigma_1,\cdots,\sigma_f$ を用いて $\sigma_1{}^{\alpha_1}\sigma_2{}^{\alpha_2}\cdots\sigma_f{}^{\alpha_f}$ を考える．すると，$\sigma_1{}^{\alpha_1}\cdots\sigma_f{}^{\alpha_f}$ は S_λ $(\lambda\in M_n)$ の整係数の1次結合として一意的に

$$\sigma_1{}^{\alpha_1}\cdots\sigma_f{}^{\alpha_f}=\sum_{\lambda\in M_n}\omega_\lambda(a)S_\lambda$$

と表わされる．これが $\omega_\lambda(a)$ の定義である．したがって，$\omega_\lambda(a)\in\boldsymbol{Z}$ である．また，a を $\mathfrak{S}_f$ 中で共役元でおきかえても上式左辺は変わらない．よって，ω_λ は $\mathfrak{S}_f$ 上の類関数である．左辺が $\varepsilon_1,\cdots,\varepsilon_n$ の f 次の同次式だから，$\lambda\notin M_n{}^{(f)}$ のとき $\omega_\lambda(a)=0$ である．よって，右辺の和は $\sum_{\lambda\in M_n{}^{(f)}}$ にしてもよい．

b) ω_λ **と** $\mathfrak{S}_f$ **の指標** $\psi_{f_1,\cdots,f_n}$ **との関係**

$\nu=(\nu_1,\cdots,\nu_n)\in \boldsymbol{Z}^n$ に対し $\varepsilon(\nu)\in \boldsymbol{C}[\varepsilon_1,\cdots,\varepsilon_n,\varepsilon_1{}^{-1},\cdots,\varepsilon_n{}^{-1}]$ を

$$\varepsilon(\nu)=\varepsilon_1{}^{\nu_1}\cdots\varepsilon_n{}^{\nu_n}$$

で定義する．f 次の盤 B の符号数が $\lambda=(\lambda_1,\cdots,\lambda_n)$ のとき $\mathfrak{S}_f$ の指標 $\psi_{\lambda_1,\cdots,\lambda_n}$ を §3.1で定義したが，一般に，$\mu=(\mu_1,\cdots,\mu_n)\in \boldsymbol{Z}^n$ に対して $\mathfrak{S}_f$ 上の関数 $\psi_\mu=\psi_{\mu_1,\cdots,\mu_n}$ を次のように定義する．まず μ_i のうちに負のものがあれば

$$\psi_\mu=0$$

とおく．次に $\mu_1\geqq 0,\cdots,\mu_n\geqq 0$ としよう．もし

$$\mu_1+\cdots+\mu_n\neq f$$

ならば，やはり $\psi_\mu=0$ とおく．$\mu_1+\cdots+\mu_n=f$ ならば，$\mu_1,\cdots,\mu_n$ を大きい順に並べかえて，これを $\nu_1,\cdots,\nu_n$ とする．すると，$\nu=(\nu_1,\cdots,\nu_n)\in M_n{}^{(f)}$ である．いま

$$\nu_1\geqq\cdots\geqq\nu_k>0,\qquad \nu_{k+1}=\cdots=\nu_n=0$$

としよう．符号数 $(\nu_1,\cdots,\nu_k)$ に対応して，§3.1の意味での $\mathfrak{S}_f$ の指標 $\psi_{\nu_1,\cdots,\nu_k}$ が生ずる．これを用いて

$$\psi_\mu=\psi_{\nu_1,\cdots,\nu_k}$$

とおく．よって，$\psi_{\mu_1,\cdots,\mu_n}$ は $\mu_1,\cdots,\mu_n$ について対称である．すなわち，$\mu_1,\cdots,\mu_n$ の任意の並べかえを $\nu_1,\cdots,\nu_n$ とすると，$\psi_\mu=\psi_\nu$ である．すると，定理3.1は

$$\sigma_1(\varepsilon)^{\alpha_1(\sigma)}\cdots\sigma_f(\varepsilon)^{\alpha_f(\sigma)}=\sum_{\mu\in \boldsymbol{Z}^n}\psi_\mu(\sigma)\varepsilon(\mu)\qquad(\text{有限和})$$

と書けるわけである．ここで σ の型が $(1^{\alpha_1(\sigma)}2^{\alpha_2(\sigma)}\cdots)$ である．これと $\omega_\lambda(a)$ の定義式とを比べて

$$(*)\qquad \sum_{\mu\in \boldsymbol{Z}^n}\psi_\mu(a)\varepsilon(\mu)=\sum_{\lambda\in M_n{}^{(f)}}\omega_\lambda(a)S_\lambda(\varepsilon)$$

を得る．さて，n 次対称群 $\mathfrak{S}_n$ を $\boldsymbol{Z}^n$ に次のように自然な仕方で作用させよう：$\pi\in\mathfrak{S}_n$ と $\nu=(\nu_1,\cdots,\nu_n)\in \boldsymbol{Z}^n$ に対して

$$\pi\nu=(\nu_{\pi^{-1}(1)},\cdots,\nu_{\pi^{-1}(n)})$$

とおく．すると，$\pi,\pi'\in\mathfrak{S}_n$，$\nu\in \boldsymbol{Z}^n$ に対し，$(\pi\pi')\nu=\pi(\pi'\nu)$ が成り立つ．さて

$$S_\lambda(\varepsilon)=\frac{\xi(\lambda+\delta)}{\xi(\delta)},\qquad \xi(\delta)=\sum_{\pi\in\mathfrak{S}_n}\mathrm{sgn}\,(\pi)\varepsilon(\pi\delta)$$

を上の等式 $(*)$ に代入して

$$\left(\sum_{\mu\in Z^n}\psi_\mu(a)\varepsilon(\mu)\right)\left(\sum_{\pi\in\mathfrak{S}_n}\mathrm{sgn}(\pi)\varepsilon(\pi\delta)\right)=\sum_{\lambda\in M_n^{(f)}}\omega_\lambda(a)\xi(\lambda+\delta)$$

を得る．そこで右辺中の項の $\lambda\in M_n^{(f)}$ に対して

$$\lambda+\delta=l=(l_1,\cdots,l_n)\in L_n$$

とおき，上式両辺における $\varepsilon(l)=\varepsilon_1^{l_1}\cdots\varepsilon_n^{l_n}$ の係数を比較すれば

$$\omega_\lambda(a)=\sum_{\substack{\mu\in Z^n\\ \pi\in\mathfrak{S}_n\\ \mu+\pi\delta=l}}\mathrm{sgn}(\pi)\psi_\mu(a)=\sum_{\pi\in\mathfrak{S}_n}\mathrm{sgn}(\pi)\psi_{\lambda+\delta-\pi\delta}(a)$$

を得る．すなわち，次の定理の (i) が示された．

定理 3.3　(i)　$\lambda\in M_n^{(f)}$ に対して，対称群 $\mathfrak{S}_f$ 上の類関数 ω_λ は，$\mathfrak{S}_f$ 上の関数 ψ_μ を用いて

$$\omega_\lambda=\sum_{\pi\in\mathfrak{S}_n}\mathrm{sgn}(\pi)\psi_{\lambda+\delta-\pi\delta}$$

と表わされる．

(ii)　ω_λ は整数値をとる関数である．ω_λ は $\mathfrak{S}_f$ の一般指標（すなわち，$\mathfrak{S}_f$ の指標の整係数の1次結合）である．

証明　(ii) のみ示せばよい．まず $\omega_\lambda(a)\in Z\ (a\in\mathfrak{S}_f)$ は既述である．各 ψ_μ は0であるか，または $\mathfrak{S}_f$ の指標であるから，ω_λ も (i) の等式により $\mathfrak{S}_f$ の一般指標である．▌

c)　ω_λ 間の直交関係式

$\lambda=(\lambda_1,\cdots,\lambda_n)\in M_n^{(f)}$ に対して，$(\lambda_1,\cdots,\lambda_n,\overbrace{0,\cdots,0}^{p\text{個}})$ を λ' と書く．$\lambda'\in M_{n+p}^{(f)}$ である．このとき，$\mathfrak{S}_f$ 上の二つの関数 ω_λ と $\omega_{\lambda'}$ とが実は一致することを示そう．それには $p=1$ の場合を示せば十分である．いま，多項式環 $C[\varepsilon_1,\cdots,\varepsilon_n,\varepsilon_{n+1}]=P$ から多項式環 $C[\varepsilon_1,\cdots,\varepsilon_n]=Q$ への環準同型写像 $\varphi:P\to Q$ を

$$\varphi(\alpha)=\alpha\quad(\alpha\in C),\qquad\varphi(\varepsilon_i)=\varepsilon_i\quad(1\leqq i\leqq n),\qquad\varphi(\varepsilon_{n+1})=0$$

で定める．また，ベキ和を区別して

$$\sigma_i=\varepsilon_1^i+\cdots+\varepsilon_n^i,\qquad\sigma_i'=\varepsilon_1^i+\cdots+\varepsilon_n^i+\varepsilon_{n+1}^i\qquad(i=1,2,\cdots)$$

と書く．すると，$\varphi(\sigma_i')=\sigma_i\ (i=1,2,\cdots)$ である．さて $\mathfrak{S}_f$ の元 a の型が $1^{\alpha_1}2^{\alpha_2}\cdots$ のとき

$$(\sharp)\qquad\sigma_1^{\alpha_1}\sigma_2^{\alpha_2}\cdots\sigma_f^{\alpha_f}=\sum_{\lambda\in M_n^{(f)}}\omega_\lambda(a)S_\lambda(\varepsilon_1,\cdots,\varepsilon_n),$$

$$(\sharp\sharp)\qquad(\sigma_1')^{\alpha_1}(\sigma_2')^{\alpha_2}\cdots(\sigma_f')^{\alpha_f}=\sum_{\mu\in M_{n+1}^{(f)}}\omega_\mu(a)S_\mu(\varepsilon_1,\cdots,\varepsilon_{n+1})$$

である．これの第2式に環準同型写像 $\varphi: P\to Q$ を施してみよう．もし $\mu=(\mu_1, \cdots, \mu_{n+1})$ において $\mu_{n+1}>0$ ならば，$\tilde{\delta}=(n, \cdots, 1, 0)$ として $\xi(\mu+\tilde{\delta})=|\varepsilon^{\mu_1+n}, \cdots, \varepsilon^{\mu_n}|$ は ε_{n+1} で割り切れるから，φ により0に写される．さて，$\varepsilon_1, \cdots, \varepsilon_{n+1}$ の差積 $\prod(\varepsilon_i-\varepsilon_j)$ は φ により，$\varepsilon_1\cdots\varepsilon_n\xi(\delta)$ $(\neq 0)$ に写される．よって，$S_\mu(\varepsilon_1, \cdots, \varepsilon_{n+1})=\xi(\mu+\tilde{\delta})/\xi(\tilde{\delta})$ は φ によって0に写される．よっていま，写像 $\lambda=(\lambda_1, \cdots, \lambda_n)\to\lambda'=(\lambda_1, \cdots, \lambda_n, 0)$ による $M_n{}^{(f)}$ の $M_{n+1}{}^{(f)}$ 中の像を $\tilde{M}_n{}^{(f)}$ とおけば，(##)の両辺に φ を施して

$$(\#\#\#)\qquad \sigma_1{}^{\alpha_1}\cdots\sigma_f{}^{\alpha_f}=\sum_{\lambda'\in\tilde{M}_{n+1}{}^{(f)}}\omega_{\lambda'}(a)\varphi(S_{\lambda'})$$

を得る．ところが，$\xi(\lambda'+\tilde{\delta})=|\varepsilon^{\lambda_1+n}, \cdots, \varepsilon^{\lambda_n+1}, \varepsilon^0|$ の φ による像は

$$\begin{vmatrix} \varepsilon_1{}^{\lambda_1+n} & \cdots & \varepsilon_1{}^{\lambda_n+1} & 1 \\ \varepsilon_2{}^{\lambda_1+n} & \cdots & \varepsilon_2{}^{\lambda_n+1} & 1 \\ & \cdots\cdots & & \\ \varepsilon_n{}^{\lambda_1+n} & \cdots & \varepsilon_n{}^{\lambda_n+1} & 1 \\ 0 & \cdots & 0 & 1 \end{vmatrix}=(\varepsilon_1\cdots\varepsilon_n)\xi(\lambda+\delta)$$

であり，$\varphi(\xi(\tilde{\delta}))=\varepsilon_1\cdots\varepsilon_n\xi(\delta)$ (上述) であるから，

$$\varphi(S_{\lambda'})=\varphi\left(\frac{\xi(\lambda'+\tilde{\delta})}{\xi(\tilde{\delta})}\right)=\frac{\xi(\lambda+\delta)}{\xi(\delta)}=S_\lambda$$

である．これを(###)に代入して，$\{S_\lambda\}$ の1次独立性(定理3.2)を用いれば，$\omega_{\lambda'}(a)=\omega_\lambda(a)$．以上から，次の補題を得る．

補題 3.2　$\lambda=(\lambda_1, \cdots, \lambda_n)\in M_n{}^{(f)}$ と $\lambda'=(\lambda_1, \cdots, \lambda_n, 0, \cdots, 0)\in M_{n+p}{}^{(f)}$ とは $\mathfrak{S}_f$ 上で同じ関数 $\omega_\lambda, \omega_{\lambda'}$ を定める：$\omega_\lambda=\omega_{\lambda'}$．——

いま，f の広義分割 $\lambda=(\lambda_1, \cdots, \lambda_n)\in M_n{}^{(f)}$ に対し，$\lambda_1\geqq\cdots\geqq\lambda_k>0$, $\lambda_{k+1}=\cdots=\lambda_n=0$ とすれば，$(\lambda_1, \cdots, \lambda_k)$ は f の正規分割である．これを $\lambda\in M_n{}^{(f)}$ の定める f の正規分割と呼ぶ．補題3.2により，$\lambda\in M_n{}^{(f)}$ と $\mu\in M_m{}^{(f)}$ とが f の同じ正規分割を定めれば，$\omega_\lambda=\omega_\mu$ である．よって，f の $p(f)$ 個の正規分割 λ に対応する ω_λ $(\lambda\in M_1{}^{(f)}\cup\cdots\cup M_f{}^{(f)})$ のみを考えれば十分である．さて，目標は次の定理である．

定理 3.4　$\lambda\in M_n{}^{(f)}$, $\mu\in M_m{}^{(f)}$ に対して

$$\frac{1}{f!}\sum_{a\in\mathfrak{S}_f}\omega_\lambda(a)\omega_\mu(a)=\begin{cases}1 & (\lambda, \mu\text{ が }f\text{ の同じ正規分割を定めるとき}),\\ 0 & (\text{そうでないとき}).\end{cases}$$

証明　$n=m$ としてよい．なぜなら，例えば $m<n$ ならば，ベクトル μ の末尾に $n-m$ 個の 0 成分を添加したベクトルを $\mu'\in M_n{}^{(f)}$ とすれば，μ と μ' とは f の同じ正規分割を定め，かつ $\omega_\mu=\omega_{\mu'}$ だからである．さて，まず次の補題から始めよう．

補題 3.3 (Cauchy)　C 上の $2n$ 個の独立変数 $x_1, \cdots, x_n, y_1, \cdots, y_n$ に対して，

$$\det\left(\frac{1}{1-x_iy_j}\right)_{1\leqq i,j\leqq n}=\frac{D(x_1,\cdots,x_n)D(y_1,\cdots,y_n)}{\prod_{i=1}^{n}\prod_{j=1}^{n}(1-x_iy_j)}.$$

ただし $D(x_1, \cdots, x_n)$ は $x_1, \cdots, x_n$ の差積である：

$$D(x_1,\cdots,x_n)=\prod_{i>j}(x_i-x_j).$$

証明　n に関する帰納法．左辺の行列式において，第 2, …, 第 n 行から第 1 行を減じて，

$$(*)\qquad \frac{1}{1-x_iy_j}-\frac{1}{1-x_1y_j}=\frac{x_i-x_1}{1-x_1y_j}\frac{y_j}{1-x_iy_j}$$

に注意すれば，

$$\text{左辺}=\frac{(x_2-x_1)(x_3-x_1)\cdots(x_n-x_1)}{\prod_{j=1}^{n}(1-x_1y_j)}\begin{vmatrix}1 & 1 & \cdots & 1\\ \frac{y_1}{1-x_2y_1} & \frac{y_2}{1-x_2y_2} & \cdots & \frac{y_n}{1-x_2y_n}\\ & & \cdots\cdots & \\ \frac{y_1}{1-x_ny_1} & \frac{y_2}{1-x_ny_2} & \cdots & \frac{y_n}{1-x_ny_n}\end{vmatrix}$$

となる．上式右辺の行列式において，第 2, …, 第 n 列から第 1 列を減じて，($*$) と同様の式変形をすれば

$$\det\left(\frac{1}{1-x_iy_j}\right)_{1\leqq i,j\leqq n}=\frac{(x_2-x_1)\cdots(x_n-x_1)}{(1-x_1y_1)\cdots(1-x_1y_n)}\frac{(y_2-y_1)\cdots(y_n-y_1)}{(1-x_2y_1)\cdots(1-x_ny_1)}$$
$$\cdot\det\left(\frac{1}{1-x_iy_j}\right)_{2\leqq i,j\leqq n}$$

となり，帰納法が完成する．∎

さて，独立変数 $x_1, \cdots, x_n$ と $y_1, \cdots, y_n$ に関する ξ 関数や S 関数を $\xi(l\,;x)$, $\xi(l\,;y)$ ($l\in \boldsymbol{Z}^n$) のように書くことにする．$|x^{l_1}, \cdots, x^{l_n}|$ なども §3.2, a) と同様とする．

補題 3.4　$x_1, \cdots, x_n, y_1, \cdots, y_n$ に関する形式的ベキ級数環 $\boldsymbol{C}[[x_1, \cdots, x_n, y_1, \cdots, y_n]]$ において（L_n の意味は §3.2, b)）

$$\sum_{l \in L_n} \xi(l\,;x)\xi(l\,;y) = \frac{\xi(\delta\,;x)\xi(\delta\,;y)}{\prod_{i=1}^{n}\prod_{j=1}^{n}(1-x_i y_j)}.$$

証明　右辺は補題3.3の左辺の行列式に他ならない（∵ $\xi(\delta\,;x)=D(x_1, \cdots, x_n)$, $\xi(\delta\,;y)=D(y_1, \cdots, y_n)$）．よって

$$\det\left(\frac{1}{1-x_i y_j}\right)_{1 \leqq i, j \leqq n} = \sum_{l \in L_n} \xi(l\,;x)\xi(l\,;y)$$

をいえばよい．さて

$$\frac{1}{1-x_i y_j} = 1 + x_i y_j + x_i^2 y_j^2 + x_i^3 y_j^3 + \cdots$$

であるから，$\det(1/1-x_i y_j)$ の展開式は，$a_{ij}=x_i y_j$ $(1 \leqq i,\ j \leqq n)$ として

$$\sum_{m_1, \cdots, m_n} \begin{vmatrix} a_{11}^{m_1} & \cdots & a_{1n}^{m_n} \\ a_{21}^{m_1} & \cdots & a_{2n}^{m_n} \\ & \cdots\cdots & \\ a_{n1}^{m_1} & \cdots & a_{nn}^{m_n} \end{vmatrix}$$

の形となる．ここで，和は $m_1 \geqq 0, \cdots, m_n \geqq 0$ なる $(m_1, \cdots, m_n) \in \boldsymbol{Z}^n$ 上にわたる．しかし，ここで $m_i=m_j$ なる $i \neq j$ があれば右辺中の行列式は0になるから，$m_1, \cdots, m_n$ が互いに相異なるときの和をとればよい．

結局，

$$\det\left(\frac{1}{1-x_i y_j}\right) = \sum_{l \in L_n}\left(\sum_{\sigma \in \mathfrak{S}_n} \begin{vmatrix} a_{11}^{l_{\sigma(1)}} & \cdots & a_{1n}^{l_{\sigma(n)}} \\ & \cdots\cdots & \\ a_{n1}^{l_{\sigma(1)}} & \cdots & a_{nn}^{l_{\sigma(n)}} \end{vmatrix}\right)$$

となる（ただし $l=(l_1, \cdots, l_n)$）．さて

$$\begin{vmatrix} a_{11}^{l_{\sigma(1)}} & \cdots & a_{1n}^{l_{\sigma(n)}} \\ & \cdots\cdots & \\ a_{n1}^{l_{\sigma(1)}} & \cdots & a_{nn}^{l_{\sigma(n)}} \end{vmatrix} = y_1^{l_{\sigma(1)}} \cdots y_n^{l_{\sigma(n)}} |x^{l_{\sigma(1)}}, \cdots, x^{l_{\sigma(n)}}|$$
$$= \xi(l\,;x)\,\mathrm{sgn}\,(\sigma)\, y_1^{l_{\sigma(1)}} \cdots y_n^{l_{\sigma(n)}}$$

であるから，結局，

$$\det\left(\frac{1}{1-x_i y_j}\right)_{1 \leqq i, j \leqq n} = \sum_{l \in L_n} \xi(l\,;x)\left(\sum_{\sigma \in \mathfrak{S}_n} \mathrm{sgn}\,(\sigma)\, y_1^{l_{\sigma(1)}} \cdots y_n^{l_{\sigma(n)}}\right)$$

$$= \sum_{l \in L_n} \xi(l\,;x)\xi(l\,;y)$$

を得る. ▌

よって, $x_i=\varepsilon_i$, $y_i=z_i$ $(1 \leqq i \leqq n)$ と書きかえ, ε_i, z_i のベキ和をそれぞれ

$$\begin{aligned} \sigma_k &= \sigma_k(\varepsilon_1, \cdots, \varepsilon_n) = {\varepsilon_1}^k + \cdots + {\varepsilon_n}^k \\ \tau_k &= \sigma_k(z_1, \cdots, z_n) = {z_1}^k + \cdots + {z_n}^k \end{aligned} \qquad (k=1, 2, \cdots)$$

と書くことにする. また, 形式的ベキ級数環において, 位数 $\geqq 1$ の元 u に対し

$$\mathrm{Log}\left(\frac{1}{1-u}\right) = -\mathrm{Log}\,(1-u) = \frac{u}{1} + \frac{u^2}{2} + \frac{u^3}{3} + \cdots$$

で Log を導入する. すると, $u_1, \cdots, u_p$ の位数がすべて $\geqq 1$ ならば

$$\mathrm{Log}\left(\frac{1}{1-u_1} \cdots \frac{1}{1-u_p}\right) = \mathrm{Log}\left(\frac{1}{1-u_1}\right) + \cdots + \mathrm{Log}\left(\frac{1}{1-u_p}\right)$$

が成り立つ. また

$$\frac{1}{1-u} = \exp\left(\mathrm{Log}\,\frac{1}{1-u}\right)$$

が成り立つ. ここで, 位数 $\geqq 1$ の元 v に対して

$$\exp v = 1 + \frac{v}{1!} + \frac{v^2}{2!} + \cdots$$

である. すると

$$\mathrm{Log}\left(\frac{1}{\prod_{i=1}^{n}\prod_{j=1}^{n}(1-\varepsilon_i z_j)}\right) = \sum_{i=1}^{n}\sum_{j=1}^{n} \mathrm{Log}\left(\frac{1}{1-\varepsilon_i z_j}\right) = \sum_{i=1}^{n}\sum_{j=1}^{n}\left(\frac{\varepsilon_i z_j}{1} + \frac{{\varepsilon_i}^2 {z_j}^2}{2} + \cdots\right)$$

$$= \sum_{i=1}^{n}\left(\frac{\varepsilon_i \tau_1}{1} + \frac{{\varepsilon_i}^2 \tau_2}{2} + \cdots\right) = \frac{\sigma_1 \tau_1}{1} + \frac{\sigma_2 \tau_2}{2} + \cdots$$

である. よって

$$\frac{1}{\prod_{i=1}^{n}\prod_{j=1}^{n}(1-\varepsilon_i z_j)} = \exp\left(\frac{\sigma_1\tau_1}{1} + \frac{\sigma_2\tau_2}{2} + \cdots\right)$$

$$= \prod_{m=1}^{\infty} \exp\left(\frac{\sigma_m \tau_m}{m}\right) = \prod_{m=1}^{\infty}\left(1 + \frac{\sigma_m \tau_m}{m} + \frac{{\sigma_m}^2 {\tau_m}^2}{2!\,m^2} + \cdots\right)$$

よって補題 3.4 により

$$(\S) \qquad \sum_{l \in L_n} \frac{\xi(l\,;\varepsilon)}{\xi(\delta\,;\varepsilon)} \frac{\xi(l\,;z)}{\xi(\delta\,;z)} = \prod_{m=1}^{\infty}\left(1 + \frac{\sigma_m \tau_m}{m} + \frac{{\sigma_m}^2 {\tau_m}^2}{2!\,m^2} + \cdots\right)$$

が成り立つ．右辺の $\varepsilon_1, \cdots, \varepsilon_n$ に関して斉 f 次の部分を Θ_f とすれば

$$\Theta_f = \sum_{\substack{\alpha_1+2\alpha_2+\cdots=f \\ \alpha_1\geqq 0,\, \alpha_2\geqq 0,\cdots}} \frac{{\sigma_1}^{\alpha_1}{\sigma_2}^{\alpha_2}\cdots{\tau_1}^{\alpha_1}{\tau_2}^{\alpha_2}\cdots}{1^{\alpha_1}\alpha_1!2^{\alpha_2}\alpha_2!\cdots}$$

である．ここで右辺の和は $\alpha_1\geqq 0$, $\alpha_2\geqq 0$, $\cdots$, $\alpha_1+2\alpha_2+\cdots=f$ なる整数の組 $(\alpha_1, \alpha_2, \cdots)$ (有限個しかない) のすべてにわたってとる．さて，対称群 $\mathfrak{S}_f$ において型 $(1^{\alpha_1}2^{\alpha_2}\cdots)$ の元の個数は $f!/1^{\alpha_1}\alpha_1!2^{\alpha_2}\alpha_2!\cdots$ であったから，Θ_f の上の式は次のようにも書ける：$\sigma\in\mathfrak{S}_f$ の型を $(1^{\alpha_1(\sigma)}2^{\alpha_2(\sigma)}\cdots)$ として

$$\Theta_f = \frac{1}{f!}\sum_{\sigma\in\mathfrak{S}_f}{\sigma_1}^{\alpha_1(\sigma)}{\sigma_2}^{\alpha_2(\sigma)}\cdots{\tau_1}^{\alpha_1(\sigma)}{\tau_2}^{\alpha_2(\sigma)}\cdots.$$

さて，

$${\sigma_1}^{\alpha_1(\sigma)}{\sigma_2}^{\alpha_2(\sigma)}\cdots = \sum_{\lambda\in M_n^{(f)}}\omega_\lambda(\sigma)S(\lambda\,;\varepsilon), \qquad {\tau_1}^{\alpha_1(\sigma)}{\tau_2}^{\alpha_2(\sigma)}\cdots = \sum_{\mu\in M_n^{(f)}}\omega_\mu(\sigma)S(\mu\,;z)$$

を Θ_f に代入して，(§) の $\varepsilon_1, \cdots, \varepsilon_n$ に関して斉 f 次の部分を比べれば

$$\sum_{\lambda\in M_n^{(f)}}S(\lambda\,;\varepsilon)S(\lambda\,;z) = \frac{1}{f!}\sum_{\lambda,\mu\in M_n^{(f)}}\sum_{\sigma\in\mathfrak{S}_f}\omega_\lambda(\sigma)\omega_\mu(\sigma)S(\lambda\,;\varepsilon)S(\mu\,;z)$$

を得る．ここで S 関数の1次独立性を用いて両辺を比較すれば，定理3.4の結果が証明された．▌

d) 直交関係式からの帰結

$\lambda\in M_n^{(f)}$ ならば ω_λ は対称群 $\mathfrak{S}_f$ の一般指標であった (定理3.3) から，$\mathfrak{S}_f$ の $p(f)$ 個の相異なる複素既約指標 $\chi_1, \chi_2, \cdots, \chi_{p(f)}$ の整係数1次結合である：

$$\omega_\lambda = m_1\chi_1+m_2\chi_2+\cdots \qquad (m_1, m_2, \cdots\in\boldsymbol{Z}).$$

さて一般に，$\mathfrak{S}_f$ 上で定義された複素数値関数 g_1, g_2 の内積 (g_1, g_2) を

$$(g_1, g_2) = \frac{1}{f!}\sum_{\sigma\in\mathfrak{S}_f}g_1(\sigma)\overline{g_2(\sigma)} \qquad (\overline{g_2(\sigma)}\text{ は }g_2(\sigma)\text{ の共役複素数})$$

で定義すると，既約指標 $\chi_1, \chi_2, \cdots$ の間には第1直交関係式と呼ばれる次の等式が成り立つ (“群論” §8.3，定理8.6)：

$$(\chi_i, \chi_j) = \delta_{ij} = \begin{cases} 1 & (i=j\text{ のとき}), \\ 0 & (i\neq j\text{ のとき}). \end{cases}$$

さらに，$(\omega_\lambda, \omega_\lambda)=1$ (定理3.4) であるから，

$$1 = {m_1}^2+{m_2}^2+\cdots$$

が成り立つ．よって，ある一つの m_i だけが ± 1 に等しく，他の m_j はすべて0

になるから,

$$\omega_\lambda = \pm\chi_i$$

となる. よって, $\lambda \in M_n{}^{(f)}$ ならば, ω_λ は $\mathfrak{S}_f$ のある既約指標 χ_i と等号を除いて一致する. この符号が実は + であって, ω_λ が実は既約指標になることを次に示そう.

そのため, f の正規分割の全体のなす集合を $P(f)$ とする. $P(f)$ は $p(f)$ 個の元よりなる. $P(f)$ の元 $(\lambda_1, \cdots, \lambda_k)$ $(\lambda_1 \geqq \cdots \geqq \lambda_k > 0,\ \lambda_1 + \cdots + \lambda_k = f)$ は $k \leqq f$ を満たす. もし, $k < f$ なら, $f-k$ 個の 0 成分を追加して, $(\lambda_1, \cdots, \lambda_k, 0, \cdots, 0) \in M_f{}^{(f)}$ を得る. $k=f$ なら, $(\lambda_1, \cdots, \lambda_k) \in M_f{}^{(f)}$ である. このように $P(f)$ の各元 $(\lambda_1, \cdots, \lambda_k)$ に $M_f{}^{(f)}$ の元 $(\lambda_1, \cdots, \lambda_k, 0, \cdots, 0)$ を対応させることによって生ずる写像 $P(f) \to M_f{}^{(f)}$ は全単射であることが容易にわかる. よってこれにより, $P(f)$ と $M_f{}^{(f)}$ を同一視する. これにともなって, f の正規分割 $(\lambda_1, \cdots, \lambda_k)$ に対応する $M_f{}^{(f)}$ の元が λ であるとき, ω_λ を $\omega_{\lambda_1, \cdots, \lambda_k}$ とも書くことにする.

さて, $\boldsymbol{Z}^n$ に次のように'辞書式順序'を定義する: $\lambda = (\lambda_1, \cdots, \lambda_n) \in \boldsymbol{Z}^n$, $\mu = (\mu_1, \cdots, \mu_n) \in \boldsymbol{Z}^n$ に対して,

$$\lambda_1 = \mu_1, \quad \cdots, \quad \lambda_{i-1} = \mu_{i-1}, \qquad \lambda_i > \mu_i$$

なる番号 i $(1 \leqq i \leqq n)$ が存在するとき, $\lambda > \mu$ ($\mu < \lambda$ とも書く) と定義する. これは $\boldsymbol{Z}^n$ 上の全順序である. すなわち, 各 $\lambda, \mu \in \boldsymbol{Z}^n$ に対して,

$$\lambda > \mu, \qquad \lambda = \mu, \qquad \mu > \lambda$$

のうちの一つ, かつただ一つが成り立つ. しかもこの全順序は $\boldsymbol{Z}^n$ の演算とは次の関係にある: $\lambda > \mu \Leftrightarrow \lambda - \mu > 0$; $\lambda > 0$, $\mu > 0$ ならば $\lambda + \mu > 0$; さらに, $\lambda > 0$ かつ $a \in \boldsymbol{Z}$ が正ならば $a\lambda > 0$, a が負ならば $a\lambda < 0$.

この順序は加群としての単射準同型写像

$$\begin{cases} \boldsymbol{Z}^n \longrightarrow \boldsymbol{Z}^{n+p}, \\ \lambda = (\lambda_1, \cdots, \lambda_n) \longmapsto \lambda' = (\lambda_1, \cdots, \lambda_n, \overbrace{0, \cdots, 0}^{p}) \end{cases}$$

に対して次の性質をもつ:

$$\lambda, \mu \in \boldsymbol{Z}^n, \quad \lambda > \mu \quad \text{ならば} \quad \lambda' > \mu'.$$

また, $\lambda = (\lambda_1, \cdots, \lambda_n) \in \boldsymbol{Z}^n$ に対し, $\lambda_1, \cdots, \lambda_n$ を大きさの順に並べ直して $\mu_1, \cdots, \mu_n$ $(\mu_1 \geqq \cdots \geqq \mu_n)$ とし, $\mu = (\mu_1, \cdots, \mu_n)$ とおけば, $\mu \geqq \lambda$ である. ($\mu \geqq \lambda$ は $\mu > \lambda$ または $\mu = \lambda$ の意味である.) これを n に関する帰納法で証明しよう. $n=1$ のと

きは自明である．$n>1$ とする．$\mu_1 \geqq \lambda_1$ であるが，$\mu_1>\lambda_1$ なら $\mu>\lambda$ である．$\mu_1=\lambda_1$ なら，λ_1 が $\lambda_1, \cdots, \lambda_n$ 中の最大整数であるから，$\mu_2, \cdots, \mu_n$ は $\lambda_2, \cdots, \lambda_n$ を大きさの順に並べかえたものと一致する．よって帰納法の仮定により，$(\mu_2, \cdots, \mu_n) \geqq (\lambda_2, \cdots, \lambda_n)$ である．これと $\lambda_1=\mu_1$ より，$\mu \geqq \lambda$ を得る．

ここで $\mu=\lambda$ が起きるのは $\lambda_i=\mu_i\ (1 \leqq i \leqq n)$ の場合，すなわち，$\lambda_1 \geqq \cdots \geqq \lambda_n$ の場合に限ることに注意しておく．したがって，例えば $\delta=(n-1, n-2, \cdots, 2, 1, 0)$ と $\pi \in \mathfrak{S}_n$ に対しては，もし $\pi \neq 1$ なら $\delta>\pi\delta$ である．

さて，同一視 $P(f)=M_f^{(f)}$ (前述) と $M_f^{(f)} \subset \boldsymbol{Z}^f$ とにより，$\boldsymbol{Z}^f$ の辞書式順序を $P(f)$ 中に導入することができる．

次に，$\lambda \in M_n^{(f)}$ なら定理 3.3 (i) により

$$\omega_\lambda = \sum_{\pi \in \mathfrak{S}_n} \mathrm{sgn}\,(\pi)\, \psi_{\lambda+\delta-\pi\delta}$$

と書けるが，$\pi \neq 1$ のとき，$\mu=\lambda+\delta-\pi\delta>\lambda\ (\because\ \delta>\pi\delta)$．よって，$\mu=(\mu_1, \cdots, \mu_n)$ の成分 $\mu_1, \cdots, \mu_n$ を大きさの順に並べかえて $\mu_1{}^* \geqq \cdots \geqq \mu_n{}^*$ を作り，$\mu^*=(\mu_1{}^*, \cdots, \mu_n{}^*)$ とおけば，上述により，$\mu^* \geqq \mu>\lambda$ である．ψ_μ の定義より，$\psi_{\mu^*}=\psi_\mu$ である．そして，ある μ_i が負なら $\psi_\mu=0$ である．すべての $\mu_i \geqq 0$ なら，$\mu_1{}^* \geqq \cdots \geqq \mu_k{}^*>0$，$\mu_{k+1}{}^*=\cdots=\mu_n{}^*=0$ として f の正規分割 $(\mu_1{}^*, \cdots, \mu_k{}^*)$ を用いて，$\psi_\mu=\psi_{\mu_1{}^*, \cdots, \mu_k{}^*}$ とおくのであった．$\mu=\lambda+\delta-\pi\delta$ により $\mu_1+\cdots+\mu_n=\lambda_1+\cdots+\lambda_n=f$ であるから，$\mu_1{}^*+\cdots+\mu_k{}^*=f$ も成り立つ．よって

$$(\mu_1{}^*, \cdots, \mu_k{}^*, \underbrace{0, \cdots, 0}_{f-k\ \text{個}}) \in M_f^{(f)} = P(f)$$

である．この $(\mu_1{}^*, \cdots, \mu_k{}^*, 0, \cdots, 0)$ を μ' と書き，これを μ の定める f の広義分割という．λ の定める f の広義分割は $(\lambda_1, \cdots, \lambda_n, 0, \cdots, 0)=\lambda'$ である．$\mu^*>\lambda$ だから，$\mu'>\lambda'$ が $M_f^{(f)}$ において成立している．

以上の考察から，$M_f^{(f)}$ の $p(f)$ 個の元を大きい順に並べて

$$\lambda > \mu > \cdots > \nu$$

とすれば，ω_λ の ψ_μ による表示式は次のような著しい性質をもつことがわかる．すなわち，$M_f^{(f)}$ の任意の元 κ に対し

$$(\S) \qquad \omega_\kappa = \psi_\kappa + \sum_{\kappa'>\kappa} a_{\kappa'\kappa} \psi_{\kappa'} \qquad (a_{\kappa'\kappa}\ \text{は整数})$$

である．言葉でいえば，ω_κ は $\kappa' \geqq \kappa$ なる κ' に対する $\psi_{\kappa'}$ 達の整係数1次結合で，

特に ψ_κ の係数は1である——ということになる．もっと symbolical に書けば，

$$\omega_\kappa = \psi_\kappa + (\text{higher term の和})$$

となる．よって，$\omega_\lambda, \omega_\mu, \cdots$ と $\psi_\lambda, \psi_\mu, \cdots$ 間の関係が次のように $p(f)$ 次行列を用いて表わされる．

$$\begin{bmatrix} \omega_\lambda \\ \omega_\mu \\ \vdots \\ \omega_\nu \end{bmatrix} = \begin{bmatrix} 1 & 0 & 0 & \cdots & 0 \\ * & 1 & 0 & \cdots & 0 \\ * & * & 1 & \cdots & 0 \\ & & \cdots\cdots & & \\ * & * & * & \cdots & 1 \end{bmatrix} \begin{bmatrix} \psi_\lambda \\ \psi_\mu \\ \vdots \\ \psi_\nu \end{bmatrix} \qquad (* \text{は整数}).$$

右辺の $p(f)$ 次行列は，対角成分がすべて1で整数を成分とする行列である．よってその逆行列も同様の形になる．よって (ψ_κ) を逆に (ω_κ) で表わすと

$$\begin{bmatrix} \psi_\lambda \\ \psi_\mu \\ \vdots \\ \psi_\nu \end{bmatrix} = \begin{bmatrix} 1 & 0 & 0 & \cdots & 0 \\ * & 1 & 0 & \cdots & 0 \\ * & * & 1 & \cdots & 0 \\ & & \cdots\cdots & & \\ * & * & * & \cdots & 1 \end{bmatrix} \begin{bmatrix} \omega_\lambda \\ \omega_\mu \\ \vdots \\ \omega_\nu \end{bmatrix}$$

の形になる．ここの $*$ も整数である．よって，

$$\psi_\kappa = \omega_\kappa + \sum_{\kappa' > \kappa} b_{\kappa'\kappa}\omega_{\kappa'} \qquad (b_{\kappa'\kappa} \text{は整数}),$$

$$\psi_\kappa = \omega_\kappa + (\text{higher term の和})$$

となる．

さて，各 ψ_κ は群 $\mathfrak{S}_f$ の指標だから，$\mathfrak{S}_f$ の既約指標の非負整係数の1次結合として一意的に表わされる（§1.6参照）．一方，各 $\omega_\kappa = \pm\chi_\kappa$（$\chi_\kappa$ は $\mathfrak{S}_f$ のある既約指標）であることはわかっている．$\{\omega_\kappa\}$ の直交性より，これらの $\chi_\lambda, \chi_\mu, \cdots, \chi_\nu$ は互いに相異なり，したがって1次独立である．よって，上式に $\omega_\kappa = \pm\chi_\kappa$ を代入して

$$\psi_\kappa = \pm\chi_\kappa + \sum_{\kappa' > \kappa} b_{\kappa'\kappa}(\pm\chi_{\kappa'}).$$

よって，χ_κ の前にある $\pm$ は $+$ となり，各 $\kappa \in M_f{}^{(f)}$ に対し $\omega_\kappa = \chi_\kappa$ となることがわかった．よって次の定理を得る．

定理 3.5 f の任意の正規分割 $\lambda = (\lambda_1, \cdots, \lambda_k)$ に対して，$\omega_{\lambda_1, \cdots, \lambda_k} = \omega_\lambda$ は f 次対称群 $\mathfrak{S}_f$ の既約指標である．これら $p(f)$ 個の ω_λ 達は互いに直交し，したがって

$\mathfrak{S}_f$ のすべての既約指標を与える．——

例 3.1　$f=2$ のとき．$P(2)$ の元は (2), (1^2) $((2)>(1^2))$ である．

$$\omega_2=\psi_2,$$
$$\omega_{1,1}=\psi_{1,1}-\psi_{(1,1)+(1,0)-(0,1)}=\psi_{1,1}-\psi_{2,0}.$$

すなわち

$$\begin{bmatrix}\omega_2\\ \omega_{1,1}\end{bmatrix}=\begin{bmatrix}1&0\\-1&1\end{bmatrix}\begin{bmatrix}\psi_2\\ \psi_{1,1}\end{bmatrix},$$

よって

$$\begin{bmatrix}\psi_2\\ \psi_{1,1}\end{bmatrix}=\begin{bmatrix}1&0\\1&1\end{bmatrix}\begin{bmatrix}\omega_2\\ \omega_{1,1}\end{bmatrix}.$$

例 3.2　$f=3$ のとき．$P(3)$ の元は

$$(3)>(2,1)>(1,1,1)$$

の3個である．

$$\omega_3=\psi_3,$$
$$\omega_{2,1}=\psi_{2,1}-\psi_{(2,1)+(1,0)-(0,1)}=\psi_{2,1}-\psi_3,$$
$$\begin{aligned}\omega_{1,1,1}&=\psi_{1,1,1}+\psi_{(1,1,1)+(2,1,0)-(1,0,2)}+\psi_{(1,1,1)+(2,1,0)-(0,2,1)}\\&\quad-\psi_{(1,1,1)+(2,1,0)-(1,2,0)}-\psi_{(1,1,1)+(2,1,0)-(2,0,1)}\\&\quad-\psi_{(1,1,1)+(2,1,0)-(0,1,2)}\\&=\psi_{1,1,1}+\psi_{(2,2,-1)}+\psi_{(3,0,0)}-\psi_{(2,0,1)}-\psi_{(1,2,0)}-\psi_{(3,1,-1)}\\&=\psi_{1,1,1}-2\psi_{2,1}+\psi_3.\end{aligned}$$

すなわち

$$\begin{bmatrix}\omega_3\\ \omega_{2,1}\\ \omega_{1,1,1}\end{bmatrix}=\begin{bmatrix}1&0&0\\-1&1&0\\1&-2&1\end{bmatrix}\begin{bmatrix}\psi_3\\ \psi_{2,1}\\ \psi_{1,1,1}\end{bmatrix}$$

である．逆に解いた式は

$$\begin{bmatrix}\psi_3\\ \psi_{2,1}\\ \psi_{1,1,1}\end{bmatrix}=\begin{bmatrix}1&0&0\\1&1&0\\1&2&1\end{bmatrix}\begin{bmatrix}\omega_3\\ \omega_{2,1}\\ \omega_{1,1,1}\end{bmatrix}$$

となる．——

定理 3.6　f 次の盤 B の符号数が f の分割 $(\lambda_1,\cdots,\lambda_k)$ ならば，B の定める $\boldsymbol{C}[\mathfrak{S}_f]$ の極小左イデアル $\mathfrak{l}_B$ (定理2.3参照) による表現の指標 $\chi_{\lambda_1,\cdots,\lambda_k}$ は $\omega_{\lambda_1,\cdots,\lambda_k}$

に等しい．

証明　$P(f)$ の最大元(辞書式順序での)は分割 (f) である．このとき，$\mathfrak{l}_B$ は $\mathfrak{S}_f$ の単位表現を与える(例2.6)．一方，$n=1$ にとり $\sigma_i=\varepsilon^i$ $(i=1,2,\cdots)$ を考えれば，$\mathfrak{S}_f$ の各元 a に対し，

$$\sigma_1{}^{\alpha_1(a)}\sigma_2{}^{\alpha_2(a)}\cdots=\varepsilon^{\alpha_1(a)+2\alpha_2(a)+\cdots}=\varepsilon^f$$

である．そして，$l\in \boldsymbol{Z}$ に対し $\xi(l)=\varepsilon^l$，また $\delta=(0)$ だから，$\xi(\delta)=\varepsilon^0=1$．よって，$S(\lambda)=\xi(\lambda+\delta)/\xi(\delta)=\varepsilon^\lambda$ である．$\varepsilon^f=\sum_{\lambda\in M_1(f)}\omega_\lambda(a)S(\lambda)$ より，$\omega_f(a)=1$ となる．よって，ω_f は $\mathfrak{S}_f$ 上で恒に1だから，単位指標である．∴ $\chi_f=\omega_f$.

さて，$P(f)$ の元の辞書式順序に関する上からの帰納法により，$\chi_{\lambda_1,\cdots,\lambda_k}=\omega_{\lambda_1,\cdots,\lambda_k}$ を証明しよう．いま，盤 B の符号数を $\lambda\in P(f)$ とし，$\mu>\lambda$ なるどの $\mu\in P(f)$ についても $\chi_\mu=\omega_\mu$ と仮定する．まず，二つの $\boldsymbol{C}[\mathfrak{S}_f]$ 加群 $\mathfrak{l}_B$ と $\mathfrak{l}=\boldsymbol{C}[\mathfrak{S}_f]a_B$，ただし

$$a_B=\frac{1}{|\mathfrak{H}_B|}\sum_{\sigma\in\mathfrak{H}_B}\sigma \qquad (\mathfrak{H}_B \text{ は盤 } B \text{ の水平置換群})$$

に対して，定理2.2(iii)により，$\langle\mathfrak{l}_B,\mathfrak{l}\rangle_R=1$ $(R=\boldsymbol{C}[\mathfrak{S}_f])$ である．一方，定理1.9と既約指標の第1直交関係("群論"定理8.6)より，$\mathfrak{l}_B,\mathfrak{l}$ による表現の指標がそれぞれ χ_λ, ψ_λ であるから(ψ_λ が $\mathfrak{l}$ による表現の指標であることは§3.1, a)に注意した)，

$$1=\langle\mathfrak{l}_B,\mathfrak{l}\rangle_R=(\chi_\lambda,\psi_\lambda)$$

である．よって，ψ_λ を χ_κ $(\kappa\in P(f))$ の非負整係数の1次結合の形に表わせば，その式中に χ_κ は係数1をもって登場する．一方，既知のように

$$\psi_\lambda=\omega_\lambda+\sum_{\kappa>\lambda}*\,\omega_\kappa \qquad (*\text{ は整数})$$

であるが，帰納法の仮定から，$\kappa>\lambda$ なら $\omega_\kappa=\chi_\kappa$ である．よって χ_λ は ω_λ と一致せざるを得ない．∎

$\omega_\lambda(a)$ の定義に戻れば，定理3.6は次の形にも述べ直せる．

定理 3.7 (Frobenius)　符号数 $(\lambda_1,\cdots,\lambda_n)$ の f 次の盤 B の定める f 次対称群 $\mathfrak{S}_f$ の既約表現の指標 $\chi_{\lambda_1,\cdots,\lambda_n}$ は次式で与えられる：$a\in\mathfrak{S}_f$ に対し

$$\sigma_1{}^{\alpha_1(a)}\sigma_2{}^{\alpha_2(a)}\cdots\sigma_f{}^{\alpha_f(a)}|\varepsilon^{n-1},\cdots,\varepsilon,1|=\sum_{\mu\in M_n(f)}\chi_\mu(a)|\varepsilon^{\mu_1+(n-1)},\cdots,\varepsilon^{\mu_n}|,$$

ただし，$\sigma_i=\varepsilon_1{}^i+\cdots+\varepsilon_n{}^i$ $(i=1,2,\cdots)$，および

$$|\varepsilon^{l_1}, \cdots, \varepsilon^{l_n}| = \begin{vmatrix} \varepsilon_1^{l_1} & \cdots & \varepsilon_1^{l_n} \\ & \cdots\cdots & \\ \varepsilon_n^{l_1} & \cdots & \varepsilon_n^{l_n} \end{vmatrix}$$

であり，また，$\mu=(\mu_1, \cdots, \mu_n) \in M_n^{(f)}$ が $\mu_1 \geqq \cdots \geqq \mu_p > 0$, $\mu_{p+1} = \cdots = \mu_n = 0$, $\mu_1 + \cdots + \mu_n = f$ を満たすとき，$\chi_\mu(a)$ は $\chi_{\mu_1, \cdots, \mu_p}(a)$ を意味するものとする．——

もちろん上の Frobenius の公式を S 関数を用いて

$$\sigma_1^{\alpha_1(a)} \cdots \sigma_f^{\alpha_f(a)} = \sum_{\mu \in M_n^{(f)}} \chi_\mu(a) S_\mu$$

とも書ける．この式を用いて，$\chi_\mu(a)$ の値を具体的に計算する手順を後から述べる．また，実はこの公式自体にも重要な意味づけをすることができるが，それは次章に述べる．$S_\mu(\varepsilon_1, \cdots, \varepsilon_n)$ は，一般線型群 $GL(n, \boldsymbol{C})$ のある既約表現の指標の，対角行列 diag $(\varepsilon_1, \cdots, \varepsilon_n)$ における値となるのである．

§3.4　$\mathfrak{S}_f$ の既約表現の次数

符号数 $(\lambda_1, \cdots, \lambda_n) = \lambda$ の $\mathfrak{S}_f$ の既約表現 ρ_λ の次数 $N_\lambda = N_{\lambda_1, \cdots, \lambda_n}$ を求めよう．

定理 3.8　$\lambda + \delta = l = (l_1, \cdots, l_n)$ $(\delta = (n-1, \cdots, 2, 1, 0))$ とおけば，符号数 λ をもつ $\mathfrak{S}_f$ の既約表現 ρ_λ の次数は

$$N_{\lambda_1, \cdots, \lambda_n} = \frac{f!}{l_1! \cdots l_n!} D(l_1, \cdots, l_n).$$

ここで $D(l_1, \cdots, l_n)$ は差積 $\prod_{i<j} (l_i - l_j)$ を表わす．

証明　N_λ は $\mathfrak{S}_f$ の単位元 1 における ρ_λ の指標 χ_λ の値である：$N_\lambda = \chi_\lambda(1)$．一方，定理 3.7 より $\chi_\lambda(1)$ の値は

$$(\varepsilon_1 + \cdots + \varepsilon_n)^f |\varepsilon^{n-1}, \cdots, \varepsilon, 1|$$

の展開式における $\varepsilon_1^{l_1} \cdots \varepsilon_n^{l_n}$ の係数に等しい．さて一般に，$\nu_1 \geqq 0, \cdots, \nu_n \geqq 0$ なる $\nu = (\nu_1, \cdots, \nu_n) \in \boldsymbol{Z}^n$ に対し，$\varepsilon(\nu) = \varepsilon_1^{\nu_1} \cdots \varepsilon_n^{\nu_n}$, $\nu! = \nu_1! \cdots \nu_n!$ とおけば

$$(\varepsilon_1 + \cdots + \varepsilon_n)^f = \sum \frac{f!}{\nu!} \varepsilon(\nu) \qquad \text{(多項定理!)}$$

(和は $\nu_1 \geqq 0, \cdots, \nu_n \geqq 0$, $\nu_1 + \cdots + \nu_n = f$ なる $\nu \in \boldsymbol{Z}^n$ にわたる) となる．また，

$$|\varepsilon^{n-1}, \cdots, \varepsilon, 1| = \sum_{\pi \in \mathfrak{S}_n} \operatorname{sgn}(\pi) \varepsilon(\pi\delta)$$

であるから

$$N_\lambda = \sum_{\nu+\pi\delta=l} \frac{f!}{\nu!} \operatorname{sgn}(\pi) = \sum_{\pi\in\mathfrak{S}_n}{}' \operatorname{sgn}(\pi) \frac{f!}{(l-\pi\delta)!}.$$

ただし，最後の和 $\sum'$ は，$l-\pi\delta$ のどの成分も $\geqq 0$ となるような $\pi\in\mathfrak{S}_n$ についてとる．あるいは，一般にベクトル $\nu\in\boldsymbol{Z}^n$ のある成分が <0 なら，$1/\nu!=0$ と規約すれば，最後の和も $\pi\in\mathfrak{S}_n$ にわたる——といってもよい．よって，$\delta=(n-1, \cdots, 1, 0)=(\delta_1, \delta_2, \cdots, \delta_n)$ として

$$N_\lambda = f! \sum_{\pi\in\mathfrak{S}_n} \operatorname{sgn}(\pi) \frac{1}{(l_1-\delta_{\pi^{-1}(1)})!} \cdots \frac{1}{(l_n-\delta_{\pi^{-1}(n)})!}$$

$$= f! \begin{vmatrix} \frac{1}{(l_1-\delta_1)!} & \frac{1}{(l_1-\delta_2)!} & \cdots & \frac{1}{(l_1-\delta_n)!} \\ \frac{1}{(l_2-\delta_1)!} & \frac{1}{(l_2-\delta_2)!} & \cdots & \frac{1}{(l_2-\delta_n)!} \\ & \cdots\cdots\cdots & & \\ \frac{1}{(l_n-\delta_1)!} & \frac{1}{(l_n-\delta_2)!} & \cdots & \frac{1}{(l_n-\delta_n)!} \end{vmatrix}.$$

ここで $l_i-\delta_j<0$ ならば $1/(l_i-\delta_j)!=0$ という規約をなされている．このときは

$$\frac{1}{l_i!} \frac{l_i!}{(l_i-\delta_j)!} = \frac{1}{l_i!} l_i(l_i-1)(l_i-2)\cdots(l_i-(\delta_j-1))$$

において，右辺の積の中に 0 となるものが登場するから，上の行列式をさらに書き換えて

$$= \frac{f!}{l_1!\cdots l_n!} \begin{vmatrix} l_1(l_1-1)\cdots(l_1-n+2) & \cdots & l_1(l_1-1)(l_1-2) & l_1(l_1-1) & l_1 & 1 \\ l_2(l_2-1)\cdots(l_2-n+2) & \cdots & l_2(l_2-1)(l_2-2) & l_2(l_2-1) & l_2 & 1 \\ & & \cdots\cdots\cdots & & & \\ l_n(l_n-1)\cdots(l_n-n+2) & \cdots & l_n(l_n-1)(l_n-2) & l_n(l_n-1) & l_n & 1 \end{vmatrix}.$$

右辺の行列式において，第 $(n-1)$ 列を第 $(n-2)$ 列に加えれば，第 $(n-2)$ 列の新成分は上から順に $l_1^2, l_2^2, \cdots, l_n^2$ となる．よって，第 $(n-1)$ 列と新しい第 $(n-2)$ 列の適当な 1 次結合を第 $(n-3)$ 列に加えれば，第 $(n-3)$ 列の新成分は上から順に $l_1^3, \cdots, l_n^3$ となる．以下同様にして変形を続ければ，結局，

$$N_\lambda = \frac{f!}{l_1!\cdots l_n!} \begin{vmatrix} l_1^{n-1} & \cdots & l_1^2 & l_1 & 1 \\ l_2^{n-1} & \cdots & l_2^2 & l_2 & 1 \\ & & \cdots\cdots & & \\ l_n^{n-1} & \cdots & l_n^2 & l_n & 1 \end{vmatrix}$$

$$=\frac{f!}{l_1!\cdots l_n!}D(l_1, \cdots, l_n).$$ ∎

例 3.3　$\mathfrak{S}_4$ の既約指標 $\chi_{3,1}$ の次数は $(3,1)+(1,0)=(4,1)=(l_1, l_2)$ だから,

$$N_{3,1}=\frac{4!}{4!1!}(4-1)=3.$$

$\mathfrak{S}_4$ の既約指標 $\chi_{2,2}$ の次数は $(2,2)+(1,0)=(3,2)$ だから

$$N_{2,2}=\frac{4!}{3!2!}(3-2)=2$$

$\mathfrak{S}_4$ の既約指標 $\chi_{2,1,1}$ の次数は $(2,1,1)+(2,1,0)=(4,2,1)$ だから,

$$N_{2,1,1}=\frac{4!}{4!2!1!}(4-2)(4-1)(2-1)=3.$$ ――

上の N_λ の公式を見易くするために, Young 図形の**鉤**(hook) という概念を導入しよう. 符号数 $(\lambda_1, \cdots, \lambda_n)$ の f 次の台は f 個の小正方形よりなるが, 各小正方形 A に対して, そこから右へ水平に進んだ位置にあるすべての小正方形と, A から下へ垂直に進んだ位置にあるすべての小正方形と, 始めの A とよりなる鉤形の図形を, この台において A を角(かど)とする鉤という. 鉤中の小正方形の個数を, この鉤の長さという. 例えば, 図 3.1 は符号数 $(6,5,4,4,1)$ の 20 次の台であるが, ここで A を角とする鉤は図の斜線部分である. この鉤の長さは 6 である.

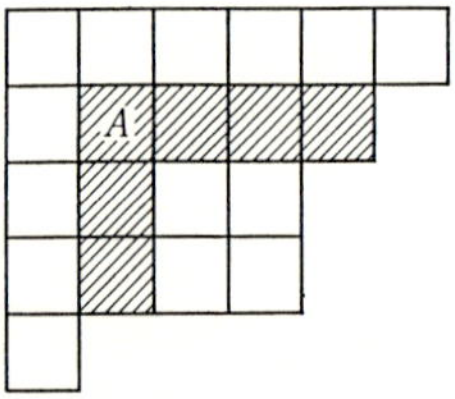

図 3.1

定理 3.9　符号数 $\lambda=(\lambda_1, \cdots, \lambda_n)$ の $\mathfrak{S}_f$ の既約表現の次数 N_λ は次式で与えられる:

$$N_\lambda=\frac{f!}{s_1 s_2\cdots s_f}.$$

ここで, 符号数 λ の台中の f 個の鉤 $H_1, \cdots, H_f$ の長さをそれぞれ $s_1, \cdots, s_f$ とする.

証明　次の補題[1]をいえばよい.

1)　この補題は益本洋氏(現在東京大学理学部修士課程在学中)による.

補題 3.5　f 次の台 D の符号数を $\lambda=(\lambda_1, \cdots, \lambda_n)$ とし，$\lambda+\delta=l=(l_1, \cdots, l_n)$ とする．台 D の第 k 行にある小正方形を角とする λ_k 個の鉤を左から順に $H_{k,1}, \cdots, H_{k,\lambda_k}$ とし，鉤 $H_{k,j}$ の長さを $s_{k,j}$ とすれば

$$s_{k,1}s_{k,2}\cdots s_{k,\lambda_k}=\frac{l_k!}{(l_k-l_{k+1})(l_k-l_{k+2})\cdots(l_k-l_n)}.$$

証明　$k=1$ の場合だけ証明すればよい．実際，符号数 $\lambda'=(\lambda_k, \cdots, \lambda_n)$ の台を D' とし，$\delta'=(n-k, \cdots, 1, 0)$，$\lambda'+\delta'=l'$ とおけば，$l'=(l_k, l_{k+1}, \cdots, l_n)$ である．台 D' の第 1 行にある小正方形を角とする λ_k 個の鉤が左から順に $H_{k,1}, \cdots, H_{k,\lambda_k}$ であり，その長さがそれぞれ $s_{k,1}, \cdots, s_{k,\lambda_k}$ となるからである．

よって以下，$k=1$ の場合を証明しよう．$s_{1,1}, \cdots, s_{1,\lambda_1}$，$l_1-l_2, \cdots, l_1-l_n$ はどれも自然数で，全部で $\lambda_1+(n-1)=l_1$ 個ある．しかも

$$s_{1,1}>s_{1,2}>\cdots>s_{1,\lambda_1},$$
$$l_1-l_2<l_1-l_3<\cdots<l_1-l_n$$

であり，さらに $l_1-l_n<s_{1,1}=\lambda_1+(n-1)=l_1$ であるから，これら l_1 個の自然数 $s_{1,1}, \cdots, s_{1,\lambda_1}$，$l_1-l_2, \cdots, l_1-l_n$ はいずれも区間 $1\leqq x\leqq l_1$ 中にある．よってこれらが互いに相異なることがいえれば，これら l_1 個の数は順序を除いて $1, 2, \cdots, l_1$ と一致することになる．よってそれらの積 $s_{1,1}\cdots s_{1,\lambda_1}(l_1-l_2)\cdots(l_1-l_n)$ は $l_1!$ になり証明が完了する．

$s_{1,i}$，l_1-l_j 間の上記の不等式により，$s_{1,1}, \cdots, s_{1,\lambda_1}$，$l_1-l_2, \cdots, l_1-l_n$ が互いに相異なることをいうには，各 i, j に対して

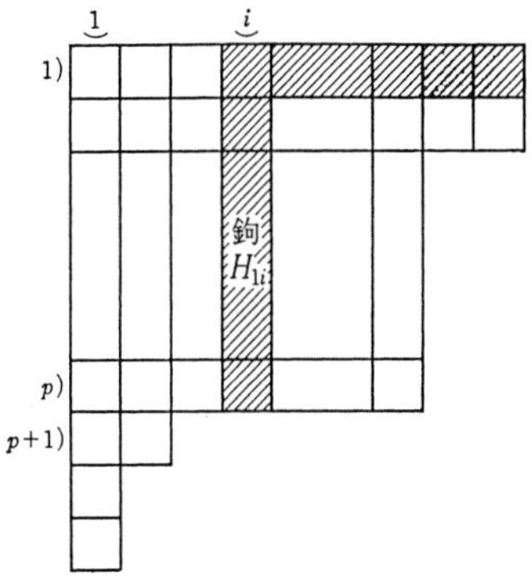

図 3.2

$$s_{1,i} \neq l_1 - l_j$$

をいえばよい．さて，鉤の長さの定義により，$\lambda_t \geqq i$ なる t の最大値を p とすると

$$s_{1,i} = (\lambda_1 - (i-1)) + (p-1)$$

である．ここで場合を分けて考えよう．

（イ）$j \leqq p$ の場合．

$s_{1,i} = (\lambda_1 - i + 1) + (p-1) \geqq (\lambda_1 - i + 1) + (j-1)$ である．一方，$l_1 - l_j = \lambda_1 + (n-1) - (\lambda_j + (n-j)) = \lambda_1 - \lambda_j + j - 1$ において，$\lambda_j \geqq \lambda_p \geqq i > i-1$ であるから

$$(\lambda_1 - i + 1) + (j-1) > (\lambda_1 - \lambda_j) + (j-1) = l_1 - l_j.$$

$$\therefore \quad s_{1,i} \geqq (\lambda_1 - i + 1) + (j-1) > l_1 - l_j.$$

（ロ）$j > p$ の場合．

$\lambda_j < i$ となるから，$\lambda_j \leqq i-1$ である．よって

$$l_1 - l_j = \lambda_1 - \lambda_j + j - 1 \geqq (\lambda_1 - (i-1)) + (j-1).$$

一方，$s_{1,i} = (\lambda_1 - i + 1) + (p-1) < (\lambda_1 - i + 1) + (j-1)$.

$$\therefore \quad l_1 - l_j \geqq (\lambda_1 - i + 1) + (j-1) > s_{1,i}.$$

よって，いずれの場合にも $s_{1,i} \neq l_1 - l_j$ となる．▮

例 3.4　$\mathfrak{S}_8$ の符号数 $(4,2,2)$ の既約表現の次数を求めよう．符号数 $(4,2,2)$ の台を書き，その各小正方形に，そこを角とする鉤の長さを書き込んでみると図 3.3 となるから，求める次数は

$$N_{4,2,2} = \frac{8 \cdot 7 \cdot 6 \cdot 5 \cdot 4 \cdot 3 \cdot 2 \cdot 1}{2 \cdot 1 \cdot 3 \cdot 2 \cdot 6 \cdot 5 \cdot 2 \cdot 1} = 56.$$

⑥	⑤	②	①
③	②		
②	①		

図 3.3

§3.5　$\mathfrak{S}_f$ の指標表の作製

a）S 関数 S_λ の基本的性質

定理 3.10　$\lambda \in \boldsymbol{Z}^n$ に対して，S 関数 $S_\lambda(\varepsilon_1, \cdots, \varepsilon_n) = \xi(\lambda+\delta)/\xi(\delta)$ は次の性質をもつ．

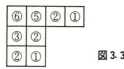

(i) $S_{\cdots,\alpha,\beta,\cdots}=-S_{\cdots,\beta-1,\alpha+1,\cdots}$,

(ii) $S_{\cdots,\alpha,\alpha+1,\cdots}=0$,

(iii) $\sigma_k(\varepsilon_1,\cdots,\varepsilon_n)S_{\lambda_1,\cdots,\lambda_n}=\sum_{i=1}^n S_{\alpha_1,\cdots,\alpha_i+k,\cdots,\alpha_n}$.

証明 いずれも行列式である ξ 関数 $\xi(l)$ の性質から出る.

(i) $\lambda=(\lambda_1,\cdots,\lambda_n)$, $l=\lambda+\delta=(l_1,\cdots,l_n)$ とすると, $\xi(l_1,\cdots,l_n)=-\xi(l_1,\cdots,l_{i+1},l_i,\cdots,l_n)$. よって

$$(l_1,\cdots,\underset{\widehat{i}}{l_{i+1}},\underset{\widehat{i+1}}{l_i},\cdots,l_n)-\delta=(\lambda_1,\cdots,\lambda_{i-1},\underset{\widehat{i}}{\lambda_{i+1}-1},\underset{\widehat{i+1}}{\lambda_i+1},\lambda_{i+2},\cdots,\lambda_n)$$

を用いて, 両辺を $\xi(\delta)$ で割れば

$$S_{\lambda_1,\cdots,\lambda_i,\lambda_{i+1},\cdots,\lambda_n}=-S_{\lambda_1,\cdots,\lambda_{i+1}-1,\lambda_i+1,\cdots,\lambda_n}.$$

(ii) 上の (i) で $\beta=\alpha+1$ とおくと,

$$S_{\cdots,\alpha,\alpha+1,\cdots}=-S_{\cdots,\alpha,\alpha+1,\cdots}. \qquad \therefore\ S_{\cdots,\alpha,\alpha+1,\cdots}=0.$$

(iii) $$\sigma_k(\varepsilon)\xi(l)=(\varepsilon_1{}^k+\cdots+\varepsilon_n{}^k)|\varepsilon^{l_1},\cdots,\varepsilon^{l_n}|=\sum_{i=1}^n\varepsilon_i{}^k|\varepsilon^{l_1},\cdots,\varepsilon^{l_n}|$$
$$=|\varepsilon^{l_1+k},\varepsilon^{l_2},\cdots,\varepsilon^{l_n}|+|\varepsilon^{l_1},\varepsilon^{l_2+k},\cdots,\varepsilon^{l_n}|+\cdots+|\varepsilon^{l_1},\cdots,\varepsilon^{l_n+k}|.$$

$l-\delta=\lambda$ として両辺を $\xi(\delta)$ で割れば

$$\sigma_k(\varepsilon)S_\lambda(\varepsilon)=S_{\lambda_1+k,\lambda_2,\cdots,\lambda_n}+S_{\lambda_1,\lambda_2+k,\cdots,\lambda_n}+\cdots+S_{\lambda_1,\cdots,\lambda_n+k}$$

を得る. ▮

(i), (ii) を繰り返して用いれば, $\lambda\in\boldsymbol{Z}^n$ に対し, S_λ の λ を逐次正規化して, $S_\lambda=0$ または $S_\lambda=\pm S_\mu$ $(\mu_1\geqq\cdots\geqq\mu_n)$ なる形に達する. 以下, 記号を簡略化するために, $\lambda=(\lambda_1,\cdots,\lambda_n)\in\boldsymbol{Z}^n$ において, 最後の部分の $\lambda_{k+1},\cdots,\lambda_n$ がみな 0 ならば, $S_\lambda(\varepsilon)$ を $S_{\lambda_1,\cdots,\lambda_k}(\varepsilon)$ と略記する. 特に

$$\lambda=(\underbrace{\alpha,\cdots,\alpha}_{p\text{ 個}},\underbrace{\beta,\cdots,\beta}_{q\text{ 個}},\cdots,\underbrace{\gamma,\cdots,\gamma}_{r\text{ 個}},0,\cdots,0)\in\boldsymbol{Z}^n$$

のときには, S_λ を $S_{\alpha^p,\beta^q,\cdots,\gamma^r}$ のようにも書くことにする.

例 3.5 $$S_{3,8,2,4}=-S_{7,4,2,4}=S_{7,4,3,3}.$$

注意 補題 3.2 の証明 (補題 3.2 の前に述べてある) により, $\lambda=(\lambda_1,\cdots,\lambda_k,0,\cdots,0)\in\boldsymbol{Z}^n$ ならば

$$S_\lambda(\varepsilon_1,\cdots,\varepsilon_k,0,\cdots,0)=S_{\lambda_1,\cdots,\lambda_k}(\varepsilon_1,\cdots,\varepsilon_k)$$

である.

補題 3.6 $k=1,2,\cdots$ に対して変数を $\varepsilon=(\varepsilon_1,\cdots,\varepsilon_n)$ として

$$\sigma_k(\varepsilon) = S_k(\varepsilon) - S_{k-1,1}(\varepsilon) - \cdots + \begin{cases} (-1)^n S_{k-n,1^n}(\varepsilon) & (k \geqq n \text{ のとき}), \\ (-1)^k S_{1^k}(\varepsilon) & (k < n \text{ のとき}). \end{cases}$$

証明　$0=(0, \cdots, 0)$ のとき $S_0=1$ である．よって，定理 3.10 (iii) により

$$\sigma_k(\varepsilon) = \sigma_k(\varepsilon) S_0 = S_k(\varepsilon) + S_{0,k}(\varepsilon) + S_{0,0,k}(\varepsilon) + \cdots$$

を得る．定理 3.10 (i), (ii) による正規化を右辺に施せば，$S_{0,k}(\varepsilon) = -S_{k-1,1}(\varepsilon)$, $S_{0,0,k}(\varepsilon) = -S_{0,k-1,1}(\varepsilon) = S_{k-2,1,1}(\varepsilon)$，etc. 故

$$\sigma_k(\varepsilon) = S_k(\varepsilon) - S_{k-1,1}(\varepsilon) + S_{k-2,1^2}(\varepsilon) - \cdots$$

となる．▌

補題 3.7　$\mathfrak{S}_f$ の符号数 $\lambda = (\lambda_1, \cdots, \lambda_n)$ $(\lambda_1 \geqq \cdots \geqq \lambda_n \geqq 0)$ の既約指標 χ_λ が巡回置換 $\sigma = (1, 2, \cdots, f)$ でとる値は

$$\chi_\lambda(\sigma) = \begin{cases} 0 & (\lambda \neq (f-s, 1^s, 0, \cdots, 0) \text{ の形のとき}), \\ (-1)^s & (\lambda = (f-s, 1^s, 0, \cdots, 0) \text{ の形のとき}). \end{cases}$$

証明　Frobenius の公式 (定理 3.7) そのものである．$\sigma_1(\varepsilon)^{\alpha_1(\sigma)} \cdots \sigma_f(\varepsilon)^{\alpha_f(\sigma)} = \sigma_f(\varepsilon)$ は補題 3.6 により $S_f(\varepsilon) - S_{f-1,1}(\varepsilon) + S_{f-2,1,1}(\varepsilon) + \cdots$ であるから，係数を見て $\chi_\lambda(\sigma)$ の値を得る．▌

b) 指標表 (character table) の作製

補題 3.6 と積法則 (定理 3.10 (iii)) とから，$\sigma \in \mathfrak{S}_f$ なら $\sigma_1(\varepsilon)^{\alpha_1(\sigma)} \sigma_2(\varepsilon)^{\alpha_2(\sigma)} \cdots$ を逐次計算し，正規化 (定理 3.10 (i), (ii)) を行なって S 関数 S_λ $(\lambda_1 \geqq \cdots \geqq \lambda_n \geqq 0)$ の 1 次結合の形に直せる．そのときの係数を見て，指標の値 $\chi_\lambda(\sigma)$ がわかる．$f=1, 2, 3, \cdots$ の始めの方を実行して $\chi_\lambda(\sigma)$ の表を作ってみよう．$\mathfrak{S}_f$ の共役類をその型で示す．

例 3.6　$\mathfrak{S}_1$: $\sigma_1(\varepsilon) = S_1(\varepsilon)$ だから次表を得る．

指標 \ 共役類	1
1	1

例 3.7　$\mathfrak{S}_2$: まず $\sigma_2(\varepsilon) = S_2(\varepsilon) - S_{1,1}(\varepsilon)$, $\varepsilon = (\varepsilon_1, \varepsilon_2)$ である (補題 3.6)．次に $S_1(\varepsilon) = \sigma_1(\varepsilon)$ だから

$$\sigma_1(\varepsilon)^2 = \sigma_1(\varepsilon) S_1(\varepsilon) = S_2(\varepsilon) + S_{1,1}(\varepsilon).$$

よって次表を得る．

指標＼共役類	2	1^2
2	1	1
1^2	-1	1

例 3.8 $\mathfrak{S}_3$: まず $\sigma_3(\varepsilon)=S_3(\varepsilon)-S_{2,1}(\varepsilon)+S_{1,1,1}(\varepsilon)$ である ($\varepsilon=(\varepsilon_1, \varepsilon_2, \varepsilon_3)$). 次に

$$\sigma_1(\varepsilon)\sigma_2(\varepsilon) = \sigma_1(\varepsilon)(S_2(\varepsilon)-S_{1,1}(\varepsilon)) = \sigma_1\cdot S_2-\sigma_1\cdot S_{1,1}$$
$$= (S_3+S_{2,1}+S_{2,0,1}+\cdots)-(S_{2,1}+S_{1,2}+S_{1,1,1}+S_{1,1,1,0,1}+\cdots),$$

0 になるものを定理 3.10 (ii) により消して

$$= S_3+S_{2,1}-S_{2,1}-S_{1^3} = S_3-S_{1^3}.$$

次に $\sigma_1{}^2=S_2+S_{1,1}$ を $\mathfrak{S}_2$ の所から利用して

$$\sigma_1(\varepsilon)^3 = \sigma_1(S_2+S_{1,1}) = (S_3+S_{2,1})+(S_{2,1}+S_{1,2}+S_{1^3})$$
$$= S_3+2S_{2,1}+S_{1^3}.$$

よって次表を得る. (このように $\mathfrak{S}_{f-1}$ における $\sigma_1{}^{\alpha_1}\sigma_2{}^{\alpha_2}\cdots$ の展開結果が $\mathfrak{S}_f$ における $\sigma_1{}^{\beta_1}\sigma_2{}^{\beta_2}\cdots$ の計算に利用できるので, 上述の詳しい説明からの見掛けよりは遙かに速やかに $\mathfrak{S}_{f-1}$ から $\mathfrak{S}_f$ に進めるのである. 新しく登場するのは $\sigma_f(\varepsilon)$ だけであるが, それは補題 3.6 により処理されるのである.)

指標＼共役類	3	2·1	1^3
3	1	1	1
2·1	-1	0	2
1^3	1	-1	1

§3.6 Murnaghan の漸化公式

a) $\mathfrak{S}_f$ の既約指標の漸化式 (Murnaghan の公式)

$\mathfrak{S}_f$ の共役類 $\mathfrak{K}$ の型が $(1^{\alpha_1}2^{\alpha_2}\cdots v^{\alpha_v}\cdots f^{\alpha_f})$ であるとし, しかも, ある v に対し $\alpha_v>0$ だったとする. $\mathfrak{S}_f$ の符号数 $\lambda=(\lambda_1, \cdots, \lambda_n)$ の既約指標 $\chi_\lambda{}^{(f)}$ が $\tau\in\mathfrak{K}$ でとる値 $\chi_\lambda{}^{(f)}(\tau)$ は τ のとり方によらないから, これを $\chi_\lambda{}^{(f)}(\mathfrak{K})$ と書こう. $\chi_\lambda{}^{(f)}(\mathfrak{K})$ を, $\mathfrak{S}_{f-v}$ の型 $(1^{\alpha_1}2^{\alpha_2}\cdots v^{\alpha_v-1}\cdots)$ の共役類 $\mathfrak{K}'$ 上における $\mathfrak{S}_{f-v}$ のいくつかの既約指標の値 $\chi_\mu{}^{(f-v)}(\mathfrak{K}')$ の代数和の形に書こうというのが, Murnaghan の公式の目的で

ある．

$\sigma_1(\varepsilon)^{\alpha_1}\cdots\sigma_f(\varepsilon)^{\alpha_f}$ を $\sigma(\mathfrak{K})$ と書こう．したがって

$$\sigma(\mathfrak{K})=\sigma(\mathfrak{K}')\sigma_v(\varepsilon)=\sigma(\mathfrak{K}')(\varepsilon_1{}^v+\cdots+\varepsilon_n{}^v)$$

である．

さて，定理 3.7 により

$$\sigma(\mathfrak{K})\xi(\delta)=\sum_{\lambda\in M_n(f)}\chi_\lambda{}^{(f)}(\mathfrak{K})\xi(\lambda+\delta)$$

であるが，左辺を単項式 $\varepsilon_1{}^{l_1}\cdots\varepsilon_n{}^{l_n}$ $(l_1\in \boldsymbol{Z},\cdots,l_n\in \boldsymbol{Z})$ の整係数の1次結合の形に展開したときの $\varepsilon(l)=\varepsilon_1{}^{l_1}\cdots\varepsilon_n{}^{l_n}$ の係数を $(l,\mathfrak{K})=(l_1,\cdots,l_n)_{\mathfrak{K}}$ とおく：

$$\sigma(\mathfrak{K})\xi(\delta)=\sum_{\lambda\in M_n(f)}\chi_\lambda{}^{(f)}(\mathfrak{K})\xi(\lambda+\delta)=\sum_{l\in \boldsymbol{Z}^n}(l_1,\cdots,l_n)_{\mathfrak{K}}\varepsilon(l).$$

したがって，$(l_1,\cdots,l_n)_{\mathfrak{K}}$ は次の性質をもつ．

(a)　$(l_1,\cdots,l_n)$ の2成分 l_i,l_j $(i\neq j)$ を入れ換えれば符号が変わる：

$$(l_1,\cdots,l_i,\cdots,l_j,\cdots,l_n)_{\mathfrak{K}}=-(l_1,\cdots,l_j,\cdots,l_i,\cdots,l_n)_{\mathfrak{K}}$$

すなわち，$(l_1,\cdots,l_n)_{\mathfrak{K}}$ は $l_1,\cdots,l_n$ に関して交代な量である．換言すれば，各 $\pi\in\mathfrak{S}_n$ に対し

$$(\pi l,\mathfrak{K})=\operatorname{sgn}(\pi)(l,\mathfrak{K}).$$

特に，$l_i=l_j$ なる i,j $(i\neq j)$ があれば，$(l,\mathfrak{K})=0$.

(b)　$(l_1,\cdots,l_n)_{\mathfrak{K}}$ が0でないのは次の場合に限る：$l_1,\cdots,l_n$ は互いに相異なり，かつ $l_1\geqq 0,\ \cdots,\ l_n\geqq 0$ で，しかも $l_1+\cdots+l_n=f+(1+2+\cdots+(n-1))$．このときには，$\pi\in\mathfrak{S}_n$ が一意的に存在して

$$\pi l=(l_1',\cdots,l_n'),\qquad l_1'>\cdots>l_n'\geqq 0$$

となる．このときの $(l,\mathfrak{K})$ なる値は

$$(*)\qquad (l_1,\cdots,l_n)_{\mathfrak{K}}=\operatorname{sgn}(\pi)\chi_{\pi l-\delta}{}^{(f)}(\mathfrak{K})$$

で与えられる．

そこで上の $(*)$ に着目して，$\lambda=(\lambda_1,\cdots,\lambda_n)\in\boldsymbol{Z}^n$ に対して $\chi_\lambda{}^{(f)}(\mathfrak{K})$ なる量を次のように導入しよう．

$$\chi_\lambda{}^{(f)}(\mathfrak{K})=(\lambda+\delta,\mathfrak{K})=(\lambda_1+(n-1),\cdots,\lambda_{n-1}+1,\lambda_n)_{\mathfrak{K}}.$$

この $\chi_\lambda{}^{(f)}$ を $\mathfrak{S}_f$ の広義指標と呼ぶことにする．すると，S 関数 S_λ の性質を行列式である ξ 関数の性質を用いて導いたとき (定理 3.10) と全く同様にして，交代性を述べている (a) から次の (a*), (a**) がわかる．

(a*) $$\chi_{\cdots,\alpha,\beta,\cdots}{}^{(f)}(\mathfrak{K}) = -\chi_{\cdots,\beta-1,\alpha+1,\cdots}{}^{(f)}(\mathfrak{K}),$$

(a**) $$\chi_{\cdots,\alpha,\alpha+1,\cdots}{}^{(f)}(\mathfrak{K}) = 0.$$

よって，(a*) を繰り返し用いて，$\chi_\lambda{}^{(f)}(\mathfrak{K})$ の λ の部分の正規化を行なえば，途中で(a**) が発生して 0 になるか，あるいは $\pm\chi_{\mu_1,\cdots,\mu_n}{}^{(f)}(\mathfrak{K})$ $(\mu_1\geqq\cdots\geqq\mu_n)$ となる．すなわち

$$\chi_\lambda{}^{(f)}(\mathfrak{K}) = \pm\chi_\mu{}^{(f)}(\mathfrak{K}) = \pm(\mu+\delta, \mathfrak{K})$$

となるが，性質 (b) により

(b*) 正規化された $\chi_{\mu_1,\cdots,\mu_n}{}^{(f)}$ $(\mu_1\geqq\cdots\geqq\mu_n)$ において，もしある μ_i が <0 ならば，$\chi_\mu{}^{(f)}(\mathfrak{K})=0$ である．

実際，そのとき $\mu_n<0$ となり，$\mu+\delta$ の第 n 成分が負となるから，(b) により，$(\mu+\delta, \mathfrak{K})=0$ である．

よって，正規化された結果が $\pm\chi_\mu{}^{(f)}(\mathfrak{K})$ $(\mu_1\geqq\cdots\geqq\mu_n\geqq0)$ であるとしよう．最後のテストは次のようになる．

(c*) $\mu_1\geqq\cdots\geqq\mu_n\geqq0$ ならば，$\mu_1+\cdots+\mu_n\neq f$ のとき，$\chi_\mu{}^{(f)}(\mathfrak{K})=0$ である．$\mu_1+\cdots+\mu_n=f$ ならば，$\chi_\mu{}^{(f)}(\mathfrak{K})$ は $\mathfrak{S}_f$ の本来の指標値に一致する．

これは性質 (b) と (＊) とから明らかである．

さて，このように拡張された意味の $\chi_\lambda{}^{(f)}(\mathfrak{K})$ を用いて Murnaghan の公式を導こう．

$$\sigma(\mathfrak{K})\xi(\delta) = \sum_{l\in\boldsymbol{Z}^n}(l, \mathfrak{K})\varepsilon(l),$$

および

$$\sigma(\mathfrak{K})\xi(\delta) = \sigma_v(\varepsilon)\sigma(\mathfrak{K}')\xi(\delta) = \left(\sum_{i=1}^{n}\varepsilon_i{}^v\right)\left(\sum_{l'\in\boldsymbol{Z}^n}(l', \mathfrak{K}')\varepsilon(l')\right)$$

において $\varepsilon(l)$ の係数を比較すれば

$$(l, \mathfrak{K}) = (l_1-v, l_2, \cdots, l_n)_{\mathfrak{K}'}+\cdots+(l_1, \cdots, l_n-v)_{\mathfrak{K}'}$$

を得る．いま $\lambda=(\lambda_1, \cdots, \lambda_n)\in M_n{}^{(f)}$ とし，$l=\lambda+\delta$ にとれば，上式は次の定理を与える．

定理 3.11 f 次対称群 $\mathfrak{S}_f$ の符号数 $\lambda=(\lambda_1, \cdots, \lambda_n)$ $(\lambda_1\geqq\cdots\geqq\lambda_n\geqq0,\ \lambda_1+\cdots+\lambda_n=f)$ をもつ既約指標 $\chi_\lambda{}^{(f)}$ が，$\mathfrak{S}_f$ の型 $(1^{\alpha_1}\cdots v^{\alpha_v}\cdots f^{\alpha_f})$ の共役類 $\mathfrak{K}$ においてとる値 $\chi_\lambda{}^{(f)}(\mathfrak{K})$ は，$\alpha_v>0$ ならば，$\mathfrak{S}_{f-v}$ の型 $(1^{\alpha_1}\cdots v^{\alpha_v-1}\cdots)$ の共役類 $\mathfrak{K}'$ において，

$\mathfrak{S}_{f-v}$ の広義指標のとる値の和として，次のように与えられる (Murnaghan の公式).

$$\chi_{\lambda_1,\cdots,\lambda_n}{}^{(f)}(\mathfrak{K}) = \chi_{\lambda_1-v,\lambda_2,\cdots,\lambda_n}{}^{(f-v)}(\mathfrak{K}') + \cdots + \chi_{\lambda_1,\cdots,\lambda_{n-1},\lambda_n-v}{}^{(f-v)}(\mathfrak{K}').$$

例 3.9　$\mathfrak{S}_{20}$ において符号数 (15, 5) の既約指標が型 (18, 2) の共役類でとる値 (これを $\chi_{15,5}{}^{(20)}(18,2)$ と書く) を考えよう．$v=2$ として

$$\chi_{15,5}{}^{(20)}(18,2) = \chi_{15-2,5}{}^{(18)}(18) + \chi_{15,5-2}{}^{(18)}(18) = \chi_{13,5}{}^{(18)}(18) + \chi_{15,3}{}^{(18)}(18)$$

となるが，補題 3.7 より右辺は 0 となる．∴ $\chi_{15,5}{}^{(20)}(18,2)=0$.

例 3.10　$\chi_{10,5,5}{}^{(20)}(10,7,3)$ を計算しよう．

$$\chi_{10,5,5}{}^{(20)}(10,7,3) = \chi_{7,5,5}{}^{(17)}(10,7) + \chi_{10,2,5}{}^{(17)}(10,7) + \chi_{10,5,2}{}^{(17)}(10,7).$$

右辺の非正規な項を正規化する必要がある．

$$\chi_{10,2,5}{}^{(17)}(10,7) = -\chi_{10,4,3}{}^{(17)}(10,7).$$

さらに漸化式を用いる．

$$\begin{aligned}
\chi_{7,5,5}{}^{(17)}(10,7) &= \chi_{0,5,5}{}^{(10)}(10) + \chi_{7,-2,5}{}^{(10)}(10) + \chi_{7,5,-2}{}^{(10)}(10) \\
&= -\chi_{4,1,5}{}^{(10)}(10) - \chi_{7,4,-1}{}^{(10)}(10) = \chi_{4,4,2}{}^{(10)}(10) = 0, \\
\chi_{10,4,3}{}^{(17)}(10,7) &= \chi_{3,4,3}{}^{(10)}(10) + \chi_{10,-3,3}{}^{(10)}(10) + \chi_{10,4,-4}{}^{(10)}(10) \\
&= -\chi_{10,2,-2}{}^{(10)}(10) = 0, \\
\chi_{10,5,2}{}^{(17)}(10,7) &= \chi_{3,5,2}{}^{(10)}(10) + \chi_{10,-2,2}{}^{(10)}(10) + \chi_{10,5,-5}{}^{(10)}(10) \\
&= -\chi_{4,4,2}{}^{(10)}(10) - \chi_{10,1,-1}{}^{(10)}(10) = -\chi_{4,4,2}{}^{(10)}(10) = 0.
\end{aligned}$$

よって，$\chi_{10,5,5}{}^{(20)}(10,7,3)=0$.

b）$\mathfrak{S}_f \to \mathfrak{S}_{f-1}$ における分岐則

$\mathfrak{S}_f$ の部分群 $H=\{\tau\in\mathfrak{S}_f \mid \tau(1)=1\}$ は $\mathfrak{S}_{f-1}$ に同型であるから，$H=\mathfrak{S}_{f-1}$ と同一視しよう．$\mathfrak{S}_f$ の既約表現を $\mathfrak{S}_{f-1}$ 上に制限して得られる $\mathfrak{S}_{f-1}$ の表現が，どのように既約表現に分解するかを示すのが分岐則である．それを指標を用いて述べよう．$\tau\in\mathfrak{S}_{f-1}$ なら τ の属する $\mathfrak{S}_f$ の共役類 $\mathfrak{K}$ の型 $(1^{\alpha_1}2^{\alpha_2}\cdots)$ において $\alpha_1>0$ である．(τ は固定点 1 をもち，したがって長さ 1 の巡回置換部分を少なくも一つはもっているから.) よって Murnaghan の公式が使える ($v=1$ として):

$$\chi_{\lambda_1,\cdots,\lambda_n}{}^{(f)}(\mathfrak{K}) = \chi_{\lambda_1-1,\lambda_2,\cdots,\lambda_n}{}^{(f-1)}(\mathfrak{K}') + \cdots + \chi_{\lambda_1,\cdots,\lambda_{n-1},\lambda_n-1}{}^{(f-1)}(\mathfrak{K}').$$

ここで $\mathfrak{K}'$ は τ の属する $\mathfrak{S}_{f-1}$ の共役類である．上式は $\chi_\lambda{}^{(f)}$ を $\mathfrak{S}_{f-1}$ 上に制限した $\mathfrak{S}_{f-1}$ の指標 $\chi_\lambda{}^{(f)}|_{\mathfrak{S}_{f-1}}$ が

$$\chi_{\lambda_1,\cdots,\lambda_n}{}^{(f)}|_{\mathfrak{S}_{f-1}} = \chi_{\lambda_1-1,\lambda_2,\cdots,\lambda_n}{}^{(f-1)} + \cdots + \chi_{\lambda_1,\cdots,\lambda_{n-1},\lambda_n-1}{}^{(f-1)}$$

となることを意味する．$\lambda_1 \geqq \cdots \geqq \lambda_n \geqq 0$ だから，右辺の各項の正規化は簡単である．すなわち，右辺の各項は 0 か，または既に正規化されて $\mathfrak{S}_{f-1}$ の既約指標となっているかの何れかである．0 になるのは

$$\lambda_i = \lambda_{i+1}$$

なる i に対応する $\chi_{\lambda_1,\cdots,\lambda_i-1,\cdots,\lambda_n}{}^{(f-1)}$ である．特に

$$\lambda_j = 0$$

ならば，$\lambda_j = \lambda_{j+1} = 0$ だから，$\chi_{\lambda_1,\cdots,\lambda_j-1,\cdots,\lambda_n}{}^{(f)}$ は 0 になる．かくして，Young 図形の言葉で上記を言い直して，次の定理を得る．

定理 3.12 (分岐則 $\mathfrak{S}_f \to \mathfrak{S}_{f-1}$)　f 次の台 D の符号数を $(\lambda_1, \cdots, \lambda_n)$ とする．D に対応する $\mathfrak{S}_f$ の既約表現 ρ_D を，$\mathfrak{S}_f$ の部分群 $\mathfrak{S}_{f-1} = \{\tau \in \mathfrak{S}_f \mid \tau(1) = 1\}$ 上に制限して得られる $\mathfrak{S}_{f-1}$ の表現 $\rho_D|_{\mathfrak{S}_{f-1}}$ は，次のように既約成分の直和に分解する：D において，$\lambda_i > \lambda_{i+1}$ なる i に対して D の第 i 行の最後の小正方形を D から取り去った台を D_i とすると

$$\rho_D|_{\mathfrak{S}_{f-1}} = \bigoplus_{\lambda_i > \lambda_{i+1}} \rho_{D_i}. \qquad ――$$

この定理を誘導表現における Frobenius 相互律 (“群論” 定理 8.17 の系参照) を使って言い換えよう．$\mathfrak{S}_{f-1}$ の既約表現 $\rho_{D'}$ が $\mathfrak{S}_f$ の既約表現 ρ_D の制限 $\rho_D|_{\mathfrak{S}_{f-1}}$ の既約成分になるための条件は，定理 3.11 により，D' の符号数 $\mu = (\mu_1, \cdots, \mu_n)$ が D の符号数 $\lambda = (\lambda_1, \cdots, \lambda_n)$ におけるある λ_i を $\lambda_i - 1$ でおきかえた形になっていることである．そのとき重複度 $\langle \rho_D|_{\mathfrak{S}_{f-1}}, \rho_{D'} \rangle$ は定理 3.12 により 1 である．よって，Frobenius 相互律により，$\rho_{D'}$ から誘導される $\mathfrak{S}_f$ の表現 (これを $\mathrm{Ind}^{\mathfrak{S}_f}{}_{\mathfrak{S}_{f-1}}(\rho_{D'})$，あるいは略して $\rho_{D'}{}^{\mathfrak{S}_f}$ と書く) の既約成分となるような ρ_D の台 D は，ある μ_i を $\mu_i + 1$ でおきかえた形のものである．よって，次の定理が成り立っている．

定理 3.13 (誘導則 $\mathfrak{S}_{f-1} \to \mathfrak{S}_f$)　台 D' (符号数 $\mu = (\mu_1, \cdots, \mu_n)$) に対応する $\mathfrak{S}_{f-1}$ の既約表現 $\rho_{D'}$ から誘導される $\mathfrak{S}_f$ の表現 $\mathrm{Ind}^{\mathfrak{S}_f}{}_{\mathfrak{S}_{f-1}}(\rho_{D'})$ は，次のように既約成分の直和に分解する：

$$\mathrm{Ind}^{\mathfrak{S}_f}{}_{\mathfrak{S}_{f-1}}(\rho_{D'}) = \left(\bigoplus_{\mu_{i-1} \geqq \mu_i + 1} \rho_{\mu_1,\cdots,\mu_i+1,\cdots,\mu_n} \right) \oplus \rho_{\mu_1,\cdots,\mu_n,1}.$$

(右辺第 1 項は $\mu_{i-1} \geqq \mu_i + 1$ なる i にわたる直和である．)　――

例 3.11　$\mathfrak{S}_4 \to \mathfrak{S}_3$ の分岐則と誘導則を表わす表を作ろう．定理 3.12 により

$$\chi_4|_{\mathfrak{S}_3} = \chi_3,$$
$$\chi_{3,1}|_{\mathfrak{S}_3} = \chi_{2,1}+\chi_3$$

etc. だから次表を得る.

$\mathfrak{S}_4$ \ $\mathfrak{S}_3$	χ_3	$\chi_{2,1}$	$\chi_{1,1,1}$
χ_4	1	0	0
$\chi_{3,1}$	1	1	0
$\chi_{2,2}$	0	1	0
$\chi_{2,1^2}$	0	1	1
χ_{1^4}	0	0	1

この表の見方は次の通りである．行は制限による表現の分解を表わす．例えば

$$\chi_{2,1^2}|_{\mathfrak{S}_3} = \chi_{2,1}+\chi_{1,1,1}$$

である．列は誘導表現の分解を表わす．例えば

$$\chi_{2,1}{}^{\mathfrak{S}_4} = \chi_{3,1}+\chi_{2,2}+\chi_{2,1,1}$$

である．——

分岐則から，$\mathfrak{S}_f$ の既約表現 $\rho_{\lambda_1,\cdots,\lambda_n}$ の次数 $N_{\lambda_1,\cdots,\lambda_n}=\chi_{\lambda_1,\cdots,\lambda_n}(1)$ の漸化式が得られる．誘導則からも別の関係式が得られる．これらは分岐則，誘導則を表わす指標間の等式において，$\mathfrak{S}_f$ の単位元での値を比較すれば得られる．すなわち，次の定理が得られる．

定理 3.14　符号数 $\lambda=(\lambda_1, \cdots, \lambda_n)$ をもつ $\mathfrak{S}_f$ の既約表現の次数 $N_\lambda=N_{\lambda_1,\cdots,\lambda_n}$ に対して次が成り立つ．

(i)　$N_{\lambda_1,\cdots,\lambda_n} = \sum_{\lambda_i>\lambda_{i+1}} N_{\lambda_1,\cdots,\lambda_i-1,\cdots,\lambda_n},$

(ii)　$fN_{\mu_1,\cdots,\mu_n} = N_{\mu_1,\cdots,\mu_n,1}+\sum_{\mu_{i-1}\geqq\mu_i+1} N_{\mu_1,\cdots,\mu_i+1,\cdots,\mu_n}.$ ——

これにより N_λ を求める方が既述の N_λ の公式(定理 3.8, 3.9)によるよりも，(f が小なら)能率的なことがある．

例 3.12　　$N_{4,2} = N_{3,2}+N_{4,1} = (N_{2,2}+N_{3,1})+(N_{3,1}+N_4).$

さて

$$N_{2,2} = N_{2,1} = N_{1,1}+N_2 = 1+1 = 2,$$
$$N_{3,1} = N_{2,1}+N_3 = 2+1 = 3,$$
$$N_4 = 1$$

であるから，$N_{4,2}=2+2\cdot3+1=9$. ——

c) 標準盤とその個数

f 次の盤 B が**標準盤** (standard tableau) であるとは，B の各行，各列に書かれた文字が右に向かっても，また下に向かっても単調増加列をなすことをいう：

$$B(i,1)<B(i,2)<\cdots,$$
$$B(1,j)>B(2,j)>\cdots.$$

例 3.13 5 次の台 D の符号数が (3, 2) なら，D 上の標準盤は次の 5 個である．

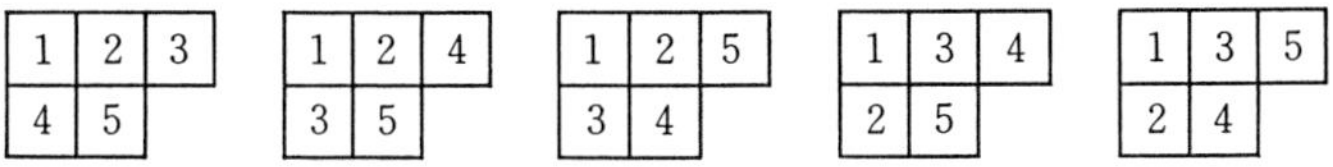

図 3.4

定理 3.15 f 次の台 D の符号数が $\lambda=(\lambda_1,\cdots,\lambda_n)$ ならば，台 D 上の標準盤の個数は，$\mathfrak{S}_f$ の既約表現 ρ_D の次数 $N_\lambda=N_D$ に等しい．D 上の標準盤の個数の平方の和（f 次の台 D のすべてにわたる）は $f!$ に等しい．

証明 f 次の台 D 上の標準盤の個数を d_D とし，これらの標準盤を $B_1,\cdots,B_{d_D}$ とする．各 B_j において文字 f の占める場所は，ある行の右端でしかもある列の下端である．台 D の符号数が $(\lambda_1,\cdots,\lambda_n)$ なら，標準盤 B_j から文字 f とそこの小正方形を除いたものが $f-1$ 次の標準盤となる条件は，f が B_j の第 i 行にあるとすれば，$\lambda_i>\lambda_{i+1}$ である．各標準盤においてこのような i に対し文字 f を除くことにより，符号数 $(\lambda_1,\cdots,\lambda_i-1,\cdots,\lambda_n)$ の $f-1$ 次の台上の標準盤がすべて（重複なく）得られるから，$d_D=d_{\lambda_1,\cdots,\lambda_n}$ と書いて次の漸化式を得る．

$$d_{\lambda_1,\cdots,\lambda_n}=\sum_{\lambda_i>\lambda_{i+1}}d_{\lambda_1,\cdots,\lambda_i-1,\cdots,\lambda_n}.$$

よって，d_λ は N_λ と同じ漸化式を満足する．しかも，初期条件は一致する：$N_1=d_1=1$. よって $d_\lambda=N_\lambda$ である．定理の後半は，群環 $\boldsymbol{C}[\mathfrak{S}_f]$ の単純成分への分解

$$\boldsymbol{C}[\mathfrak{S}_f]=\bigoplus_D\mathfrak{a}(D)$$

より次元を比べれば出る：$f!=\sum\dim\mathfrak{a}(D)=\sum_D N_D{}^2$. ここで，$D$ の符号数が $\lambda=(\lambda_1,\cdots,\lambda_n)$ のとき $N_D=N_\lambda$ とおいた．▌

注意 台 D 上の標準盤全体のなす集合を $\mathfrak{M}_D$ とし，互いに共通部分のない和集合 $\mathfrak{M}=\bigcup(\mathfrak{M}_D\times\mathfrak{M}_D)$ (D は f 次の台全体上を動く) を作る．すなわち，$\mathfrak{M}$ は f 次の同じ台上に

ある二つの標準盤の順序対 (B, B') の全体のなす集合である．$\mathfrak{M}$ も $\mathfrak{S}_f$ も $f!$ 個の元からなるから，全単射 $\mathfrak{S}_f \to \mathfrak{M}$ が存在するはずである．そのような全単射の一つとして Robinson-Schensted の対応なるものが知られている．例えば

Combinatoire et Représentation du Groupe Symétrique, Strasbourg, 1976 (Lecture Notes in Mathematics, 579, Springer)

中にこれについて数篇の論文がある．

d) 群環 $\boldsymbol{C}[\mathfrak{S}_f]$ の単純成分 $\mathfrak{a}(D)$ の極小左イデアルへの直和分解

$R=\boldsymbol{C}[\mathfrak{S}_f]$ とし，f 次の台 D 上のすべての盤（$f!$ 個ある）のなす集合を $\mathfrak{B}$ とする．$B\in\mathfrak{B}$ の定める Young 対称子を c_B とし，

$$(*) \qquad \sum_{B\in\mathfrak{B}} Rc_B = \mathfrak{a}$$

とおく．各 $\tau\in\mathfrak{S}_f$ に対し $\tau c_B\tau^{-1}=c_{\tau B}$ で，$\tau\mathfrak{B}=\mathfrak{B}$ だから，$c_B\tau^{-1}=\tau^{-1}c_{\tau B}\in\mathfrak{a}$．∴ $\mathfrak{a}R\subset\mathfrak{a}$．よって $\mathfrak{a}$ は R のイデアルである．$Rc_B\subset\mathfrak{a}(D)$ がすべての $B\in\mathfrak{B}$ について成り立つ（§2.3）から，$0\neq\mathfrak{a}\subset\mathfrak{a}(D)$ である．よって $\mathfrak{a}(D)$ の単純性から，$\mathfrak{a}=\mathfrak{a}(D)$ となる．よって（$*$）から，$\mathfrak{B}$ 中の適当な元 $B_1, \cdots, B_d$ をとれば

$$\mathfrak{a}(D) = Rc_{B_1}\oplus\cdots\oplus Rc_{B_d}$$

となる（定理 1.1 の証明参照）．次元を比べて $N_D{}^2=d\cdot\dim(Rc_B)=dN_D$．∴ $d=N_D$．このような直和分解を与える盤 $B_1, \cdots, B_d$ としてどのような盤を選べばよいであろうか？

定理 3.16 f 次の台 D 上の標準盤の全体を $B_1, \cdots, B_s$ とすれば，群環 $R=\boldsymbol{C}[\mathfrak{S}_f]$ の単純成分 $\mathfrak{a}(D)$ は

$$\mathfrak{a}(D) = Rc_{B_1}\oplus\cdots\oplus Rc_{B_s}$$

と直和分解される．

証明 上述の $\mathfrak{a}=\mathfrak{a}(D)$ より $\mathfrak{a}(D)$ が右辺を含むことはよい．よって，右辺が直和であることさえ示せば，次元の一致（$\dim\mathfrak{a}(D)=N_D{}^2$，$\dim(\sum Rc_{B_i})=sN_D=N_D{}^2$）により証明が完成する．

そのため，標準盤 $B_1, \cdots, B_s$ の間に順序を導入する．B_i の成分を $(1,1), (1,2), (1,3), \cdots, (2,1), (2,2), \cdots$ の順に並べて生ずる f 次元ベクトルを $b_i=(\beta_{i1}, \cdots, \beta_{if})$ とする．そして

$$\beta_{i1}=\beta_{j1}, \quad \cdots, \quad \beta_{i,\nu-1}=\beta_{j,\nu-1}, \qquad \beta_{i,\nu}<\beta_{j,\nu}$$

なる ν が存在するとき $B_i<B_j$ と定義する．例えば

§3.6 Murnaghan の漸化公式

$$\begin{array}{|c|c|c|} \hline 1 & 2 & 4 \\ \hline 3 & 5 & \\ \hline \end{array} < \begin{array}{|c|c|c|} \hline 1 & 2 & 5 \\ \hline 3 & 4 & \\ \hline \end{array}$$

である. すると次の補題が成り立つ.

補題 3.8 $B_i < B_j$ ならば, B_i の水平置換群 $\mathfrak{H}_{B_i}$ と B_j の垂直置換群 $\mathfrak{K}_{B_j}$ とは, ある奇置換を共有する.

証明 ある二つの文字 α, β ($\alpha \neq \beta$, $1 \leq \alpha, \beta \leq f$) が B_i では同行, B_j では同列にあることをいえばよい. (そのとき, 互換 (α, β) が $\mathfrak{H}_{B_i} \cap \mathfrak{K}_{B_j}$ に属するから.) $B_i < B_j$ だから, 上述の'辞書式順序'で始めて (p,q) 成分で

$$B_i(p,q) < B_j(p,q)$$

となったとする. したがってその前の所は一致するから

$$p' < p \Rightarrow B_i(p', q') = B_j(p', q'),$$
$$p' = p, \quad q' < q \Rightarrow B_i(p', q') = B_j(p', q')$$

となる. ここで $q > 1$ なることに注意しよう. なぜなら, D 上の標準盤では第 $1, 2, \cdots, p-1$ 行の成分により $(p,1)$ 成分は未登場文字中の最小者として確定してしまうからである. そこで $B_i(p,q) = B_j(\bar{p}, \bar{q})$ により $(\bar{p}, \bar{q})$ を定めれば, $p < \bar{p}$ かつ $\bar{q} < q$ となる. なぜなら, もし $p \leq \bar{p}$ かつ $q \leq \bar{q}$ ならば, 標準盤の性質から

$$B_j(p,q) \leq B_j(\bar{p}, \bar{q}) = B_i(p,q)$$

となり矛盾. よって $p > \bar{p}$ あるいは $q > \bar{q}$ の少なくも一方が成り立つ. もし $p > \bar{p}$ ならば, $B_j(\bar{p}, \bar{q}) = B_i(\bar{p}, \bar{q})$ (上述). $\therefore B_i(p,q) = B_i(\bar{p}, \bar{q})$ となり矛盾である. よって $p < \bar{p}$ となる. よって $q \leq \bar{q}$ の方は起り得ないから, $\bar{q} < q$ である.

そこで, $\alpha = B_i(p, \bar{q})$ と $\beta = B_i(p, q)$ を考えると, $\alpha \neq \beta$ で, しかも α, β は B_i では同行にある. 一方, $(p, \bar{q})$ が (p, q) の前に位置しているから, $\alpha = B_j(p, \bar{q})$ であり, また $\beta = B_j(\bar{p}, \bar{q})$ であるから, α, β は B_j では同列にある. ∎

補題 3.9 f 次の二つの盤 B, B' (標準盤でなくてもよい. また別々の台上にあってもよい) に対して, $\mathfrak{H}_B$ と $\mathfrak{K}_{B'}$ とが奇置換を共有すれば, B, B' の Young の水平, 垂直対称子 (§2.3) に対して

$$a_B b_{B'} = b_{B'} a_B = c_{B'} c_B = 0.$$

証明 $\tau \in \mathfrak{H}_B \cap \mathfrak{K}_{B'}$, $\text{sgn}(\tau) = -1$ をとると

$$\tau a_B = a_B \tau = a_B, \quad \tau b_{B'} = b_{B'} \tau = -b_{B'}$$

であるから

$$a_B b_{B'} = a_B \tau b_{B'} = -a_B b_{B'}. \qquad \therefore \quad a_B b_{B'} = 0.$$

同様に，$b_{B'} a_B = -b_{B'} a_B$. $\therefore$ $b_{B'} a_B = 0$. よって，$c_{B'} c_B = a_{B'} b_{B'} a_B b_B = 0$. ▌

定理3.16の証明に戻ろう．標準盤 $B_1, \cdots, B_s$ に属する Young 対称子 $c_{B_1}, \cdots, c_{B_s}$ に適当なスカラーを掛けて得られるベキ等元をそれぞれ $e_1, \cdots, e_s$ とする．いま $B_1 < \cdots < B_s$ としてよい．すると補題3.8, 3.9により，$j > i$ なら $e_j e_i = 0$ である．$Rc_{B_i} = Re_i \ni x_i$ $(1 \leqq i \leqq s)$ とし，$x_1 + \cdots + x_s = 0$ とする．$x_i = x_i e_i$ $(1 \leqq i \leqq s)$ であるから，$x_1 + \cdots + x_s = 0$ に e_1 を右乗して $x_1 e_1 = x_1$，$x_2 e_1 = \cdots = x_s e_1 = 0$ を用いれば $x_1 = 0$. 次に，$x_2 + \cdots + x_s = 0$ に e_2 を右乗して同様に $x_2 = 0$. 以下同様に進んで，$x_1 = \cdots = x_s = 0$ を得るから，直和 $R = Re_1 \oplus \cdots \oplus Re_s$ を得る．▌

§3.7　Nakayama の公式

Murnaghan の公式の右辺に現われる広義指標 $\chi_{\lambda_1, \cdots, \lambda_i - v, \cdots, \lambda_n}{}^{(f-v)}$ は正規化して普通の指標に直す必要があった．それを台の鉤の概念(§3.4)を用いて実行するのが Nakayama (中山正) の公式である．正規化を想起しよう．

(i)　$\lambda_i - v \geqq \lambda_{i+1}$　　のときは正規化は不必要.

(ii)　$\lambda_i - v = \lambda_{i+1} - 1$ のときは $\chi_{\lambda_1, \cdots, \lambda_i - v, \cdots, \lambda_n}{}^{(f-v)} = 0$.

(iii)　$\lambda_i - v < \lambda_{i+1} - 1$ のときは正規化(いれかえ)を行なう:

$$\chi_{\lambda_1, \cdots, \underbrace{\lambda_i - v}_{i}, \cdots, \lambda_n}{}^{(f-v)} = -\chi_{\lambda_1, \cdots, \underbrace{\lambda_{i+1} - 1}_{i}, \underbrace{\lambda_i - v + 1}_{i+1}, \cdots, \lambda_n}{}^{(f-v)}.$$

(iii) を台上に図示すると

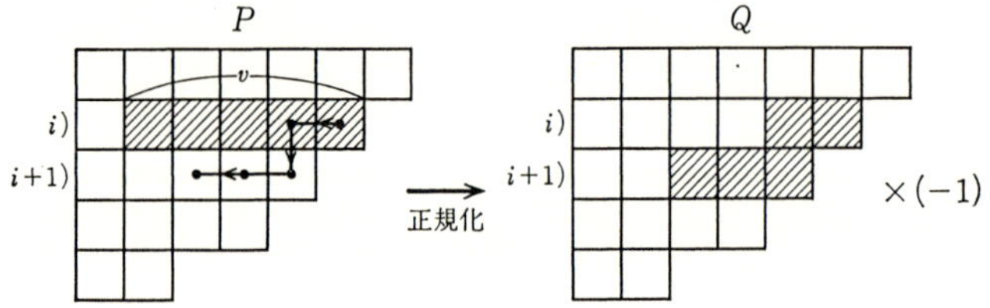

図3.5

となる．P の斜線部分 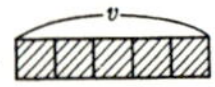 を取り除く代りに，すなわち，第 i 行の右端の場所 (i, λ_i) から真左に水平に進む長さ v の‘道路’を取り除く代りに，まず左

へ水平に進んで，場所 $(i+1, \lambda_{i+1})$ の真上の (i, λ_{i+1}) まで来たら，直角に下へ曲がって，第 $(i+1)$ 行の右端に進み，次に左へ水平に進んで，全体として長さ v だけ進む道路を除くのである．(したがって，第 i 行では長さ $\lambda_i-\lambda_{i+1}+1$ だけ進み，第 $(i+1)$ 行では長さ $v-(\lambda_i-\lambda_{i+1}+1)$ だけ進む道路が除かれるわけである.) 最後に符号変化があるから，(-1) を掛けておく．これで正規化 (iii) が図上でなされた．換言すれば，内陸へ向かって直進する水平道路 (長さ v) の代りに，やや '沿岸道路' 化した曲がった道路を除き，符号を変える——というのが，移行 $P\to Q$ である．Q でも第 $(i+1)$ 行の '内陸道路' を同じ操作で沿岸化して行く．

この操作を繰り返して標準形の $\pm\chi_{\mu_1,\cdots,\mu_n}{}^{(f-v)}$ $(\mu_1\geqq\cdots\geqq\mu_n\geqq 0)$ に達するまで行なう．首尾よく標準形に達するのは，最後に得られた沿岸道路がもとの台のある行の右端から出発して，ある列の下端で終わっている場合である．

このときは，その沿岸道路をもとの台から取り除く代りに，それに '対応する' 鉤 Γ (角が出発行と到着列の交叉点にあるような鉤) をもとの台から取り除いて，残部を '詰め合わせれば'，同じ標準形に達する (図 3.6).

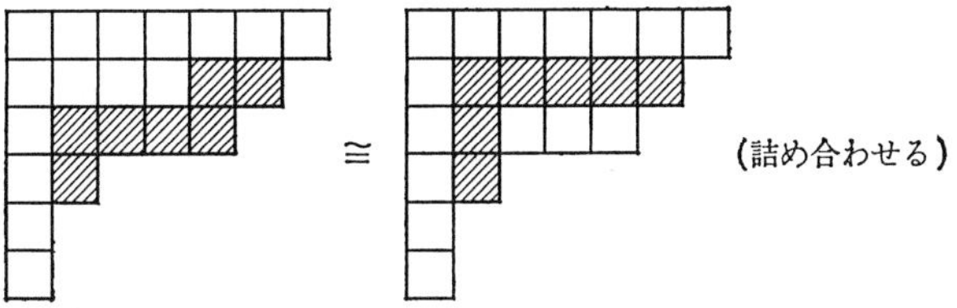

図 3.6

この標準形に達するために正規化の操作を ν 回行なったとすれば，符号変化はもとの $\chi_{\lambda_1,\cdots,\lambda_i-v,\cdots,\lambda_n}{}^{(f-v)}$ の $(-1)^\nu$ 倍になっている．ν は鉤の '高さ' から 1 を減じた値に等しい．$(-1)^\nu$ を鉤 Γ の符号といい，$\mathrm{sgn}(\Gamma)$ と書く．例えば (図 3.7)

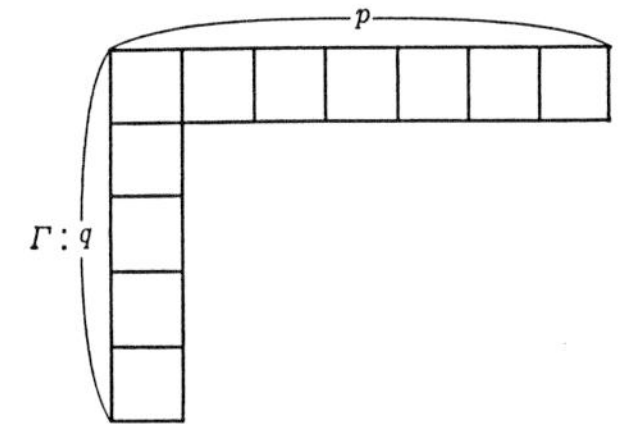

図 3.7

なる鉤 Γ の場合には,

$$\text{鉤の長さ} = p+q-1,$$
$$\text{鉤の高さ} = q,$$
$$\mathrm{sgn}(\Gamma) = (-1)^{q-1}$$

である.

沿岸道路化の操作を繰り返して行なったとき,標準形に到達しない場合は二つある.

一つは,v が大き過ぎて,場所 (i, λ_i) から出発した沿岸道路が第1列の下端まで来ているのに,未だ長さ v に達していない場合である.例えば図3.8の台で A から出る長さ >8 の沿岸道路は第1列の下端に来ても終わらない.

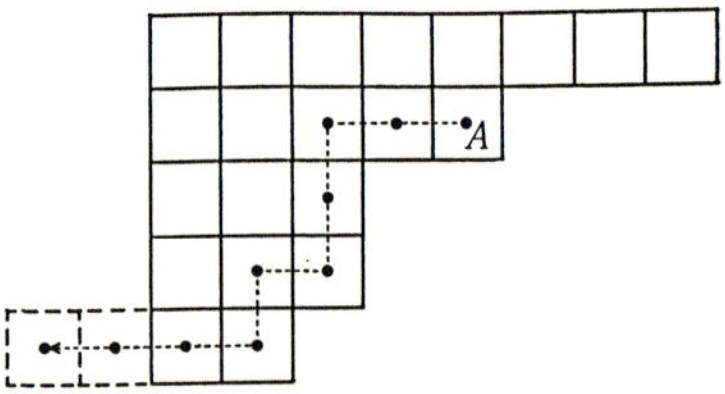

図3.8

これは最終の $\pm\chi_{\mu_1,\cdots,\mu_n}{}^{(f-v)}$ $(\mu_1\geqq\cdots\geqq\mu_n)$ において μ_n が <0 となる場合であるから,もとの $\chi_{\lambda_1,\cdots,\lambda_i-v,\cdots,\lambda_n}{}^{(f-v)}$ は $=0$ である.

もう一つの場合は,最終の沿岸道路の v 番目の小正方形のある場所が次の行の右端の真上にある場合である.例えば図3.9のごとくである.これは正規化の途中の $\pm\chi_{\mu_1,\cdots,\mu_n}{}^{(f-v)}$ において,ある j で $\mu_j=\mu_{j+1}-1$ となった場合であるから,もとの $\chi_{\lambda_1,\cdots,\lambda_i-v,\cdots,\lambda_n}{}^{(f-v)}=\pm\chi_{\mu_1,\cdots,\mu_n}{}^{(f-v)}=0$ となる.

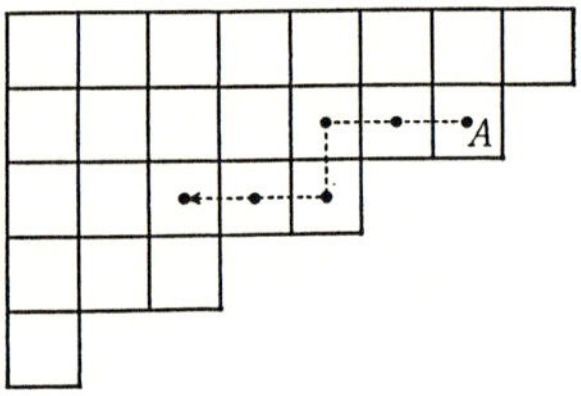

図3.9

以上をまとめると次の定理が得られる.

定理 3.17 (Nakayama の公式) f 次の台 D の定める $\mathfrak{S}_f$ の既約指標 $\chi_D{}^{(f)}$ に対して次が成り立つ.

$$\chi_D{}^{(f)}(\mathfrak{K}) = \sum_{\Gamma \in H_v(D)} \operatorname{sgn}(\Gamma)\chi_{D-\Gamma}{}^{(f-v)}(\mathfrak{K}-v).$$

ここで，和は D 中の長さ v の鉤 Γ の全体の集合 $H_v(D)$ 上にわたる．$D-\Gamma$ は D から鉤 Γ を除いて残部を詰め合わせた台である．$\mathfrak{K}$ は $\mathfrak{S}_f$ の共役類で，$\mathfrak{K}-v$ は $\mathfrak{K}$ から長さ v の巡回置換を一つ除いた型をもつ $\mathfrak{S}_{f-v}$ 中の共役類である．

特に，D 中に長さ v の鉤が存在せず，しかも $\mathfrak{K}$ 中に長さ v の巡回置換部分が存在するならば

$$\chi_D{}^{(f)}(\mathfrak{K}) = 0$$

である．——

例 3.14　$\mathfrak{S}_{10}$ の台 D (符号数 $(5, 4, 1)$ とする)．台 D 中に鉤の長さを書きこめば図 3.10 となる．

⑦	⑤	④	③	①
⑤	③	②	①	
①				

図 3.10

よって，6, 8, 9, 10 の長さの鉤は D 中に存在しないから，$\mathfrak{S}_{10}$ の共役類 $\mathfrak{K}$ が長さ 6, 8, 9, 10 のいずれかをもつ巡回置換部分を含めば，$\chi_{5,4,1}{}^{(10)}(\mathfrak{K})=0$ となる．また，$\mathfrak{K}$ の別の例として，型 $(7, 3)$ の共役類 $\mathfrak{K}_{7,3}$ をとると，上の公式から (長さ 3 の鉤に着目して)

$$\chi_{5,4,1}{}^{(10)}(\mathfrak{K}_{7,3}) = -\chi_{(3,3,1)}{}^{(7)}(7) + \chi_{(5,1,1)}{}^{(7)}(7).$$

右辺は補題 3.7 から $=0+1=1$ となる．

もちろん，前の公式 (Murnaghan の) によって

$$\begin{aligned}\chi_{5,4,1}(7, 3) &= \chi_{2,4,1}(7) + \chi_{5,1,1}(7) + \chi_{5,4,-2}(7) \\ &= -\chi_{3,3,1}(7) + \chi_{5,1,1}(7) = 1\end{aligned}$$

と計算してもよい．また，Nakayama の公式を (長さ 7 の鉤に着目して) 使って

$$\chi_{5,4,1}{}^{(10)}(\mathfrak{K}_{7,3}) = \chi_3{}^{(3)}(3) = 1$$

とやってもよい．——

さて Nakayama の公式の与える漸化式を繰り返し使って行けば，最後に得られる式は次の形になる．それを定理の形で述べておこう．

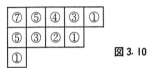

定理 3.18　f 次の台 D の定める $\mathfrak{S}_f$ の既約指標 $\chi_D^{(f)}$ が，型 $(l_1, \cdots, l_r)$ の共役類 $\mathfrak{K}_{l_1,\cdots,l_r}$ 上でとる値は次式で与えられる．

$$\chi_D^{(f)}(\mathfrak{K}_{l_1,\cdots,l_r}) = \sum_{(\Gamma_1,\cdots,\Gamma_r)\in H_{l_1,\cdots,l_r}(D)} \mathrm{sgn}(\Gamma_1)\,\mathrm{sgn}(\Gamma_2)\cdots\mathrm{sgn}(\Gamma_r).$$

ここで，$H_{l_1,\cdots,l_r}(D)$ は

$$\Gamma_1 \in H_{l_1}(D),\qquad \Gamma_2 \in H_{l_2}(D-\Gamma_1),\qquad \cdots,\qquad \Gamma_r \in H_{l_r}(D-\Gamma_1-\cdots-\Gamma_{r-1})$$

を満たすような鉤の列 $(\Gamma_1, \cdots, \Gamma_r)$ の全体からなる集合を意味する．($D-\Gamma_1-\Gamma_2$ は $(D-\Gamma_1)-\Gamma_2$ の略記である．) ——

この定理の応用として次の定理を得る．

定理 3.19　f 次の台 D とそれに共役な台 ${}^tD$ に対応する $\mathfrak{S}_f$ の既約指標 χ_D, $\chi_{{}^tD}$ の間には次の関係がある．

$$\chi_{{}^tD}(\tau) = \mathrm{sgn}(\tau)\chi_D(\tau).$$

すなわち，D, ${}^tD$ に対応する既約表現 ρ_D, $\rho_{{}^tD}$ の間に

$$\rho_{{}^tD} \sim \Delta\otimes\rho_D$$

が成り立つ．ここで，Δ は $\mathfrak{S}_f$ の 1 次表現 $\tau\mapsto\mathrm{sgn}(\tau)$ である．

証明　$(\Gamma_1, \cdots, \Gamma_r)\in H_{l_1,\cdots,l_r}(D)$ ならば，$({}^t\Gamma_1, \cdots, {}^t\Gamma_r)\in H_{l_1,\cdots,l_r}({}^tD)$ である．この対応で $H_{l_1,\cdots,l_r}(D)$ の元と $H_{l_1,\cdots,l_r}({}^tD)$ の元の間には 1:1 の対応がつく．さて，

$$\mathrm{sgn}({}^t\Gamma_1)\cdots\mathrm{sgn}({}^t\Gamma_r) = \varepsilon\,\mathrm{sgn}(\Gamma_1)\cdots\mathrm{sgn}(\Gamma_r)$$

とおいて，$\varepsilon=\pm1$ の値を調べよう．鉤 Γ_i の横幅を p_i，縦幅を q_i とすると，$\mathrm{sgn}(\Gamma_i)=(-1)^{q_i-1}$，$\mathrm{sgn}({}^t\Gamma_i)=(-1)^{p_i-1}$ だから，$\varepsilon_i=\mathrm{sgn}({}^t\Gamma_i)/\mathrm{sgn}(\Gamma_i)$ とおくと，$\varepsilon_i=(-1)^{p_i+q_i}$ である．一方，$p_i+q_i=l_i+1$ だから，$\varepsilon_i=(-1)^{l_i+1}$.

$$\therefore\quad \varepsilon=\varepsilon_1\cdots\varepsilon_r=(-1)^{l_1+\cdots+l_r+r}.$$

一方，$\tau\in\mathfrak{K}_{l_1,\cdots,l_r}$ なら $\mathrm{sgn}(\tau)=(-1)^{l_1-1}(-1)^{l_2-1}\cdots(-1)^{l_r-1}=(-1)^{l_1+\cdots+l_r-r}=\varepsilon$.
よって，$\varepsilon=\mathrm{sgn}(\tau)$ は一定だから

$$\chi_{{}^tD}(\mathfrak{K}_{l_1,\cdots,l_r})=\varepsilon\chi_D(\mathfrak{K}_{l_1,\cdots,l_r})=\mathrm{sgn}(\tau)\chi_D(\mathfrak{K}_{l_1,\cdots,l_r}).$$ ▌

例 3.15　§3.5, b) の方法で，$\mathfrak{S}_4$ を書き上げて，共役台に対応する指標値に着目して定理 3.19 を確かめてみよう．次頁の表では，共役台に対応する既約指標どうしを ⌐¬ で示すことにする．

注意　${}^tD=D$，すなわち，自己共役な D に対しては，奇置換 τ は，$\chi_D(\tau)=-\chi_D(\tau)$ を満たす．∴ $\chi_D(\tau)=0$．すなわち，自己共役台に対応する既約指標 χ は，$\mathfrak{A}_f$ を $\mathfrak{S}_f$ 中の交代群（偶置換全体よりなる $\mathfrak{S}_f$ の部分群）とすると，$\mathfrak{S}_f-\mathfrak{A}_f$ 上で 0 になる．

指標 ＼ 共役類	1^4	$2\cdot1^2$	2^2	$3\cdot1$	4	
単位指標 4	1	1	1	1	1	←
$3\cdot1$	3	1	-1	0	-1	←
2^2	2	0	2	-1	0	自己共役
$2\cdot1^2$	3	-1	-1	0	1	←
符号指標 1^4	1	-1	1	1	-1	←

問　題

以下，問題1–11では，対称群 $\mathfrak{S}_f$ を G，交代群 $\mathfrak{A}_f$ を H とする．f 次の台 D(符号数 $(\lambda_1, \cdots, \lambda_n)$) に対応する $\mathfrak{S}_f$ の既約表現を $\rho_D=\rho_{\lambda_1,\cdots,\lambda_n}$，その指標を $\chi_D=\chi_{\lambda_1,\cdots,\lambda_n}$ と書くことにする．

1　${}^tD\neq D$ ならば ρ_D の H への制限 $\rho_D|_H=\rho_D{}^0$ も既約であり，しかも $\rho_D|_H\sim\rho_{{}^tD}|_H$ であることを示せ．

［ヒント］　$(\chi_D, \chi_D)_H=|H|^{-1}\sum_{h\in H}\chi_D(h)\overline{\chi_D(h)}$ が $=1$ であることを示せばよい．$\chi_D(h)$ の値は実数(実は整数)だから，$\sum\chi_D(h)^2=|H|$ に帰す．$\chi_{{}^tD}$ と χ_D は直交し，H 上では一致し，$G-H$ 上では反対の符号をもつから，$\sum_{h\in H}\chi_D(h)^2-\sum_{x\in G-H}\chi_D(x)^2=0$．一方，$(\chi_D, \chi_D)_G=1$ だから，$\sum_{x\in G}\chi_D(x)^2=|G|$．これから目的の等式に達する．

2　${}^tD=D$ ならば $\rho_D|_H$ は H の二つの既約表現 ρ_D', ρ_D'' の直和に分解し，ここで $\rho_D'\nsim\rho_D''$ となることを示せ．

［ヒント］　H の相異なる既約指標を $\varphi_1, \varphi_2, \cdots$ とし，$\chi_D|_H=m_1\varphi_1+m_2\varphi_2+\cdots$ と表わしたとき，$m_i=1$ なる i がちょうど2カ所で他の $m_j=0$ をいえばよい．それには $m_1{}^2+m_2{}^2+\cdots=2$ をいえばよい．それには $(\chi_D, \chi_D)_H=2$ をいえばよい．χ_D が $G-H$ 上で0だから，$(\chi_D, \chi_D)_G=1$ より，$(\chi_D, \chi_D)_H=2$ が出る．

3　問題2の ρ_D' と ρ_D'' は，任意の奇置換 $s\in G-H$ に対して，$(\rho_D')^s\sim\rho_D''$ となることを示せ．ここで $(\rho_D')^s$ は次の表現である：$H\ni h\mapsto\rho_D'(shs^{-1})$．

［ヒント］　"群論"§8. 4, c) の Clifford の定理8. 18参照．

4　問題1の表現 $\rho_D{}^0$ (${}^tD\neq D$) に対して，誘導表現 $(\rho_D{}^0)^G$ は $\rho_D\oplus\rho_{{}^tD}$ に同値であることを示せ．

5　問題2の表現 ρ_D', ρ_D'' に対して，$(\rho_D')^G\sim(\rho_D'')^G\sim\rho_D$ となることを示せ．

6　$p(f)$ 個の f 次の台のうち，自己共役でないものを $D_1, {}^tD_1, D_2, {}^tD_2, \cdots, D_p, {}^tD_p$ の $2p$ 個とし，自己共役なものを $D_{p+1}, \cdots, D_{p+q}$ の q 個とすれば，問題1, 2にある $p+2q$ 個の H の既約表現 $\rho_{D_1}{}^0, \cdots, \rho_{D_p}{}^0, \rho_{D_{p+1}}{}', \rho_{D_{p+1}}{}'', \cdots, \rho_{D_{p+q}}{}', \rho_{D_{p+q}}{}''$ は互いに非同値で，しかも $H=\mathfrak{A}_f$ の既約表現類全体の完全代表系をなすことを示せ．

7　G の共役類 $\mathfrak{K}$ のうち H に含まれるものの個数を r，H に含まれないものの個数を

s とすれば，$r \geqq s$ であることを証明せよ．しかも $r-s$ は ${}^tD=D$ なる f 次の台 D の個数に等しいことを示せ．

8　G の共役類 $\mathfrak{K}$ が H に含まれるとする．このとき $\mathfrak{K}$ が H の共役類となるための必要十分条件は，$\mathfrak{K}$ の元 σ に対し，σ の G における中心化群 $Z_\sigma=\{x \in G \mid \sigma x=x\sigma\}$ が H に含まれないことである．これを証明せよ．(このような $\mathfrak{K}$ を非分裂共役類という．)

9　G の共役類 $\mathfrak{K}$ が H に含まれるとする．$\mathfrak{K}$ の元 σ に対し，σ の G における中心化群 Z_σ が H に含まれるならば，$\mathfrak{K}$ は H 中の二つの共役類 $\mathfrak{K}'$, $\mathfrak{K}''$ $(|\mathfrak{K}'|=|\mathfrak{K}''|)$ からなることを示せ．(このような $\mathfrak{K}$ を分裂共役類という．)

10　G の共役類 $\mathfrak{K}$ の型が $(l_1, \cdots, l_r)$ $(l_1 \geqq \cdots \geqq l_r>0)$ であるとする．このとき

$$\mathfrak{K} \text{ が分裂共役類} \Longleftrightarrow l_1 > \cdots > l_r, \text{ かつ } l_i \text{ はどれも奇数}$$

を示せ．

11　D を f 次の自己共役台とし，D の符号数を $(m_1, m_2, \cdots, m_s)$ $(m_1 \geqq \cdots \geqq m_s>0)$ とし，D の主対角線の長さを k とする．このとき $q_1=2m_1-1$, $q_2=2m_2-3$, $\cdots$, $q_k=2m_k-(2k-1)$ とおく．すると，

$$q_1+q_2+\cdots+q_k=f$$

を示せ．

また，型 $(q_1, q_2, \cdots, q_k)$ なる G の分裂共役類を $\mathfrak{K}_D$ とするとき，次を証明せよ．

(i)　G の共役類 $\mathfrak{K} \neq \mathfrak{K}_D$ に対しては $\chi_D(\mathfrak{K})=$偶数，

(ii)　$\chi_D(\mathfrak{K}_D)=(-1)^{(f-k)/2}$.

[ヒント]　型 $(l_1, \cdots, l_r)$ $(l_1 \geqq \cdots \geqq l_r>0)$ の G の共役類 $\mathfrak{K}$ と，鉤の列の集合 $H_{l_1,\cdots,l_r}(D)$ を考える (§3.7，定理3.18)．$(\Gamma_1, \cdots, \Gamma_r) \in H_{l_1,\cdots,l_r}(D)$ なら $({}^t\Gamma_1, \cdots, {}^t\Gamma_r) \in H_{l_1,\cdots,l_r}(D)$ である $(\because\ {}^tD=D)$．よって $H_{l_1,\cdots,l_r}(D)$ 中に $(\Gamma_1, \cdots, \Gamma_r)=({}^t\Gamma_1, \cdots, {}^t\Gamma_r)$ なる列がなければ，$H_{l_1,\cdots,l_r}(D)$ の列は二つずつ組になっているから，定理3.18と $\mathrm{sgn}(\Gamma_1)\cdots\mathrm{sgn}(\Gamma_r)=\pm\mathrm{sgn}({}^t\Gamma_1)\cdots\mathrm{sgn}({}^t\Gamma_r)$ により $\chi_D(\mathfrak{K})=$偶数．もし $H_{l_1,\cdots,l_r}(D)$ 中に $(\Gamma_1, \cdots, \Gamma_r)=({}^t\Gamma_1, \cdots, {}^t\Gamma_r)$ なる列が存在すれば，${}^tD=D$ と ${}^t\Gamma_1=\Gamma_1$ とから，Γ_1 の角は D の主対角線上にある．${}^t(D-\Gamma_1)=D-\Gamma_1$ と ${}^t\Gamma_2=\Gamma_2$ から，Γ_2 の角も D の主対角線上にある．以下同様に，$\Gamma_1, \cdots, \Gamma_r$ の角はすべて D の主対角線上にある．$D-\Gamma_1-\cdots-\Gamma_r=\phi$ より $r=k$．$l_1 \geqq \cdots \geqq l_r$ より，$\Gamma_1, \Gamma_2, \cdots$ の角の位置は D の $(1,1), (2,2), \cdots$ である．よって，$l_1=2m_1-1$, $l_2=2m_2-3$, $\cdots$, $l_k=2m_k-(2k-1)$ となる．よって，このような $l_1, \cdots, l_r$ は一意確定で，そのとき $H_{l_1,\cdots,l_k}(D)$ は上述の $(\Gamma_1, \cdots, \Gamma_k)$ のみからなる．よって，型 $(q_1, \cdots, q_k)$ の共役類 $\mathfrak{K}_D$ に対しては $\chi_D(\mathfrak{K}_D)=\mathrm{sgn}(\Gamma_1)\cdots\mathrm{sgn}(\Gamma_r)=\pm 1$.

[付記]　$\mathfrak{A}_f$ の既約表現(問題6) $\rho_{D_1}{}^0, \cdots, \rho_{D_p}{}^0, \rho_{D_{p+1}}{}', \rho_{D_{p+1}}{}'', \cdots, \rho_{D_{p+q}}{}', \rho_{D_{p+q}}{}''$ の指標をそれぞれ $\varphi_{D_1}{}^0, \cdots, \varphi_{D_p}{}^0, \varphi_{D_{p+1}}{}', \varphi_{D_{p+1}}{}'', \cdots, \varphi_{D_{p+q}}{}', \varphi_{D_{p+q}}{}''$ とする．$\mathfrak{A}_f$ の非分裂共役類を $\mathfrak{K}_{l_1,\cdots,l_r}$，分裂共役類を $\mathfrak{K}_{l_1,\cdots,l_r}=\mathfrak{K}_{l_1,\cdots,l_r}{}' \cup \mathfrak{K}_{l_1,\cdots,l_r}{}''$ とする ($\mathfrak{K}'$, $\mathfrak{K}''$ は $\mathfrak{A}_f$ 中の共役類)．$\varphi_{D_i}{}^0(\mathfrak{K}_{l_1,\cdots,l_r})$, $\varphi_{D_i}{}^0(\mathfrak{K}_{l_1,\cdots,l_r}{}')$, $\varphi_{D_i}{}^0(\mathfrak{K}_{l_1,\cdots,l_r}{}'')$ の値は $\mathfrak{S}_f$ の場合の指標値から直ぐ出る：

$$\varphi_{D_i}{}^0(\mathfrak{K}_{l_1,\cdots,l_r})=\chi_{D_i}(\mathfrak{K}_{l_1,\cdots,l_r}),$$

$$\varphi_{D_i}{}^0(\mathfrak{K}_{l_1,\cdots,l_r}{}')=\chi_{D_i}(\mathfrak{K}_{l_1,\cdots,l_r}),$$
$$\varphi_{D_i}{}^0(\mathfrak{K}_{l_1,\cdots,l_r}{}'')=\chi_{D_i}(\mathfrak{K}_{l_1,\cdots,l_r}).$$

問題は $\varphi_{D_j}{}'$, $\varphi_{D_j}{}''$ が $\mathfrak{K}_{l_1,\cdots,l_r}{}'$, $\mathfrak{K}_{l_1,\cdots,l_r}{}''$ でとる値であるが，これについては次の Frobenius の定理がある.

[定理 (Frobenius)**]**　${}^tD=D$ とすると，

(i)　$\mathfrak{K}_{l_1,\cdots,l_r}\neq\mathfrak{K}_D$ ($\mathfrak{K}_D$ は問題 11 の意味である) ならば，

$$\begin{bmatrix}\varphi_{D}{}'(\mathfrak{K}_{l_1,\cdots,l_r}{}') & \varphi_{D}{}'(\mathfrak{K}_{l_1,\cdots,l_r}{}'')\\ \varphi_{D}{}''(\mathfrak{K}_{l_1,\cdots,l_r}{}') & \varphi_{D}{}''(\mathfrak{K}_{l_1,\cdots,l_r}{}'')\end{bmatrix}=\begin{bmatrix}\dfrac{1}{2}\chi_D(\mathfrak{K}_{l_1,\cdots,l_r}) & \dfrac{1}{2}\chi_D(\mathfrak{K}_{l_1,\cdots,l_r})\\ \dfrac{1}{2}\chi_D(\mathfrak{K}_{l_1,\cdots,l_r}) & \dfrac{1}{2}\chi_D(\mathfrak{K}_{l_1,\cdots,l_r})\end{bmatrix}.$$

(ii)
$$\begin{bmatrix}\varphi_{D}{}'(\mathfrak{K}_{D}{}') & \varphi_{D}{}'(\mathfrak{K}_{D}{}'')\\ \varphi_{D}{}''(\mathfrak{K}_{D}{}') & \varphi_{D}{}''(\mathfrak{K}_{D}{}'')\end{bmatrix}=\begin{bmatrix}\xi & \eta\\ \eta & \xi\end{bmatrix}.$$

ただし

$$\xi,\eta=\frac{\varepsilon\pm\sqrt{p\varepsilon}}{2},\qquad \varepsilon=(-1)^{(f-k)/2},\qquad p=q_1\cdots q_k$$

とする．ここで，k は D の主対角線の長さであり，$q_1,\cdots,q_k$ は自己共役台 D に対し，問題 11 で述べた量である．——

この定理の証明は現在までのところ，f に関する帰納法による Frobenius の原証明しか知られていない．それはかなり面倒なので紙数の制限上割愛せざるを得ない．Frobenius の定理の一部分と，次の事実との関係 (同値性 !) を示す興味ある論文がある (B. Kostant: A Theorem of Frobenius, a Theorem of Amitsur-Levitski and Cohomology Theory, Journal of Mathematics and Mechanics, 7, 1958, pp. 237-264)．その事実とは，次の (i) および (ii) である．

(i)　n 次ユニタリ行列全体のなすコンパクト群 $U(n)$ の Poincaré 多項式は $(1+t)(1+t^3)\cdots(1+t^{2n-1})$ である．

(ii)　$M_n(\boldsymbol{C})\times\cdots\times M_n(\boldsymbol{C})$ (k 個) から $M_n(\boldsymbol{C})$ への複線型写像 Φ_k を

$$\Phi_k(A_1,\cdots,A_k)=\sum_{\sigma\in\mathfrak{S}_k}\operatorname{sgn}(\sigma)A_{\sigma(1)}\cdots A_{\sigma(k)}$$

で定義するとき，Φ_k が零写像となる k の最小値は $2n$ である (Amitsur-Levitski の定理)．

12　4 次交代群 $\mathfrak{A}_4$ の指標表は次のようになることを示せ．

指標＼共役類	1^4	2^2	分裂 $(3,1)_1$	分裂 $(3,1)_2$
$4;\ 1^4$	1	1	1	1
$3\cdot1;\ 2\cdot1^2$	3	-1	0	0
$[2^2]_1$	1	1	ω	ω^2
$[2^2]_2$	1	1	ω^2	ω

(ω : 1 の原始 3 乗根)

13　5 次対称群 $\mathfrak{S}_5$ の指標表が次のようになることを §3.5 の方法により確かめよ．

共役類 / 指標	1^5	$1^3\cdot 2$	$1^2\cdot 3$	$1\cdot 4$	$1\cdot 2^2$	$2\cdot 3$	5
5	1	1	1	1	1	1	1
$4\cdot 1$	4	2	1	0	0	−1	−1
$3\cdot 2$	5	1	−1	−1	1	1	0
$3\cdot 1^2$	6	0	0	0	−2	0	1
$2^2\cdot 1$	5	−1	−1	1	1	−1	0
$2\cdot 1^3$	4	−2	1	0	0	1	−1
1^5	1	−1	1	−1	1	−1	1

14　$\mathfrak{S}_{10}$ の指標値 $\chi_{4,2,2,1,1}(4,1^6)$ を求めよ (答 : 9).

15　有限群 Γ の n 個の直積を $\Gamma^n=\Gamma\times\cdots\times\Gamma$ (n 個) とする. Γ^n と $\mathfrak{S}_n$ の半直積である群 Δ を $\Delta=\Gamma^n\mathfrak{S}_n$, $\sigma(\gamma_1,\cdots,\gamma_n)\sigma^{-1}=(\gamma_{\sigma^{-1}(1)},\cdots,\gamma_{\sigma^{-1}(n)})$ ($\gamma_i\in\Gamma$, $\sigma\in\mathfrak{S}_n$) で定義する. このとき Δ の共役類の個数 N は, Γ の共役類の個数 k を用いて次のようになることを示せ.

$$(1+p(1)z+p(2)z^2+\cdots)^k=1+a_1z+a_2z^2+\cdots$$

とおけば, $N=a_n$.

16[1]　問題15の群 Δ の互いに非同値な N 個の既約表現が次のようにしてすべて作れることを示せ. まず $W_1,\cdots,W_k$ は互いに $\boldsymbol{C}[\Gamma]$ 同型でない既約な $\boldsymbol{C}[\Gamma]$ 加群とする.

(i)　$i_1+\cdots+i_k=n$, $i_1\geqq 0,\cdots,i_k\geqq 0$ なる整数の組 $(i_1,\cdots,i_k)$ と, $\mathfrak{S}_{i_1}\times\cdots\times\mathfrak{S}_{i_k}(\subset\mathfrak{S}_n)$ の既約表現 (ρ,V') とから, $K=\Gamma^n(\mathfrak{S}_{i_1}\times\cdots\times\mathfrak{S}_{i_k})$ の表現空間 W' を次のように作る:

$$W'=T^{i_1}(W_1)\otimes\cdots\otimes T^{i_k}(W_k).$$

ここで, $T^i(U)=U\otimes\cdots\otimes U$ (i 個) とし, K の作用は $(\gamma_1,\cdots,\gamma_n)\sigma\cdot(w_1\otimes\cdots\otimes w_n)=\gamma_1w_{\sigma^{-1}(1)}\otimes\cdots\otimes\gamma_nw_{\sigma^{-1}(n)}$ で定義する ($\gamma_i\in\Gamma$, $\sigma\in\mathfrak{S}_{i_1}\times\cdots\times\mathfrak{S}_{i_k}$). $K/\Gamma^n=\mathfrak{S}_{i_1}\times\cdots\times\mathfrak{S}_{i_k}$ により, V' を $\boldsymbol{C}[K]$ 加群とみなせば, $W=W'\otimes V'$ も $\boldsymbol{C}[K]$ 加群になる. $V=\mathrm{Ind}^{\Delta}{}_K(W)$ (誘導表現) とおいて Δ の表現空間 V を作る. すると V は既約である.

(ii)　このようにして生ずる N 個の既約表現は互いに非同値で, Δ の全既約表現類の完全代表系を与える.

17　$\mathfrak{S}_{2n}$ 中に型 (2^n) の共役類 $\mathfrak{K}$ をとる. $\sigma\in\mathfrak{K}$ の $\mathfrak{S}_{2n}$ 中の中心化群を W_n とするとき, 次を示せ.

(i)　$|W_n\backslash\mathfrak{S}_{2n}/W_n|=p(n)$.

(ii)　W_n の単位指標 1_{W_n} から誘導される $\mathfrak{S}_{2n}$ の指標を χ とすると, $\chi=\sum_{\lambda}\chi_{2\lambda}{}^{(f)}$, ここで $\lambda=(\lambda_1,\cdots,\lambda_n)$ は n の広義分割のなす集合 $M_n{}^{(n)}$ 上を動く.

(iii)　W_n は問題15において, Γ として位数2の巡回群をとったときの群 Δ に同型である.

18　$\mathfrak{S}_n$ の共役類 $\mathfrak{K}$ に対し, $\boldsymbol{C}[\mathfrak{S}_n]$ の部分空間 $V_{\mathfrak{K}}$ を $V_{\mathfrak{K}}=\sum_{\sigma\in\mathfrak{K}}\boldsymbol{C}\sigma$ で定義し, $\mathfrak{S}_n$ の V 上の表現 $\rho_{\mathfrak{K}}$ を,

1)　この結果は田中洋平氏 (現在東京大学理学部数学科4年生) による.

$$\rho_{\mathfrak{K}}(\tau)x = \tau x \tau^{-1} \qquad (\tau \in \mathfrak{S}_n,\ x \in V)$$

で定義する．$n=6$，$\mathfrak{K}$ の型 $(2,2,2)$ のとき，$\rho_{\mathfrak{K}}$ を既約成分に分解せよ．

19　問題18の $\rho_{\mathfrak{K}}$ の直和 $\bigoplus_{\mathfrak{K}} \rho_{\mathfrak{K}}$ ($\mathfrak{K}$ は $\mathfrak{S}_n$ の共役類全体を動く) を ρ とする．ρ 中に $\mathfrak{S}_n$ の既約表現 ρ_D が含まれる回数は $\sum_{\mathfrak{K}} \chi_D(\mathfrak{K})$ に等しいことを証明せよ．(χ_D は ρ_D の指標，D は n 次の台.)　D の符号数が (n)，(1^n) のとき，この回数はそれぞれ $p(n)$ と n 次の自己共役台の個数とに等しいことを示せ．

20　問題7を次のように一般化する：有限群 G の部分群 H が $[G:H]=2$ を満たせば，H 中に含まれる G の共役類の個数 r から，H 中に含まれない G の共役類の個数 s を引いた値 $r-s$ は，$G-H$ 上で0となるような G の複素既約指標の個数に等しい．これを示せ．

21　有限群 G の共役類を $\mathfrak{K}_1, \cdots, \mathfrak{K}_r$ とし，G の複素既約指標を $\chi_1, \cdots, \chi_r$ とする．($i \neq j$ のとき $\mathfrak{K}_i \neq \mathfrak{K}_j$，$\chi_i \neq \chi_j$ とする．r は G の共役類の個数である.)　このとき，G の自己同型 θ に対して，$\theta(\mathfrak{K}_i) = \mathfrak{K}_i$ なる $\mathfrak{K}_i$ の個数は，$\chi_j{}^\theta = \chi_j$ なる χ_j の個数に等しいことを示せ．ここで $\chi_j{}^\theta(x) = \chi_j(\theta(x))$ $(x \in G)$ である．

［ヒント］　θ が $\mathfrak{K}_1, \cdots, \mathfrak{K}_r$；$\chi_1, \cdots, \chi_r$ 上にひきおこす置換をそれぞれ $\sigma \in \mathfrak{S}_r$，$\tau \in \mathfrak{S}_r$ とし，σ, τ に対応する置換行列を P, Q とすると，行列 $A = (\chi_i(\mathfrak{K}_j))$ は $\chi_i{}^\theta(\theta^{-1}(\mathfrak{K}_j)) = \chi_i(\mathfrak{K}_j)$ を満たす．$\therefore\ \chi_{\tau(i)}(\mathfrak{K}_{\sigma^{-1}(j)}) = \chi_i(\mathfrak{K}_j)$．$\therefore\ QAP^{-1} = A$．ここで $\det A \neq 0$ を用いて $\mathrm{Tr}(Q) = \mathrm{Tr}(P)$ を得る．

22　問題21を G が f 次交代群，θ が互換 $(1,2)$ による f 次対称群の内部自己同型によってひきおこされる G の自己同型の場合に適用して，問題3の別解を与えよ．

第4章　一般線型群に関する テンソル空間の分解

複素数体 $\boldsymbol{C}$ 上のベクトル空間 V ($\dim V=n$) の f 個のテンソル積 $T=T_f(V)=V\otimes\cdots\otimes V$ を表現空間として，対称群 $\mathfrak{S}_f$ と一般線型群 $GL(V)$ の表現が自然に定まる．これらをそれぞれ ρ_1, ρ_2 とするとき，$\rho_1(\mathfrak{S}_f)$ および $\rho_2(GL(V))$ の元の1次結合全体をそれぞれ R, S とすれば，

$$\mathrm{End}_R(T)=S, \qquad \mathrm{End}_S(T)=R$$

という基本的関係が成り立つ．したがって，§1.5の定理1.26が使えて，テンソル空間 T の $\mathfrak{S}_f$ と $GL(V)$ の作用の下での既約成分への分解状況が判明する．それが有名な H. Weyl の相互律(テンソル解析の基本定理と Weyl は呼んでいる)であって，本章の目的はこれを述べることにある．

§4.1　対称群のテンソル空間上の表現

V を複素数体 $\boldsymbol{C}$ 上の n 次元ベクトル空間 ($n<\infty$) とする．自然数 f に対し，V の f 個のテンソル積

$$V\otimes\cdots\otimes V \qquad (f\text{ 個}),$$

すなわち，f 次反変テンソル全体のなす集合を $T_f(V)$ と書く．以下，混乱の恐れがないときには，$T_f(V)$ を T_f あるいは T と略記する．T は $\boldsymbol{C}$ 上の n^f 次元のベクトル空間をなしている．

さて，f 次対称群 $\mathfrak{S}_f$ の元 τ に対して，線型写像

$$\rho_1(\tau):\ T\longrightarrow T$$

を次のように定義することができる：$x_1, \cdots, x_f\in V$ として

$$\rho_1(\tau)(x_1\otimes\cdots\otimes x_f)=x_{\tau^{-1}(1)}\otimes\cdots\otimes x_{\tau^{-1}(f)}.$$

すると，$\tau, \sigma\in\mathfrak{S}_f$ に対して

$$\rho_1(\tau\sigma)=\rho_1(\tau)\rho_1(\sigma)$$

が成り立つ．

問　これを検証せよ．$\rho_1(\tau)$ の代りに $\rho_1'(\tau)(x_1\otimes\cdots\otimes x_f)=x_{\tau(1)}\otimes\cdots\otimes x_{\tau(f)}$ で $\rho_1'(\tau)$ を定義すれば，ρ_1' は逆準同型写像，すなわち，$\rho_1'(\tau\sigma)=\rho_1'(\sigma)\rho_1'(\tau)$ となることを確かめよ．——

さらに，$\rho_1(1)=1_T$ となるから，$\rho_1(\tau)\in GL(T)$ $(\tau\in\mathfrak{S}_f)$ を得る．よって，ρ_1 は $\mathfrak{S}_f\to GL(T)$ なる群の間の準同型写像，すなわち，T を表現空間とする $\mathfrak{S}_f$ の表現である．したがって，$\mathfrak{S}_f$ の $\boldsymbol{C}$ 上の群環 $\boldsymbol{C}[\mathfrak{S}_f]$ の表現 $\boldsymbol{C}[\mathfrak{S}_f]\to\mathrm{End}(T)$ がひきおこされる．この表現もやはり ρ_1 で表わす．このようにして，T は(左) $\boldsymbol{C}[\mathfrak{S}_f]$ 加群となる．線型環の準同型写像

$$\rho_1\colon\ \boldsymbol{C}[\mathfrak{S}_f]\longrightarrow\mathrm{End}(T)$$

における ρ_1 の核 $\mathrm{Ker}\,\rho_1=\{a\in\boldsymbol{C}[\mathfrak{S}_f]\mid\rho_1(a)=0\}$ を決定しよう．f 次の台の全体を $D_1,\cdots,D_{p(f)}$ とし，台 D に対応する $\boldsymbol{C}[\mathfrak{S}_f]$ の単純成分(§2.4参照)を $\mathfrak{a}(D)$ とすれば，$\boldsymbol{C}[\mathfrak{S}_f]=\mathfrak{a}(D_1)\oplus\cdots\oplus\mathfrak{a}(D_{p(f)})$ が群環 $\boldsymbol{C}[\mathfrak{S}_f]$ の単純成分への分解である．よって，$\mathrm{Ker}\,\rho_1$ はいくつかの $\mathfrak{a}(D_i)$ の直和となる．よって，$\mathrm{Ker}\,\rho_1\supset\mathfrak{a}(D)$ となるような D を決定すればよい．

定理 4.1　f 次の台 D の符号数を $(\lambda_1,\cdots,\lambda_k)$ $(\lambda_1\geqq\cdots\geqq\lambda_k>0)$ とすれば(k は台 D の深さである)，

$$\mathrm{Ker}\,\rho_1\supset\mathfrak{a}(D)\iff k>n=\dim V.$$

証明　($\Longleftarrow$)：台 D 上の盤 B を次のように作る．第1列の文字は上から下へ順に $1,2,\cdots,k$ とし，第2列の文字は上から下へ順に $k+1,k+2,\cdots,l$ とし，第3列の文字は上から下へ順に $l+1,l+2,\cdots$ とし，以下同様に進んで D 上に1から f まで書きこむ．このとき，盤 B の定める $\boldsymbol{C}[\mathfrak{S}_f]$ の極小左イデアル $\mathfrak{l}_B=\boldsymbol{C}[\mathfrak{S}_f]c_B$ (定理2.2参照)が $\mathrm{Ker}\,\rho_1$ に含まれることをいえばよい．なぜなら，$\mathfrak{l}_B$ を含む $\boldsymbol{C}[\mathfrak{S}_f]$ の単純成分が $\mathfrak{a}(D)$ であるから，$\mathrm{Ker}\,\rho_1\supset\mathfrak{l}_B$ より，$\mathrm{Ker}\,\rho_1\supset\mathfrak{a}(D)$ を得るからである．

さて，$\mathrm{Ker}\,\rho_1\supset\mathfrak{l}_B$ をいうには，$\rho_1(c_B)=0$ をいえば十分である．$c_B=e_1e_2$，ただし e_1,e_2 は B の水平置換群 $\mathfrak{H}_B$ と垂直置換群 $\mathfrak{R}_B$ を用いて

$$e_1=a_B=\frac{1}{|\mathfrak{H}_B|}\sum_{\sigma\in\mathfrak{H}_B}\sigma,\qquad e_2=b_B=\frac{1}{|\mathfrak{R}_B|}\sum_{\sigma\in\mathfrak{R}_B}\mathrm{sgn}\,(\sigma)\sigma$$

であったから，$\rho_1(e_1)\rho_1(e_2)=0$ をいえばよい．実は $\rho_1(e_2)=0$ となることを示そう．盤 B の第 i 列の文字のなす集合を Ω_i とし，各 j $(1\leqq j\leqq\lambda_1,\ j\neq i)$ に対して

Ω_j の各元を固定するような $\sigma\in\mathfrak{K}_B$ の全体からなる $\mathfrak{K}_B$ の部分群を $\mathfrak{K}_i$ $(i=1,\cdots,\lambda_1)$ とすれば，$\mathfrak{K}_B=\mathfrak{K}_1\times\cdots\times\mathfrak{K}_{\lambda_1}$ であり，

$$e_2 = a_1a_2\cdots a_{\lambda_1}$$

と書ける．ここで

$$a_i = \frac{1}{|\mathfrak{K}_i|}\sum_{\sigma\in\mathfrak{K}_i}\operatorname{sgn}(\sigma)\sigma$$

である．$\mathfrak{K}_i$ は $|\Omega_i|$ 次の対称群に同型であることに注意する．また $\mathfrak{K}_i, \mathfrak{K}_j$ の 2 元の可換性から，$a_1,\cdots,a_{\lambda_1}$ は互いに可換である．よって，$\rho_1(e_2)=\rho_1(a_{\lambda_1})\cdots\rho_1(a_1)$ である．$\rho_1(a_1)=0$ を示せばよい．さて $\Omega_1=\{1,2,\cdots,k\}$ であるから

$$\rho_1(a_1)(x_1\otimes\cdots\otimes x_f) = \frac{1}{k!}\sum_{\sigma\in\mathfrak{K}_1}\operatorname{sgn}(\sigma)(x_{\sigma^{-1}(1)}\otimes\cdots\otimes x_{\sigma^{-1}(k)}\otimes x_{k+1}\otimes\cdots\otimes x_f).$$

よって，

$$v = \frac{1}{k!}\sum_{\sigma\in\mathfrak{K}_1}\operatorname{sgn}(\sigma)(x_{\sigma^{-1}(1)}\otimes\cdots\otimes x_{\sigma^{-1}(k)})$$

とおけば，$\rho_1(a_1)(x_1\otimes\cdots\otimes x_f)=v\otimes x_{k+1}\otimes\cdots\otimes x_f$ となる．よって，$v=0$ をいえばよい．ところが，v は $T_k(V)$ 中の交代テンソルで，$k>\dim V=n$ であるから，$v=0$ となる．実際，V の基底 $e_1,\cdots,e_n$ を用いて $x_i=\sum_j\alpha_{ij}e_j$ $(1\leqq i\leqq k)$ とおけば，

$$v = \frac{1}{k!}\sum_{\sigma,j_1,\cdots,j_k}\operatorname{sgn}(\sigma)\alpha_{\sigma^{-1}(1)j_1}\cdots\alpha_{\sigma^{-1}(k)j_k}e_{j_1}\otimes\cdots\otimes e_{j_k} = \sum_{j_1,\cdots,j_k}\beta_{j_1\cdots j_k}e_{j_1}\otimes\cdots\otimes e_{j_k}$$

となる．ここで $\beta_{j_1\cdots j_k}$ は

$$\beta_{j_1\cdots j_k} = \frac{1}{k!}\sum_{\sigma}\operatorname{sgn}(\sigma)\alpha_{\sigma^{-1}(1)j_1}\cdots\alpha_{\sigma^{-1}(k)j_k}$$

で与えられ，$j_1,\cdots,j_k$ について交代な量である：$\beta_{ji\cdots}=-\beta_{ij\cdots}$ etc. さて，各 $\beta_{j_1\cdots j_k}$ に対し，$j_1,\cdots,j_k$ は $\{1,\cdots,n\}$ に属し，$k>n$ だから $j_1,\cdots,j_k$ 中には少なくとも二つの相等しいものがある．それを例えば $j_1=j_2$ とすれば，$\beta_{j_1j_2\cdots j_k}=-\beta_{j_1j_2\cdots j_k}$．よって，$\beta_{j_1\cdots j_k}=0$. $\therefore$ $v=0$.

($\Longrightarrow$)：$k\leqq n$ として，$\operatorname{Ker}\rho_1\cap\mathfrak{a}(D)=0$ をいえばよい．それには D 上の盤 B を作って，$\rho_1(c_B)T\neq0$ となることを示せばよい．いま V の基底を $e_1,\cdots,e_n$ とし，T の元

$$x = \underbrace{e_1\otimes\cdots\otimes e_1}_{\lambda_1\text{個}}\otimes\underbrace{e_2\otimes\cdots\otimes e_2}_{\lambda_2\text{個}}\otimes\cdots\otimes\underbrace{e_k\otimes\cdots\otimes e_k}_{\lambda_k\text{個}}$$

を考える．盤 B は第1行の文字が左から右へ順に $1, 2, \cdots, \lambda_1$，第2行の文字が左から右へ順に $\lambda_1+1, \cdots, \lambda_1+\lambda_2, \cdots$ と以下同様に進んで，D 上に1から f まで書きこむ．$\rho_1(c_B)x \neq 0$ を示そう．$\mathfrak{S}_f$ の逆自己同型 $\sigma \mapsto \sigma^{-1}$ からひきおこされる群環 $\boldsymbol{C}[\mathfrak{S}_f]$ の逆自己同型を $a \mapsto \hat{a}$ とすれば，$\boldsymbol{C}[\mathfrak{S}_f]$ の各イデアル $\mathfrak{a}$ に対し $\hat{\mathfrak{a}}=\mathfrak{a}$ であった(§2.4参照)から，$\rho_1(c_B)x \neq 0$ をいうには，$\rho_1(\hat{c}_B)x \neq 0$ をいえばよい．前半の記号を用いて，$\hat{c}_B=\hat{e}_2\hat{e}_1$ であるが，$\hat{e}_1=e_1$，$\hat{e}_2=e_2$ であるから，$\hat{c}_B=e_2e_1$ である．x の形から，$\rho_1(e_1)x=x$ である．よって，$\rho_1(e_2)x \neq 0$ をいえばよい．さて，D の第 i 列の長さを μ_i $(i=1, \cdots, \lambda_1)$ とする．$\rho_1(e_2)x$ の計算を見易くするために，$T=T_f(V)$ から T への‘成分の並べかえ’による線型写像，すなわち，ある $\tau \in \mathfrak{S}_f$ を適当にとれば，

$$\rho_1(\tau)x = e_1\otimes e_2\otimes\cdots\otimes e_{\mu_1}\otimes e_1\otimes e_2\otimes\cdots\otimes e_{\mu_2}\otimes\cdots\otimes e_1\otimes\cdots\otimes e_{\mu_p} \qquad (p=\lambda_1)$$

となる．そこで，台 D の盤 B' を次のように作る：B' の第1列の文字は上から順に $1, 2, \cdots, \mu_1$，B' の第2列の文字は上から順に $\mu_1+1, \cdots, \mu_1+\mu_2$，etc. と最後の列まで進む．すると，

$$e_2' = \frac{1}{|\mathfrak{R}_{B'}|}\sum_{\sigma \in \mathfrak{R}_{B'}} \operatorname{sgn}(\sigma)\sigma$$

とおいて，$\rho_1(\tau)^{-1}\rho_1(e_2')\rho_1(\tau)x$ がもとの $\rho_1(e_2)x$ に等しいことがわかる．$\rho_1(\tau) \in GL(T)$ だから，$\rho_1(e_2)x \neq 0$ をいうには $\rho_1(e_2')\rho_1(\tau)x \neq 0$ をいえばよい．盤 B' の第 i 列の文字のなす集合を Ω_i' とし，$\{1, \cdots, f\}-\Omega_i'$ の各文字を固定するような $\sigma \in \mathfrak{R}_{B'}$ の全体からなる $\mathfrak{R}_{B'}$ の部分群を $\mathfrak{R}_i'$ $(i=1, \cdots, \lambda_1)$ とすると，前と同様に，$\mathfrak{R}_{B'}=\mathfrak{R}_1'\times\cdots\times\mathfrak{R}_p'$，$e_2'=a_1'\cdots a_p'$ となる．ここで $p=\lambda_1$，

$$a_i' = \frac{1}{|\mathfrak{R}_i'|}\sum_{\sigma \in \mathfrak{R}_i'} \operatorname{sgn}(\sigma)\sigma$$

である．よって，

$$\begin{aligned}\rho_1(e_2')\rho_1(\tau)x &= \rho(a_1')\cdots\rho(a_p')(e_1\otimes\cdots\otimes e_{\mu_1}\otimes\cdots\otimes e_1\otimes\cdots\otimes e_{\mu_p}) \\ &= \rho(a_1')(e_1\otimes\cdots\otimes e_{\mu_1})\otimes\rho(a_2')(e_1\otimes\cdots\otimes e_{\mu_2})\otimes\cdots \\ &\quad \otimes\rho(a_p')(e_1\otimes\cdots\otimes e_{\mu_p})\end{aligned}$$

となる．これが $\neq 0$ であることをいうには

$$\rho(a_i')(e_1\otimes\cdots\otimes e_{\mu_i}) \neq 0 \qquad (i=1, \cdots, p)$$

をいえばよいが，左辺は $e_1\otimes\cdots\otimes e_{\mu_i}$ の交代化テンソルで，かつ $\mu_i \leqq \mu_1 = k \leqq \dim$

V だから，$e_1, \cdots, e_{\mu_i}$ の1次独立性により $\rho(a_i')(e_1\otimes\cdots\otimes e_{\mu_i})=e_1\wedge\cdots\wedge e_{\mu_i}\neq 0$ となる．▮

$\rho_1(\mathfrak{S}_f)$ は $GL(T)$ の部分群であるから，$\rho_1(\mathfrak{S}_f)$ の元の $\boldsymbol{C}$ 係数の1次結合の全体のなす集合 R は，$\mathrm{End}\,(T)$ の部分線型環をなす．R は ρ_1 のひきおこす線型環の間の準同型写像 $\rho_1 : \boldsymbol{C}[\mathfrak{S}_f]\to\mathrm{End}\,(T)$ における $\boldsymbol{C}[\mathfrak{S}_f]$ の像である．よって，$R\cong\boldsymbol{C}[\mathfrak{S}_f]/\mathrm{Ker}\,\rho_1$ となり，R は半単純な線型環である．$\boldsymbol{C}[\mathfrak{S}_f]=\mathfrak{a}(D_1)\oplus\cdots\oplus\mathfrak{a}(D_{p(n)})$ および $\mathrm{Ker}\,\rho_1=\bigoplus_D\mathfrak{a}(D)$ (D は深さ$>n=\dim V$ なる台上を動く) から，

$$R\cong\bigoplus_D\mathfrak{a}(D)\qquad(D\text{ は深さ }\leqq n\text{ なる台上を動く})$$

によって，R の単純成分への分解が得られる．

§4.2　一般線型群のテンソル空間上の表現

§4.1と同様に $T=T_f(V)$ を考える．T を表現空間とする $GL(V)$ の表現，すなわち，群の間の準同型写像

$$\rho_2 :\ GL(V)\longrightarrow GL(T)$$

を次のように定義する：

$$\rho_2(A)=A\otimes\cdots\otimes A\qquad(f\text{ 個}).$$

すなわち，$x_1, \cdots, x_f\in V$ に対して

$$\rho_2(A)(x_1\otimes\cdots\otimes x_f)=Ax_1\otimes\cdots\otimes Ax_f$$

である．$A, B\in GL(V)$ に対し，$\rho_2(AB)=\rho_2(A)\rho_2(B)$ および $\rho_2(1_V)=1_T$ の成立は容易にわかる．

補題 4.1　各 $\tau\in\mathfrak{S}_f$ と各 $A\in GL(V)$ に対し，$\rho_1(\tau)$ と $\rho_2(A)$ とは可換である：

$$\rho_1(\tau)\rho_2(A)=\rho_2(A)\rho_1(\tau).$$

証明　$x_1, \cdots, x_f\in V$ ならば

$$\begin{aligned}\rho_1(\tau)\rho_2(A)(x_1\otimes\cdots\otimes x_f)&=\rho_1(\tau)(Ax_1\otimes\cdots\otimes Ax_f)\\&=Ax_{\tau^{-1}(1)}\otimes\cdots\otimes Ax_{\tau^{-1}(f)}\\&=\rho_2(A)(x_{\tau^{-1}(1)}\otimes\cdots\otimes x_{\tau^{-1}(f)})\\&=\rho_2(A)\rho_1(\tau)(x_1\otimes\cdots\otimes x_f).\end{aligned}$$ ▮

$\rho_2(GL(V))$ は $GL(T)$ の部分群であるから，$\rho_2(GL(V))$ の任意の有限個の元の $\boldsymbol{C}$ 係数1次結合の全体のなす集合 S は，$\mathrm{End}\,(T)$ の部分線型環である．補題

4.1により R の各元と S の各元とは可換であるから，

$$\mathrm{End}_R(T)\subset S,\qquad \mathrm{End}_S(T)\subset R$$

が成り立つ．実はここでどちらも等号が成り立つことを示そう．定理1.26(v)により，(R の半単純性があるから) $\mathrm{End}_R(T)=S$ さえ示せば，$\mathrm{End}_S(T)=R$ も得られる．

補題4.2　体 K 上の有限次元ベクトル空間 U の双対ベクトル空間(すなわち，$U\to K$ なる K 線型写像全体のなすベクトル空間)を U^* とする．すると，$U^*\otimes U$ から $\mathrm{End}(U)$ への線型写像 $\Phi: U^*\otimes U\to\mathrm{End}(U)$ を

$$\Phi(\varphi\otimes x)=A,\qquad Ay=\langle\varphi,y\rangle x$$

($x,y\in U$, $\varphi\in U^*$, $\langle\varphi,y\rangle$ は $\varphi(y)$ を表わす)で定義すれば，Φ は全単射である．

証明　$\dim U=n<\infty$ とおくと，$\dim(U^*\otimes U)$ も $\dim\mathrm{End}(U)$ も共に n^2 に等しい．よって，Φ が単射であることをいえば全射性もわかる．いま U の基底 $e_1,\cdots,e_n$ をとり，これに双対的な U^* の基底を $f_1,\cdots,f_n$ とする．すなわち，$\langle f_i,e_j\rangle=\delta_{ij}$ (Kronecker のデルタ)である．すると，n^2 個の $f_i\otimes e_j$ が $U^*\otimes U$ の基底になる．$\Phi(f_i\otimes e_j)=A_{ij}$ とおく．$\{A_{ij}\}$ が1次独立なことをいえばよい．$\sum\lambda_{ij}A_{ij}=0$ ($\lambda_{ij}\in K$, $1\leqq i,j\leqq n$) とすれば，各 e_k に対し

$$\begin{aligned}0&=(\textstyle\sum\lambda_{ij}A_{ij})e_k=\sum\lambda_{ij}(A_{ij}e_k)=\sum\lambda_{ij}\langle f_i,e_k\rangle e_j\\&=\textstyle\sum\lambda_{ij}\delta_{ik}e_j=\sum\lambda_{kj}e_j.\end{aligned}$$

よって，λ_{kj} はすべて0になる．▌

以後，$U^*\otimes U$ と $\mathrm{End}(U)$ とをこの写像 Φ で同一視しよう．特にテンソル空間 $T=T_f(V)$ に対してこの同一視を実行し，$T^*\otimes T$ と $\mathrm{End}(T)$ とを同一視する．さてよく知られているように，T^* は $V^*\otimes\cdots\otimes V^*$ (f 個) と同一視される．($V^*\otimes\cdots\otimes V^*\ni\varphi_1\otimes\cdots\otimes\varphi_f$ に対して，T^* の元 $\varphi:\langle\varphi,x_1\otimes\cdots\otimes x_f\rangle=\langle\varphi_1,x_1\rangle\cdots\langle\varphi_f,x_f\rangle$ を対応させる写像を線型に拡張して，同一視の写像が得られる.) すると，$T^*\otimes T$ は $V^*\otimes\cdots\otimes V^*\otimes V\otimes\cdots\otimes V$ と同一視される．これを自然な写像で

$$(V^*\otimes V)\otimes(V^*\otimes V)\otimes\cdots\otimes(V^*\otimes V)$$

と同一視し，さらに，各因子の $V^*\otimes V$ を $\mathrm{End}(V)$ と同一視して，最後に，

$$\mathrm{End}(T)=T^*\otimes T=\mathrm{End}(V)\otimes\cdots\otimes\mathrm{End}(V)\qquad(f\text{ 個})$$

なる同一視を得る．さて，$\mathfrak{S}_f$ の T^* を表現空間とする表現 $\rho_1{}^*$ を，$\rho_1{}^*(\tau)(\varphi_1\otimes\cdots\otimes\varphi_f)=\varphi_{\tau^{-1}(1)}\otimes\cdots\otimes\varphi_{\tau^{-1}(f)}$ ($\varphi_1,\cdots,\varphi_f\in V^*$, $\tau\in\mathfrak{S}_f$) により，すなわち，

$$\langle \rho_1{}^*(\tau)\varphi, x\rangle = \langle \varphi, \rho_1(\tau)^{-1}x\rangle \qquad (\tau \in \mathfrak{S}_f,\ \varphi \in T^*,\ x \in T)$$

により定義する．($\rho_1{}^*$ はいわゆる ρ_1 の反傾表現と呼ばれる表現である.) すると，$\rho_1{}^*\otimes\rho_1$ は $\mathfrak{S}_f$ の $T^*\otimes T$ 上の表現である．$T^*\otimes T$ を上のように $\mathrm{End}(T)$ や $\mathrm{End}(V)\otimes\cdots\otimes\mathrm{End}(V)$ と同一視したとき，この表現 $\rho_1{}^*\otimes\rho_1$ による $\tau\in\mathfrak{S}_f$ の像が表現空間にどのように作用するかを見よう．$\varphi\in T^*$, $x\in T$ ならば，

$$(\rho_1{}^*\otimes\rho_1)(\tau)(\varphi\otimes x) = \rho_1{}^*(\tau)\varphi\otimes\rho_1(\tau)x$$

であるから，$\varphi\otimes x$, $(\rho_1{}^*\otimes\rho_1)(\tau)(\varphi\otimes x)$ に対応する $\mathrm{End}(T)$ の元をそれぞれ A, B とすると，各 $y\in T$ に対して

$$\begin{aligned} By &= \langle \rho_1{}^*(\tau)\varphi, y\rangle\rho_1(\tau)x = \langle\varphi, \rho_1(\tau)^{-1}y\rangle\rho_1(\tau)x \\ &= \rho_1(\tau)\langle\varphi, \rho_1(\tau)^{-1}y\rangle x = \rho_1(\tau)A\rho_1(\tau)^{-1}y. \end{aligned}$$

$$\therefore\quad B = \rho_1(\tau)A\rho_1(\tau)^{-1}.$$

すなわち，$\rho_1{}^*\otimes\rho_1=\theta$ とおくと，各 $A\in\mathrm{End}(T)$ に対し

$$\theta(\tau)A = \rho_1(\tau)A\rho_1(\tau)^{-1}$$

である．よって特に，$A\in\mathrm{End}(T)$ に対して

$$\begin{aligned} \theta(\tau)A=A\ (\text{各 } \tau\in\mathfrak{S}_f \text{ に対し}) &\Longleftrightarrow \rho_1(\tau)A=A\rho_1(\tau)\ (\text{各 } \tau\in\mathfrak{S}_f \text{ に対し}) \\ &\Longleftrightarrow A\in\mathrm{End}_R(T) \end{aligned}$$

が成り立つ．このことから $\mathrm{End}_R(T)$ の元を**双対称**な線型写像ともいう．

次に，$\varphi_1,\cdots,\varphi_f\in V^*$, $x_1,\cdots,x_f\in V$ とし，$\varphi_i\otimes x_i$ に対応する $\mathrm{End}(V)$ の元を A_i $(1\leqq i\leqq f)$ とする．$A_1\otimes\cdots\otimes A_f$ は $\mathrm{End}(T)$ の元であるが，このとき $\tau\in\mathfrak{S}_f$ に対し，$\theta(\tau)(A_1\otimes\cdots\otimes A_f)$ がどうなるかを調べよう．$\varphi=\varphi_1\otimes\cdots\otimes\varphi_f\in T^*$, $x=x_1\otimes\cdots\otimes x_f\in T$ とおくと，上の同一視により，

$$\begin{aligned} \theta(\tau)(A_1\otimes\cdots\otimes A_f) &= \rho_1{}^*(\tau)\varphi\otimes\rho_1(\tau)x \\ &= \varphi_{\tau^{-1}(1)}\otimes\cdots\otimes\varphi_{\tau^{-1}(f)}\otimes x_{\tau^{-1}(1)}\otimes\cdots\otimes x_{\tau^{-1}(f)} \\ &= (\varphi_{\tau^{-1}(1)}\otimes x_{\tau^{-1}(1)})\otimes\cdots\otimes(\varphi_{\tau^{-1}(f)}\otimes x_{\tau^{-1}(f)}). \end{aligned}$$

よって

$$\theta(\tau)(A_1\otimes\cdots\otimes A_f) = A_{\tau^{-1}(1)}\otimes\cdots\otimes A_{\tau^{-1}(f)}$$

が得られた．以上をまとめておこう．

補題 4.3　$T=T_f(V)$ とし，同一視

$$\mathrm{End}(T) = T^*\otimes T = \mathrm{End}(V)\otimes\cdots\otimes\mathrm{End}(V)$$

を行なえば，各 $\tau\in\mathfrak{S}_f$ と $A=A_1\otimes\cdots\otimes A_f$ $(A_1,\cdots,A_f\in\mathrm{End}(V),\ A\in\mathrm{End}(T))$

に対して，$\theta(\tau)=\rho_1{}^*(\tau)\otimes\rho_1(\tau)$ の作用は

$$\theta(\tau)A=\rho_1(\tau)A\rho_1(\tau)^{-1}=A_{\tau^{-1}(1)}\otimes\cdots\otimes A_{\tau^{-1}(f)}$$

で与えられる．

系　$$\mathrm{End}_R(T)=\{A\in\mathrm{End}(T)\,|\,\theta(\tau)A=A\}.$$ ——

この系に述べられた事実を利用して懸案の $\mathrm{End}_R(T)=S$ を示そう．

定理 4.2　$\mathrm{End}_R(T)=S$ である．すなわち，各 $\rho_1(\tau)\,(\tau\in\mathfrak{S}_f)$ と可換な End (T) の元は $A\otimes\cdots\otimes A$ (f 個) $(A\in GL(V))$ の形の元の1次結合である．したがって，$\mathrm{End}_S(T)=R$ も成り立つ．

証明　$\mathrm{End}(V)=U$ とおき，$U\otimes\cdots\otimes U=\mathrm{End}(T)$ という上述の同一視を考えれば，定理4.2は次の一般的な補題に帰着する．

補題 4.4　複素数体 $\boldsymbol{C}$ 上の有限次元ベクトル空間 U と，U 中の空でない開集合 U_0，および自然数 f に対し，テンソル空間 $T_f(U)$ 上の $\mathfrak{S}_f$ の表現を $\rho:\mathfrak{S}_f\to GL(T_f(U))$；$\rho(\sigma)(u_1\otimes\cdots\otimes u_f)=u_{\sigma^{-1}(1)}\otimes\cdots\otimes u_{\sigma^{-1}(f)}$ とする．このとき，$u\in T_f(U)$ が $\mathfrak{S}_f$ の固定点 (すなわち，各 $\sigma\in\mathfrak{S}_f$ に対し $\rho(\sigma)u=u$) であれば，u は $x\otimes\cdots\otimes x$ (f 個) $(x\in U_0)$ の形の元の1次結合である．

証明　$\mathfrak{S}_f$ の固定点となるような $u\in T_f(U)$ の全体のなす $T_f(U)$ の部分空間を P とする．(P の元は f 次の反変対称テンソルと呼ばれる.) $x\otimes\cdots\otimes x$ (f 個) $(x\in U_0)$ の形の元の1次結合全体のなす $T_f(U)$ の部分空間を Q とする．$P\supset Q$ である．$T=T_f(U)$ の双対ベクトル空間 T^* 中の部分空間

$$P^\perp=\{\varphi\in T^*\,|\,\langle\varphi,u\rangle=0\ (\text{各 } u\in P \text{ に対し})\},$$
$$Q^\perp=\{\varphi\in T^*\,|\,\langle\varphi,u\rangle=0\ (\text{各 } u\in Q \text{ に対し})\}$$

を考える．$P\supset Q$ であるから，$P^\perp\subset Q^\perp$ である．しかも，$\dim P^\perp=\dim T-\dim P$，$\dim Q^\perp=\dim T-\dim Q$ であるから，$P^\perp=Q^\perp$ がいえれば，$\dim P=\dim Q$ となり $P=Q$ を得る．よって $Q^\perp\subset P^\perp$ を示せばよい．

$\varphi\in Q^\perp$ として，$\varphi\in P^\perp$ を示そう．いま，群環 $\boldsymbol{C}[\mathfrak{S}_f]$ の元 S を

$$S=\frac{1}{f!}\sum_{\sigma\in\mathfrak{S}_f}\sigma$$

で定義する．$S^2=S$，$\sigma S=S\sigma=S$ (各 $\sigma\in\mathfrak{S}_f$ に対し) より $\rho(S)T\subset P$ がわかる．さらに，$x\in P$ なら $Sx=x$ となるから $P=\rho(S)T$ がわかる．

U の基底を $e_1,\cdots,e_n$ $(n=\dim U)$ とし，$e(i_1,\cdots,i_f)=e_{i_1}\otimes\cdots\otimes e_{i_f}$ とおく．$\{e(i_1,$

$\cdots, i_f)\}$ は T の基底である．$i_1, i_2, \cdots, i_f$ のうちに 1 が α_1 個，2 が α_2 個，$\cdots$，n が α_n 個 $(\alpha_1+\alpha_2+\cdots+\alpha_n=f)$ あるとき，$(i_1, \cdots, i_f)$ の型は $(1^{\alpha_1}2^{\alpha_2}\cdots n^{\alpha_n})$ であるということにする．すると，$(i_1, \cdots, i_f)$ と $(j_1, \cdots, j_f)$ の型が一致すれば，

$$S(e(i_1, \cdots, i_f)) = S(e(j_1, \cdots, j_f))$$

である．(なぜなら，$\sigma \in \mathfrak{S}_f$ を適当にとれば $\rho(\sigma)e(i_1, \cdots, i_f)=e(j_1, \cdots, j_f)$ となるから，$S\sigma=S$ を用いればよい.) また，

$$(i_1, \cdots, i_f),\quad (j_1, \cdots, j_f),\quad \cdots,\quad (k_1, \cdots, k_f)$$

のどの二つも異なる型をもてば，

$$(*)\qquad S(e(i_1, \cdots, i_f)),\ S(e(j_1, \cdots, j_f)),\ \cdots,\ S(e(k_1, \cdots, k_f))$$

を基底 $\{e(p_1, \cdots, p_f)\}$ で展開したとき，共通項 $e(p_1, \cdots, p_f)$ が 0 でない係数で $(*)$ 中の二つのメンバー中に登場することはできない．よって，$(*)$ は1次独立である．型の総数は，$\alpha_1+\cdots+\alpha_n=f$ の非負整数解 $(\alpha_1, \cdots, \alpha_n)$ の個数だから，$\binom{f+n-1}{f}$ に等しい．よって，$\dim P=\dim \rho(S)\,T=\binom{f+n-1}{f}$.

$\varphi \in Q^\perp$ より，各 $u \in U_0$ に対して $\langle \varphi, u\otimes\cdots\otimes u\rangle=0$ である．u として，$\xi_1e_1+\cdots+\xi_ne_n$ をとれば

$$u\otimes\cdots\otimes u = \sum \xi_{i_1}\cdots\xi_{i_f}e(i_1, \cdots, i_f).$$

したがって，$\sum \xi_{i_1}\cdots\xi_{i_f}\langle\varphi, e(i_1, \cdots, i_f)\rangle=0$ (和は n^f 個の $(i_1, \cdots, i_f)$ についてとる)．$(i_1, \cdots, i_f)$ の型が $(1^{\alpha_1}2^{\alpha_2}\cdots n^{\alpha_n})$ ならば，$\xi_{i_1}\cdots\xi_{i_f}=\xi_1{}^{\alpha_1}\cdots\xi_n{}^{\alpha_n}$ だから，n^f 個の $(i_1, \cdots, i_f)$ のなす集合 $\mathfrak{F}$ を同じ型の元のなす類 $\mathfrak{F}_1, \cdots, \mathfrak{F}_N$ $\left(N=\binom{f+n-1}{f}\right)$ に分割して $\mathfrak{F}=\mathfrak{F}_1\cup\cdots\cup\mathfrak{F}_N$ とすれば，$\mathfrak{F}_j$ の元の型を $(1^{\alpha_1(j)}\cdots n^{\alpha_n(j)})$ として

$$\sum_{j=1}^{N}\Biggl(\sum_{(i_1, \cdots, i_f)\in\mathfrak{F}_j}\langle\varphi, e(i_1, \cdots, i_f)\rangle\Biggr)\xi_1{}^{\alpha_1(j)}\cdots\xi_n{}^{\alpha_n(j)} = 0$$

を得る．これが C^n 中の空でない一つの開集合 X (U_0 に対応する開集合)に属する任意の $(\xi_1, \cdots, \xi_n)$ で成り立つから，$\xi_1{}^{\alpha_1(j)}\cdots\xi_n{}^{\alpha_n(j)}$ の係数を比較して，$\langle\varphi, x_j\rangle=0$ を得る $(j=1, \cdots, N)$．ここで

$$x_j = \sum_{(i_1, \cdots, i_f)\in\mathfrak{F}_j} e(i_1, \cdots, i_f)$$

である．さて，$(i_1, \cdots, i_f)$ と $(j_1, \cdots, j_f)$ の型が一致するための必要十分条件は，$\tau\in\mathfrak{S}_f$ が存在して，

$$i_{\tau^{-1}(1)}=j_1,\quad i_{\tau^{-1}(2)}=j_2,\quad \cdots,\quad i_{\tau^{-1}(f)}=j_f$$

となることであるから，$\mathfrak{F}_f$ の一つの元 $(i_1, \cdots, i_f)$ を固定すれば，x_f は $S(e(i_1, \cdots, i_f))$ とスカラー $(\neq 0)$ 倍の違いしかない．よって，$\rho(S)T$ の各元 x に対して，$\langle\varphi, x\rangle=0$. ∴ $\varphi\in P^{\perp}$. ▌

定理 4.2 の系　$T_f(V)$ 上の $GL(V)$ の表現は完全可約である．

証明　$S=\mathrm{End}_R(T)$ は半単純である．これと，$T_f(V)$ の部分空間 U に対して

$$SU\subset U \Leftrightarrow GL(V)U\subset U$$

を用いればよい．▌

§4.3　$GL(V)$ によるテンソル空間 $T_f(V)$ の標準分解と既約成分

上述の記号 $\rho_1:\mathfrak{S}_f\to GL(T)$，$\rho_2:GL(V)\to GL(T)$ をここでも踏襲する．

定理 4.3　$\tau\in\mathfrak{S}_f$ の型を $(1^{\alpha_1(\tau)}2^{\alpha_2(\tau)}\cdots f^{\alpha_f(\tau)})$ とし，$A\in GL(V)$ とすれば，$\rho_1(\tau)\rho_2(A)$ の T 上のトレースは次式で与えられる．

$$\mathrm{Tr}\,(\rho_1(\tau)\rho_2(A))=\mathrm{Tr}\,(A)^{\alpha_1(\tau)}\mathrm{Tr}\,(A^2)^{\alpha_2(\tau)}\cdots\mathrm{Tr}\,(A^f)^{\alpha_f(\tau)}.$$

証明　まず，$\tau, \sigma\in\mathfrak{S}_f$ が $\mathfrak{S}_f$ において共役ならば

$$\mathrm{Tr}\,(\rho_1(\tau)\rho_2(A))=\mathrm{Tr}\,(\rho_1(\sigma)\rho_2(A))$$

となることに注意しよう．実際，$\pi\sigma\pi^{-1}=\tau$ なる $\pi\in\mathfrak{S}_f$ をとれば

$$\rho_1(\tau)\rho_2(A)=\rho_1(\pi)\rho_1(\sigma)\rho_1(\pi)^{-1}\rho_2(A)=\rho_1(\pi)(\rho_1(\sigma)\rho_2(A))\rho_1(\pi)^{-1}$$

$(\because\ \rho_1(\pi)^{-1}\rho_2(A)=\rho_2(A)\rho_1(\pi)^{-1})$ だから，$\rho_1(\tau)\rho_2(A)$ と $\rho_1(\sigma)\rho_2(A)$ のトレースは一致する．よって，τ を巡回置換の積として表示した形が，例えば

$$\tau=(1, 2, \cdots, r)(r+1, r+2, \cdots, r+s)\cdots(p+1, \cdots, p+q)\qquad(p+q=f)$$

であるとしてよい．

V の基底 $e_1, \cdots, e_n$ から T の基底 $e(i_1, \cdots, i_f)=e_{i_1}\otimes\cdots\otimes e_{i_f}$ (n^f 個) が生ずる．いま，基底 $e_1, \cdots, e_n$ に関する A^k の行列の (j, i) 成分を $a_k(j, i)$ とおく：

$$A^k e_i=\sum_{j=1}^{n}a_k(j, i)e_j.$$

特に，$k=1$ のときは $a_1(j, i)$ を $a(j, i)$ とおく．すると，

$$\begin{aligned}\rho_2(A)\rho_1(\tau)e(i_1, \cdots, i_f)&=\rho_2(A)e(i_{\tau^{-1}(1)}, \cdots, i_{\tau^{-1}(f)})\\&=\rho_2(A)e(i_r, i_1, \cdots, i_{r-1}; \cdots; i_{p+q}, i_{p+1}, \cdots, i_{p+q-1})\\&=Ae_{i_r}\otimes Ae_{i_1}\otimes\cdots\otimes Ae_{i_{r-1}}\otimes\cdots\otimes Ae_{i_{p+q}}\otimes\cdots\otimes Ae_{i_{p+q-1}}\end{aligned}$$

$$= \sum_{s_1, \cdots, s_f=1}^{n} a(s_1, i_r)a(s_2, i_1)\cdots a(s_r, i_{r-1})\cdots$$
$$a(s_{p+1}, i_{p+q})\cdots a(s_f, i_{f-1})e(s_1, \cdots, s_f).$$

$$\therefore \quad \mathrm{Tr}(\rho_2(A)\rho_1(\tau)) = \sum_{i_1, \cdots, i_f=1}^{n} a(i_1, i_r)a(i_2, i_1)\cdots a(i_r, i_{r-1})\cdots a(i_{p+1}, i_f)\cdots a(i_f, i_{f-1}).$$

ここで $\sum_{i_1, \cdots, i_r=1}^{n} a(i_1, i_r)a(i_2, i_1)\cdots a(i_r, i_{r-1}) = \sum_{t=1}^{n} a_r(t, t) = \mathrm{Tr}(A^r)$ etc. に注目すれば,

$$\mathrm{Tr}(\rho_2(A)\rho_1(\tau)) = \mathrm{Tr}(A^r)\mathrm{Tr}(A^s)\cdots\mathrm{Tr}(A^q)$$
$$= \mathrm{Tr}(A)^{\alpha_1(\tau)}\mathrm{Tr}(A^2)^{\alpha_2(\tau)}\cdots\mathrm{Tr}(A^f)^{\alpha_f(\tau)}. \quad ∎$$

系 A の固有値を $\varepsilon_1, \cdots, \varepsilon_n$ とし,

$$\sigma_i(\varepsilon) = \sigma_i(\varepsilon_1, \cdots, \varepsilon_n) = \varepsilon_1{}^i + \cdots + \varepsilon_n{}^i \qquad (i=1, 2, \cdots)$$

とおけば,

$$\mathrm{Tr}(\rho_1(\tau)\rho_2(A)) = \sigma_1(\varepsilon)^{\alpha_1(\tau)}\sigma_2(\varepsilon)^{\alpha_2(\tau)}\cdots\sigma_f(\varepsilon)^{\alpha_f(\tau)}. \quad ——$$

さて, $R=\rho_1(\boldsymbol{C}[\mathfrak{S}_f])$ により R 加群 $T=T_f(V)$ の標準分解を作り, これを

$$T = T_1 \oplus \cdots \oplus T_m$$

とする. $R=\bigoplus \mathfrak{a}(D)$ (D は深さ $\leqq n=\dim V$ なる f 次の台上を動く) だから, 定理 1.26 により, 深さ $\leqq n$ なる f 次の台の個数が m であって, これらを $D_1, \cdots, D_m$ とすれば, $T_i=\rho_1(\mathfrak{a}(D_i))T=\mathfrak{a}(D_i)T$ $(1\leqq i\leqq m)$ としてよい. 台 D_i に対応する $\boldsymbol{C}[\mathfrak{S}_f]$ の既約表現の指標を χ_{D_i} とする. 各 T_i は $S=\mathrm{End}_R(T)$ で不変で, これに含まれる既約な S 加群は S 同型を除いてただ一通りなのであった. しかもこのような既約な S 加群を具体的に構成するには, 定理 1.27 により次のようにすればよい. いま, 台 D_i 上の任意の盤 B_i をとり, B_i に属する Young 対称子 $c_{B_i}=a_{B_i}b_{B_i}$, あるいは $\boldsymbol{C}[\mathfrak{S}_f]$ の逆自己同型 $a=\sum\lambda_\sigma\sigma \to \hat{a}=\sum\lambda_\sigma\sigma^{-1}$ による c_{B_i} の像 $\hat{c}_{B_i}=b_{B_i}a_{B_i}$ を用いて, $\rho_1(c_{B_i})T=U_i$ あるいは $\rho_1(\hat{c}_{B_i})T=U_i'$ を作れば, $U_i \cong_S U_i'$, かつ U_i, U_i' は T_i 中の既約 S 加群である. よって, U_i, U_i' は $GL(V)$ の既約表現を与える. この既約表現の指標を ψ_i とする.

さて, T_i はテンソル積 $R\otimes_C S$ の表現空間で, しかも $R\otimes_C S$ 加群としては,

$$T_i \cong_{R\otimes S} (\mathfrak{l}_{B_i} \otimes U_i)$$

であった (定理 1.26). ここで $\mathfrak{l}_{B_i}=\boldsymbol{C}[\mathfrak{S}_f]c_{B_i}$ は台 D_i に対応する $\boldsymbol{C}[\mathfrak{S}_f]$ の極小左イデアルである. よって, $\tau\in\mathfrak{S}_f$, $A\in GL(V)$ に対して, $\rho_1(\tau)\rho_2(A)$ の T_i

上のトレースは

$$\chi_{D_i}(\tau)\psi_i(A)$$

に等しい．これらの和が $\rho_1(\tau)\rho_2(A)$ の T 上のトレースだから，定理4.3の系により，

$$\sigma_1(\varepsilon)^{\alpha_1(\tau)}\cdots\sigma_f(\varepsilon)^{\alpha_f(\tau)}=\sum_{i=1}^{m}\chi_{D_i}(\tau)\psi_i(A)$$

である．一方，上式左辺は，Frobenius の公式（定理3.7）により，

$$\sum_{\mu\in M_n^{(f)}}\chi_\mu(\tau)S_\mu(\varepsilon)$$

に等しい．符号数 $\mu\in M_n^{(f)}$ の台を $D(\mu)$ と書き，$D_i=D(\mu)$ のとき，ψ_i を $\psi_{D(\mu)}$ と書けば，

$$\sum_{\mu\in M_n^{(f)}}\chi_\mu(\tau)S_\mu(\varepsilon)=\sum\chi_\mu(\tau)\psi_{D(\mu)}(A)$$

となる．$\{\chi_\mu\}$ の C 上の1次独立性により両辺を比較すれば

$$\psi_{D(\mu)}(A)=S_\mu(\varepsilon)$$

を得る．これを定理の形にまとめておこう．

定理 4.4　$\dim V=n$, $T=T_f(V)$ とする．深さが n 以下であるような台 D 上の任意の盤 B の定める Young 対称子を c_B として，$U=c_BT$ $(=\rho_1(c_B)T)$，または $U=\hat{c}_BT$ とおけば，U は $GL(V)$ の既約表現を与える．$GL(V)$ の元 A の U 上の指標を ψ_D とすると，ψ_D は次の公式で与えられる．

$$\psi_D(A)=S_\lambda(\varepsilon_1,\cdots,\varepsilon_n)=\frac{|\varepsilon^{l_1},\cdots,\varepsilon^{l_n}|}{|\varepsilon^{n-1},\cdots,\varepsilon,1|}.$$

ただし，D の符号数を $\lambda=(\lambda_1,\cdots,\lambda_n)$ とするとき，$l=(l_1,\cdots,l_n)$ は $l=\lambda+\delta$, $\delta=(n-1,\cdots,1,0)$ で定まる整数成分のベクトルである．また，$\varepsilon_1,\cdots,\varepsilon_n$ は行列 A の固有値である．

系　f 次の盤 B の深さが $\leqq\dim V$ ならば，$GL(V)$ の既約表現空間 $c_BT_f(V)$ が T_f 中に含まれる重複度は，$C[\mathfrak{S}_f]$ の極小左イデアル $\mathfrak{l}_B=C[\mathfrak{S}_f]c_B$ の次元に等しい．すなわち，B の符号数が $\lambda=(\lambda_1,\cdots,\lambda_n)$ ならば，$\langle T_f,c_BT_f\rangle_S=f!D(l_1,\cdots,l_n)/l_1!\cdots l_n!$ である．ここに，$l=\lambda+\delta$ で，$D(l_1,\cdots,l_n)$ は差積を表わす．

証明　定理1.26および定理3.8から直ちに出る．∎

$\langle T,\mathfrak{l}_B\rangle_{C[\mathfrak{S}_f]}$ の方を求めてみよう．これは $\dim(c_BT)$ に一致する．よって，A

$=I$ (単位行列) における $\psi_D(I)$ の値を求めればよい.

A として対角成分が $\varepsilon_1, \cdots, \varepsilon_n$ の対角行列をとると, $\psi_D(A)=S_\lambda(\varepsilon_1, \cdots, \varepsilon_n)$ は $\varepsilon_1, \cdots, \varepsilon_n$ の f 次の同次多項式だから, $\varepsilon_1, \cdots, \varepsilon_n$ を 1 に近づけたときの極限値 lim $\psi_D(A)$ は存在する. それが求める $\dim(c_B T)$ である. さていま, $\varepsilon_k=e^{(n-k)i\theta}$ ($k=1, \cdots, n$, $i=\sqrt{-1}$) とし, θ を 0 に近づけよう. このとき

$$|\varepsilon^{l_1}, \cdots, \varepsilon^{l_n}|$$

$$=\begin{vmatrix} {\varepsilon_1}^{l_1} & {\varepsilon_1}^{l_2} & \cdots & {\varepsilon_1}^{l_n} \\ {\varepsilon_2}^{l_1} & {\varepsilon_2}^{l_2} & \cdots & {\varepsilon_2}^{l_n} \\ & \cdots\cdots & & \\ {\varepsilon_n}^{l_1} & {\varepsilon_n}^{l_2} & \cdots & {\varepsilon_n}^{l_n} \end{vmatrix} = \begin{vmatrix} e^{l_1(n-1)i\theta} & e^{l_2(n-1)i\theta} & \cdots & e^{l_n(n-1)i\theta} \\ e^{l_1(n-2)i\theta} & e^{l_2(n-2)i\theta} & \cdots & e^{l_n(n-2)i\theta} \\ & \cdots\cdots & & \\ e^{l_1\cdot 0\cdot i\theta} & e^{l_2\cdot 0\cdot i\theta} & \cdots & e^{l_n\cdot 0\cdot i\theta} \end{vmatrix}$$

だから, $e^{l_k i\theta}=\xi_k$ $(1\leqq k\leqq n)$ とおけば,

$$=\begin{vmatrix} {\xi_1}^{n-1} & {\xi_2}^{n-1} & \cdots & {\xi_n}^{n-1} \\ {\xi_1}^{n-2} & {\xi_2}^{n-2} & \cdots & {\xi_n}^{n-2} \\ & \cdots\cdots & & \\ 1 & 1 & \cdots & 1 \end{vmatrix} = D(\xi_1, \cdots, \xi_n)$$

$$=\prod_{k<j}(\xi_k-\xi_j) = \prod_{k<j}(e^{l_k i\theta}-e^{l_j i\theta}).$$

同様にして,

$$|\varepsilon^{n-1}, \cdots, \varepsilon, 1| = \prod_{k<j}(e^{(n-k)i\theta}-e^{(n-j)i\theta})$$

となる. よって,

$$\lim_{\theta\to 0}\frac{e^{l_k i\theta}-e^{l_j i\theta}}{e^{(n-k)i\theta}-e^{(n-j)i\theta}} = \frac{l_k-l_j}{(n-k)-(n-j)} = \frac{l_k-l_j}{j-k}$$

に注意すれば

$$\lim_{\varepsilon_1\to 1, \cdots, \varepsilon_n\to 1} S_\lambda(\varepsilon_1, \cdots, \varepsilon_n) = \prod_{k<j}\frac{l_k-l_j}{j-k} = \frac{D(l_1, \cdots, l_n)}{D(n-1, \cdots, 1, 0)}$$

を得る. よって次の定理を得る.

定理 4.5 $\dim V=n$, $T=T_f(V)$ のとき, 深さが n 以下であるような台 D 上の任意の盤 B に対し, $GL(V)$ の既約な表現空間 $c_B T$ の次元は, D の符号数 $\lambda=(\lambda_1, \cdots, \lambda_n)$ を用いて次のように与えられる: $l=(l_1, \cdots, l_n)=\lambda+\delta$ として

$$\dim c_B T = \frac{D(l_1, \cdots, l_n)}{D(n-1, \cdots, 1, 0)}.$$

($D(\xi_1, \cdots, \xi_n)$ は $\xi_1, \cdots, \xi_n$ の差積を表わす.) ——

$c_B T_f(V)$ を表現空間とする $GL(V)$ の既約表現達はいつ同値になるかを考えよう．いま，B, B' をそれぞれ深さ $\leqq n$ の f 次，f' 次の盤とし，Young 対称子 $c_B, c_{B'}$ を用いて $GL(V)$ の既約表現空間 $U=c_B T_f(V)$ と $U'=c_{B'} T_{f'}(V)$ を作る．$U \neq 0$，$U' \neq 0$ である．$GL(V)$ の元 A の U, U' 上の指標を $\psi_B, \psi_{B'}$ とすれば，これらはそれぞれ A の固有値 $\varepsilon_1, \cdots, \varepsilon_n$ の f 次および f' 次の同次多項式である．よって，もし U と U' とが $GL(V)$ の同値表現を与えるならば，$\psi_B(A)=\psi_{B'}(A)$ であるから，$f=f'$ となる．よって，U, U' は，$T_f(V)$ を $GL(V)$ により (S によりといっても同じ) 標準分解したときに，同一の等質成分 T_i 中に現われる．よって，B と B' は同じ符号数をもつ．そこで，符号数 $\lambda=(\lambda_1, \cdots, \lambda_n)$ ($\lambda_1 \geqq \cdots \geqq \lambda_n \geqq 0$) の台 D 上の盤 B を用いて作った表現空間 $c_B T_f(V)$ 上の $GL(V)$ の既約表現を，$GL(V)$ の**符号数** $(\lambda_1, \cdots, \lambda_n)$ **をもつ既約表現**と呼ぶことにすれば，上記から次の定理が得られる．

定理 4.6　$GL(V)$ ($\dim V=n$) の二つの既約表現 ρ, ρ' がそれぞれ符号数 $\lambda=(\lambda_1, \cdots, \lambda_n)$，$\mu=(\mu_1, \cdots, \mu_n)$ をもてば，

$$\rho \sim \rho' \Leftrightarrow \lambda_1 = \mu_1, \quad \lambda_2 = \mu_2, \quad \cdots, \quad \lambda_n = \mu_n. \qquad \text{——}$$

次に，テンソル空間 $T=T_f(V)$ を $GL(V)$ の下で既約な表現空間の直和に具体的に分解する方法を述べておく．

定理 4.7　深さが高々 $n=\dim V$ 以下の f 次の標準盤の全体を $B_1, \cdots, B_r$ とし，これらに対応する Young 対称子を $c_i=c_{B_i}$ ($1 \leqq i \leqq r$) とする．群環 $C[\mathfrak{S}_f]$ の逆自己同型 $a=\sum \lambda_\sigma \sigma \mapsto \hat{a}=\sum \lambda_\sigma \sigma^{-1}$ による c_i の像 $\hat{c}_i$ を用いて，$T=T_f(V)$ は

$$T = \hat{c}_1 T \oplus \cdots \oplus \hat{c}_r T$$

と直和に分解され，各 $\hat{c}_i T$ は $GL(V)$ の下で不変であり，しかも $GL(V)$ の既約表現を与える．

証明　群環 $C[\mathfrak{S}_f]$ の T 上の表現 ρ_1 による $C[\mathfrak{S}_f]$ の像 R は，深さが $\leqq n$ の f 次の台の全体を $D_1, \cdots, D_m$ とするとき，ρ_1 により $\mathfrak{a}(D_1) \oplus \cdots \oplus \mathfrak{a}(D_m)$ と同型になるのであった (定理 4.1)．これにより，R と $\mathfrak{a}(D_1) \oplus \cdots \oplus \mathfrak{a}(D_m)$ を同一視する．$\mathfrak{a}(D_i) T = T_i$ とおけば $T = T_1 \oplus \cdots \oplus T_m$ である．よって，台 D_i 上の標準盤の全体を $B_{i,1}, \cdots, B_{i,d}$ とするとき，$c_{B_{i,j}}=c_{i,j}$ として，$T_i=\hat{c}_{i,1} T_i \oplus \cdots \oplus \hat{c}_{i,d} T_i$ をいえば十分である．(定理の他の部分はすでに示されているから.) それには，

$\hat{c}_{i,j}\mathfrak{a}(D_i)=\hat{c}_{i,j}R$ に対し

$$(\S)\qquad \mathfrak{a}(D_i)=\hat{c}_{i,1}R\oplus\cdots\oplus\hat{c}_{i,d}R$$

をいえばよい(定理1.27(ii)参照). さて, $\tilde{R}=\boldsymbol{C}[\mathfrak{S}_f]$ に対し

$$(*)\qquad \mathfrak{a}(D_i)=\tilde{R}c_{i,1}\oplus\cdots\oplus\tilde{R}c_{i,d}$$

は既述(定理3.16)である. $(*)$の両辺に $\tilde{R}$ の逆自己同型 $a\mapsto\hat{a}$ を施せば, $\widehat{\mathfrak{a}(D_i)}=\mathfrak{a}(D_i)$ (§2.4)により, $\mathfrak{a}(D_i)=\hat{c}_{i,1}\tilde{R}\oplus\cdots\oplus\hat{c}_{i,d}\tilde{R}$ を得る. しかし, $\hat{c}_{i,j}\tilde{R}=\hat{c}_{i,j}R$ ($\because$ $\hat{c}_{i,j}\mathfrak{a}(D_k)=0$ が $i\neq k$ に対し成り立つ)だから(§)を得る. ∎

例 4.1 $V\otimes V$ を $GL(V)$ の下で分解してみよう. $\dim V=1$ なら $\dim V\otimes V=1$ だから, 分解の必要はない. $\dim V\geqq 2$ とする. 2次対称群 $\mathfrak{S}_2$ の台は二つあって D_1(符号数2)と D_2(符号数1^2)である. D_1, D_2 上に盤 B_1, B_2 をとると, $c_{B_1}=\hat{c}_{B_1}$, $c_{B_2}=\hat{c}_{B_2}$ であって,

$$\hat{c}_{B_1}(x\otimes y)=x\otimes y+y\otimes x,$$
$$\hat{c}_{B_2}(x\otimes y)=x\otimes y-y\otimes x$$

である. よって

$$\hat{c}_{B_1}(V\otimes V)=2\text{次対称テンソル全体 } S_2(V),$$
$$\hat{c}_{B_2}(V\otimes V)=2\text{次交代テンソル全体 } A_2(V)$$

となり, 直和分解

$$V\otimes V=S_2(V)\oplus A_2(V)$$

が成り立つ. $A\in GL(V)$ の固有値を $(\varepsilon_1,\cdots,\varepsilon_n)$ とすれば, A の $S_2(V)$, $A_2(V)$ 上の指標, すなわち, $A\otimes A$ の S_2, A_2 上のトレースは, それぞれ

$$S_2(\varepsilon_1,\cdots,\varepsilon_n)=\frac{|\varepsilon^{n+1},\varepsilon^{n-2},\cdots,\varepsilon,1|}{|\varepsilon^{n-1},\varepsilon^{n-2},\cdots,\varepsilon,1|}\qquad(S_2\text{ は }S_{2,0,\cdots,0}\text{ の略}),$$

$$S_{1,1}(\varepsilon_1,\cdots,\varepsilon_n)=\frac{|\varepsilon^{n},\varepsilon^{n-1},\varepsilon^{n-3},\cdots,\varepsilon,1|}{|\varepsilon^{n-1},\varepsilon^{n-2},\varepsilon^{n-3},\cdots,\varepsilon,1|}\qquad(S_{1,1}\text{ は }S_{1,1,0,\cdots,0}\text{ の略})$$

である. 少し計算してみると(詳しい計算法は次章で述べる)

$$S_2(\varepsilon)=\varepsilon_1{}^2+\cdots+\varepsilon_n{}^2+\sum_{i<j}\varepsilon_i\varepsilon_j,$$

$$S_{1,1}(\varepsilon)=\sum_{i<j}\varepsilon_i\varepsilon_j$$

がわかる. $\dim S_2(V)=\binom{n+1}{2}$, $\dim A_2(V)=\binom{n}{2}$ である.

例 4.2 $V\otimes V\otimes V$ の分解.

$\dim V=1$ ならば，$\dim(V\otimes V\otimes V)=1$ で問題はない．

$\dim V=2$ とする．3次の標準盤で深さ $\leqq 2$ となるものは次の3個である．

$$B_1=\begin{array}{|c|c|c|}\hline 1&2&3\\\hline\end{array}\,,\qquad B_2=\begin{array}{|c|c|}\hline 1&2\\\hline 3\\\cline{1-1}\end{array}\,,\qquad B_3=\begin{array}{|c|c|}\hline 1&3\\\hline 2\\\cline{1-1}\end{array}\,.$$

そして，$\hat{c}_{B_1}=c_{B_1}$ で

$$\hat{c}_{B_1}(x\otimes y\otimes z)=x\otimes y\otimes z+y\otimes z\otimes x+z\otimes x\otimes y$$
$$+y\otimes x\otimes z+z\otimes y\otimes x+x\otimes z\otimes y$$

だから，$\hat{c}_{B_1}(V\otimes V\otimes V)=S_3(V)$ (3次対称テンソル全体) である．次に，

$$\hat{c}_{B_2}=b_{B_2}a_{B_2}=\{1-(1,3)\}\cdot\{1+(1,2)\}$$

だから，

$$(*)\qquad \hat{c}_{B_2}(x\otimes y\otimes z)=\{1-(1,3)\}(x\otimes y\otimes z+y\otimes x\otimes z)$$
$$=x\otimes y\otimes z+y\otimes x\otimes z-z\otimes y\otimes x-z\otimes x\otimes y$$

である．$\hat{c}_{B_3}(x\otimes y\otimes z)$ も同様である．$\hat{c}_{B_2}(V\otimes V\otimes V)$ は $(*)$ の右辺の形のテンソルの1次結合全体であるが，これらは，$c_{B_2}c_{B_2}=(3!/\dim \mathfrak{l}_{B_2})c_{B_2}=3c_{B_2}$ (§2.2参照) だから，

$$\hat{c}_{B_2}(V\otimes V\otimes V)=\{u\in V\otimes V\otimes V\,|\,\hat{c}_{B_2}(u)=3u\}$$

で特徴づけられる $u\in V\otimes V\otimes V$ の全体である．このため $\hat{c}_{B_2}(V\otimes V\otimes V)$ の元を **B_2 対称性**をもつ3次テンソルともいう．その全体 $T_3(B_2)$ が $\hat{c}_{B_2}(V\otimes V\otimes V)$ である．かくして

$$V\otimes V\otimes V=S_3\oplus T_3(B_2)\oplus T_3(B_3)\qquad (S_3=T_3(B_1))$$

と分解する．$T_3(B_2)\sim T_3(B_3)$ ($GL(V)$ の表現として) である．

$\dim V\geqq 3$ ならば，もう一つの3次標準盤

$$B_4=\begin{array}{|c|}\hline 1\\\hline 2\\\hline 3\\\hline\end{array}$$

に対しても $\hat{c}_{B_4}(V\otimes V\otimes V)=T_3(B_4)\neq 0$ となる．$T_3(B_4)=A_3(V)$ は3次交代テンソルの全体である．よって

$$V\otimes V\otimes V=S_3(V)\oplus T_3(B_2)\oplus T_3(B_3)\oplus A_3(V)$$

と分解する．それぞれの上で $GL(V)$ の元 A の指標の値は A の固有値を $(\varepsilon_1, \cdots, \varepsilon_n)$ として，次のようになる．

$S_3(V)$ 上では

$$S_3(\varepsilon_1, \cdots, \varepsilon_n) = \frac{|\varepsilon^{n+2}, \varepsilon^{n-2}, \cdots, \varepsilon, 1|}{|\varepsilon^{n-1}, \varepsilon^{n-2}, \cdots, \varepsilon, 1|}$$

$$= ({\varepsilon_1}^3 + \cdots + {\varepsilon_n}^3) + \sum_{i<j} {\varepsilon_i}^2 \varepsilon_j + \sum_{i<j} \varepsilon_i {\varepsilon_j}^2 + \sum_{i<j<k} \varepsilon_i \varepsilon_j \varepsilon_k.$$

$T_3(B_2)$ と $T_3(B_3)$ 上では

$$S_{2,1}(\varepsilon_1, \cdots, \varepsilon_n) = \frac{|\varepsilon^{n+1}, \varepsilon^{n-1}, \varepsilon^{n-3}, \cdots, \varepsilon, 1|}{|\varepsilon^{n-1}, \varepsilon^{n-2}, \varepsilon^{n-3}, \cdots, \varepsilon, 1|}$$

$$= S_2(\varepsilon_1, \cdots, \varepsilon_n) S_1(\varepsilon_1, \cdots, \varepsilon_n) - S_3(\varepsilon_1, \cdots, \varepsilon_n)$$

（ここで $S_1(\varepsilon_1, \cdots, \varepsilon_n) = \varepsilon_1 + \cdots + \varepsilon_n$）．

$A_3(V)$ 上では

$$S_{1,1,1}(\varepsilon_1, \cdots, \varepsilon_n) = \frac{|\varepsilon^{n}, \varepsilon^{n-1}, \varepsilon^{n-2}, \varepsilon^{n-4}, \cdots, \varepsilon, 1|}{|\varepsilon^{n-1}, \varepsilon^{n-2}, \varepsilon^{n-3}, \varepsilon^{n-4}, \cdots, \varepsilon, 1|}$$

$$= \sum_{i<j<k} \varepsilon_i \varepsilon_j \varepsilon_k.$$

次元は

$$\dim S_3(V) = \binom{n+2}{3}, \qquad \dim A_3(V) = \binom{n}{3},$$

$$\dim T_3(B_2) = \dim T_3(B_3) = \frac{D(n+1, n-1, n-3, \cdots, 1, 0)}{D(n-1, n-2, n-3, \cdots, 1, 0)}$$

$$= \frac{2\cdot 4\cdot 5\cdot \cdots (n+1) \times 2\cdot 3\cdot \cdots (n-1) D(n-3, n-4, \cdots, 1, 0)}{(n-1)!\,(n-2)!\,D(n-3, n-4, \cdots, 1, 0)}$$

$$= \frac{(n+1)n(n-1)}{3} = \frac{n(n^2-1)}{3}$$

である．$A_3(V)=0$ の場合も許せば，$\dim V$ が <3 か否かを区別せずに，一般形で分解結果が書けるわけである．

問　　題

1　例 4.1 中に証明略で述べた等式

$$S_2(\varepsilon_1, \cdots, \varepsilon_n) = {\varepsilon_1}^2 + \cdots + {\varepsilon_n}^2 + \sum_{i<j} \varepsilon_i \varepsilon_j,$$

$$S_{1,1}(\varepsilon_1,\cdots,\varepsilon_n)=\sum_{i<j}\varepsilon_i\varepsilon_j,$$

$$\dim S_2(V)=\binom{n+1}{2},\qquad \dim A_2(V)=\binom{n}{2}.$$

および例4.2中の等式

$$S_3(\varepsilon_1,\cdots,\varepsilon_n)=\varepsilon_1{}^3+\cdots+\varepsilon_n{}^3+\sum_{i<j}\varepsilon_i{}^2\varepsilon_j+\sum_{i<j}\varepsilon_i\varepsilon_j{}^2+\sum_{i<j<k}\varepsilon_i\varepsilon_j\varepsilon_k,$$

$$S_{2,1}(\varepsilon_1,\cdots,\varepsilon_n)=S_2(\varepsilon)S_1(\varepsilon)-S_3(\varepsilon),$$

$$S_{1,1,1}(\varepsilon_1,\cdots,\varepsilon_n)=\sum_{i<j<k}\varepsilon_i\varepsilon_j\varepsilon_k,$$

$$S_3(1,\cdots,1)=\binom{n+2}{3},\qquad S_{1^3}(1,\cdots,1)=\binom{n}{3},\qquad S_{2,1}(1,\cdots,1)=\frac{n(n^2-1)}{3}$$

を証明せよ．

2　例4.1, 4.2にならって，$T_4(V)=V\otimes V\otimes V\otimes V$ を $GL(V)$ の下で既約成分に分解せよ．

3　$\dim V=n$ とする．$V\otimes V\otimes V$ 中に $GL(V)$ で不変な1次元の部分空間が存在するような n の値を求めよ．また，$GL(V)$ で不変な2次元の部分空間が存在するような n を求めよ．

4　$V\otimes V\otimes V$ を $\mathfrak{S}_3$ の下で既約成分に分解せよ．

［ヒント］　$V\otimes V\otimes V=T$ とし，例4.2により，標準分解 $T=T'\oplus T''\oplus T'''$，$T'=S_3$，$T''=T_3(B_2)\oplus T_3(B_3)$，$T'''=T_3(B_4)$ が作れる．T', T'', T''' の次元がわかっているから，$\mathfrak{S}_3$ の表現の既約成分を何回含むかがわかる．

5　一般に S 関数 $S_{\lambda_1,\cdots,\lambda_k}(\varepsilon_1,\cdots,\varepsilon_n)$ を $\varepsilon_1,\cdots,\varepsilon_n$ の単項式 $\varepsilon_1{}^{\nu_1}\cdots\varepsilon_n{}^{\nu_n}$ の1次結合の形に展開すれば，係数はすべて $\geqq 0$ なる整数となることを示せ．

［ヒント］　第5章問題11参照．

6　ベキ和 $\sigma_i(\varepsilon)=\varepsilon_1{}^i+\cdots+\varepsilon_n{}^i$ と S 関数

$$S_{k,0,\cdots,0}(\varepsilon)=p_k(\varepsilon_1,\cdots,\varepsilon_n)\qquad(k=1,2,\cdots),$$

$$S_{1^k}(\varepsilon)=a_k(\varepsilon_1,\cdots,\varepsilon_n)\qquad(k=1,2,\cdots,n)$$

の間には次の関係が成り立つことを示せ．

$$\begin{cases}\sigma_k-\sigma_{k-1}a_1+\cdots+(-1)^{k-1}\sigma_1a_{k-1}=(-1)^{k+1}ka_k & (k=1,2,\cdots,n),\\ \sigma_k+\sigma_{k-1}p_1+\cdots+\sigma_{k-1}p_{k-1}=kp_k & (k=1,2,\cdots).\end{cases}$$

7　問題6の結果を用いて次式を示せ．

$$a_k=\frac{1}{k!}\begin{vmatrix}\sigma_1 & 1 & & & 0\\ \sigma_2 & \sigma_1 & 2 & & \\ \sigma_3 & \sigma_2 & \sigma_1 & 3 & \\ \vdots & \vdots & \vdots & \ddots & k-1\\ \sigma_k & \sigma_{k-1} & \sigma_{k-2} & \cdots & \sigma_1\end{vmatrix}\qquad(k=1,2,\cdots,n),$$

$$p_k = \frac{1}{k!}\begin{vmatrix} \sigma_1 & -1 & & & 0 \\ \sigma_2 & \sigma_1 & -2 & & \\ \sigma_3 & \sigma_2 & \sigma_1 & -3 & \\ \vdots & \vdots & \vdots & \ddots & -(k-1) \\ \sigma_k & \sigma_{k-1} & \sigma_{k-2} & \cdots\cdots & \sigma_1 \end{vmatrix} \qquad (k=1, 2, \cdots).$$

8　S 関数 $S_\lambda(\varepsilon_1, \cdots, \varepsilon_n)$ に対し

$$S_\lambda(\varepsilon) = \frac{1}{f!}\sum_{\mathfrak{K}} |\mathfrak{K}|\chi_\lambda{}^{(f)}(\mathfrak{K})\,\sigma(\mathfrak{K})$$

を示せ．ただし $\mathfrak{K}$ は $\mathfrak{S}_f$ の共役類上を動く．そして，$\mathfrak{K}$ の型が $1^{\alpha_1}2^{\alpha_2}\cdots$ のとき，$\sigma(\mathfrak{K}) = \sigma_1(\varepsilon)^{\alpha_1}\sigma_2(\varepsilon)^{\alpha_2}\cdots$ である．

［ヒント］ Frobenius の公式に，$\mathfrak{S}_f$ の既約指標 $\chi_\lambda{}^{(f)}$ の第2直交関係式を用いよ．

9　第4章で述べた諸定理は，基礎体として複素数体 $\boldsymbol{C}$ の代りに，標数0の任意の体 K をとっても成り立つことを証明せよ．

［ヒント］ 定理2.2, 2.4参照．Young 対称子 c_B が対称群 $\mathfrak{S}_f$ の有理数体 $\boldsymbol{Q}$ 上の群環 $\boldsymbol{Q}[\mathfrak{S}_f]$ に属し，したがって $c_B \in K[\mathfrak{S}_f]$ となることを用いよ．第4章に登場する諸量($c_B T_f(V)$ など)が実は K 上でも定義されていることに注意して一歩一歩確かめよ．例えば次問参照．

10　体 K 上の n 次元ベクトル空間を V とし，R を K 上の線型環 End(V) の部分線型環とする．$S=\mathrm{End}_R(V)$ とおく．K を含む体 L をとり，$R\otimes_K L=\bar{R}$，$V\otimes_K L=\bar{V}$，$S\otimes_K L=\bar{S}$ とすれば，$\bar{S}=\mathrm{End}_{\bar{R}}(\bar{V})$ であることを示せ．そして，もし $\mathrm{End}_{\bar{S}}(\bar{V})=\bar{R}$ が成り立てば，$\mathrm{End}_S(V)=R$ も成り立つことを示せ．

第5章　一般線型群の有理表現

本章の目的は，第4章で述べたテンソル空間 $T_f(V)$ を分解して生ずる $GL(V)$ の既約表現により，$GL(V)$ の既約有理表現の‘ほとんどすべて’が得られることを示すことである．より精密にいえば，(i) $GL(V)$ の有理表現は，すべて完全可約であって，(ii) 既約有理表現は，ある符号数をもつ既約表現(すなわち第4章で述べたもの)と，$GL(V)$ の1次表現 $A\mapsto(\det A)^e$ (e は整数)とのテンソル積になる——というのである．

§5.1　一般線型群の有理表現

V を複素数体 $\boldsymbol{C}$ 上の n 次元ベクトル空間とし，$G=GL(V)$ とおく．G の有限次元ベクトル空間 U 上の表現

$$\rho:\ G \longrightarrow GL(U)$$

において，次の条件 (i), (ii) が成り立つとき，ρ を G の**有理表現** (rational representation) という．すなわち，V, U の基底 $e_1, \cdots, e_n$; $f_1, \cdots, f_m$ ($n=\dim V$, $m=\dim U$) をとって

$$G = GL(n, \boldsymbol{C}), \qquad GL(U) = GL(m, \boldsymbol{C})$$

と行列表示して，$(x_{ij})\in G$ の像を $\rho((x_{ij}))=(y_{pq})$ とおくとき，

(i)　各 y_{pq} が n^2 個の独立変数 $x_{11}, x_{12}, \cdots, x_{1n}, \cdots, x_{n1}, \cdots, x_{nn}$ の $\boldsymbol{C}$ 係数の有理式 $\varphi_{pq}(x)=\varphi_{pq}(x_{11}, \cdots, x_{nn})$ であり，

(ii)　しかも各 φ_{pq} は G 上で定義されている．

この条件は基底 (e_i), (f_j) のとり方にはよらないことが容易にわかる．

特に上の φ_{pq} が $x_{11}, x_{12}, \cdots, x_{nn}$ の多項式である場合には，表現 ρ を**多項式表現**という．

例 5.1　1次表現 ($U=\boldsymbol{C}$, $GL(U)=\boldsymbol{C}^*$) $A\mapsto(\det A)^e$ は，整数 e が $\geqq 0$ なら多項式表現，$e<0$ なら有理表現ではあるが多項式表現ではない．——

G 不変な U の部分空間 U_0 があれば，$\rho: G\to GL(U)$ が有理表現のとき，G の

U_0 上の表現および商空間 U/U_0 上の表現はいずれも有理表現である．ρ がさらに多項式表現ならば，U_0, U/U_0 上の表現も多項式表現である．(これは U_0 の基底を拡大して U の基底を作ればわかる.)

問　これを確かめよ．——

特に，第4章の $GL(V)$ の表現 $\rho_2: GL(V) \to GL(T)$ ($T=T_f(V)$) は，$A \to A\otimes\cdots\otimes A$ だから多項式表現である．よって，その既約成分(第4章で述べた)から生ずる $GL(V)$ の表現はすべて多項式表現である．

§5.2　1次有理表現の決定

補題 5.1　$GL(n, \boldsymbol{C})$ の1次の多項式表現

$$\rho:\ GL(n, \boldsymbol{C}) \longrightarrow \boldsymbol{C}^*$$

に対して，整数 $e \geqq 0$ が存在して，各 $X \in GL(n, \boldsymbol{C})$ に対して，$\rho(X) = (\det X)^e$ となる．

証明　(i, j) 成分だけが $=1$ で他の成分はすべて $=0$ なる n 次行列を E_{ij} と書く．そして $E_{ij}(t) = I + tE_{ij}$ とおく(I は n 次単位行列)．すると，$i \neq j$ に対して

$$\begin{aligned} E_{ij}(t)\,E_{ij}(t') &= (I+tE_{ij})(I+t'E_{ij}) \\ &= I+(t+t')\,E_{ij}+tt'E_{ij}E_{ij} \\ &= I+(t+t')\,E_{ij} = E_{ij}(t+t') \end{aligned}$$

である．よって，いま $i \neq j$ なる i, j を1組固定して

$$f(t) = \rho(E_{ij}(t))$$

とおくと，$f(t)$ は t の多項式で，$f: \boldsymbol{C} \to \boldsymbol{C}^*$ なる写像であり，しかも $E_{ij}(t)\,E_{ij}(t') = E_{ij}(t+t')$ により

$$f(t+t') = f(t)f(t') \qquad (t, t' \in \boldsymbol{C})$$

が成り立つ．よって，t, t' を x, y と書き，また，

$$f(t) = c_0+c_1t+\cdots+c_rt^r \qquad (c_r \neq 0)$$

とおくと，x, y についての恒等式

$$c_0+c_1(x+y)+\cdots+c_r(x+y)^r = (c_0+c_1x+\cdots+c_rx^r)(c_0+c_1y+\cdots+c_ry^r)$$

が成り立つ．x^r の係数を比べて

$$c_r = c_r(c_0+c_1y+\cdots+c_ry^r),$$

$c_r \neq 0$ より，$1 = c_0+c_1y+\cdots+c_ry^r$ を得る．よって，$1, y, \cdots, y^r$ の係数を比べれ

ば，$r=0$, $c_1=c_2=\cdots=c_r=0$ を得る．よって，$f(t)$ は恒等的に 1 になる．したがって，$\{E_{ij}(t)\,|\,t\in \boldsymbol{C},\ i\neq j\,(1\leqq i, j\leqq n)\}$ により生成される $GL(n, \boldsymbol{C})$ の部分群上では $\rho=1$ となることがわかった.

次に，(i, i) 成分が t $(t\neq 0)$ で，それ以外の対角成分はすべて 1 であるような対角行列を $\varDelta_i(t)$ とおくと，$\varDelta_i(tt')=\varDelta_i(t)\varDelta_i(t')$ である．よって，いま i を固定して

$$g(t)=\rho(\varDelta_i(t))$$

とおく．$g(t)$ は t の多項式で，$t\neq 0$, $t'\neq 0$ のとき

$$g(tt')=g(t)g(t')$$

を満たす．よって，t, t' について恒等的にこれを満たす．$g(t)=d_0+d_1t+\cdots+d_rt^r$ $(d_r\neq 0)$ とおくと，x, y についての恒等式

$$d_0+d_1xy+\cdots+d_rx^ry^r=(d_0+d_1x+\cdots+d_rx^r)(d_0+d_1y+\cdots+d_ry^r)$$

を得る．x^r の係数を比べて

$$d_ry^r=d_r(d_0+d_1y+\cdots+d_ry^r),$$

$d_r\neq 0$ より，$y^r=d_0+d_1y+\cdots+d_ry^r$ を得る．よって，係数を比べて

$$d_0=d_1=\cdots=d_{r-1}=0,\qquad d_r=1$$

となる．すなわち，i に対して整数 $r\geqq 0$ が定まって

$$\rho(\varDelta_i(t))=t^r\qquad (t\in \boldsymbol{C}^*)$$

となる．この整数 r は i には実は依存しないことを示そう．実際，$j\neq i$ に対し，互換 (i, j) に対応する置換行列

$$P=\begin{array}{c|c|c|c|c|c|} \multicolumn{1}{c}{} & \multicolumn{1}{c}{} & \multicolumn{1}{c}{i} & \multicolumn{1}{c}{} & \multicolumn{1}{c}{j} & \multicolumn{1}{c}{} \\ \cline{2-6} & \begin{matrix}1&&\\&\ddots&\\&&1\end{matrix} & 0 & 0 & 0 & 0 \\ \cline{2-6} i & 0 & 0 & 0 & 1 & 0 \\ \cline{2-6} & 0 & 0 & \begin{matrix}1&&\\&\ddots&\\&&1\end{matrix} & 0 & 0 \\ \cline{2-6} j & 0 & 1 & 0 & 0 & 0 \\ \cline{2-6} & 0 & 0 & 0 & 0 & \begin{matrix}1&&\\&\ddots&\\&&1\end{matrix} \\ \cline{2-6} \end{array}$$

を用いて，$P\Delta_i(t)P^{-1}=\Delta_j(t)$ となる．よっていま，j に対して定まる上のような整数を r' とすると

$$t^{r'}=\rho(P\Delta_i(t)P^{-1})=\rho(P)\rho(\Delta_i(t))\rho(P)^{-1}=\rho(\Delta_i(t))=t^r.$$

$$\therefore\ r'=r.$$

以上の $\rho(E_{ij}(t))=1\ (i\neq j)$，$\rho(\Delta_i(t))=t^r$ をまとめて，A が $E_{ij}(t)$ または $\Delta_i(t)$ のときは

$$\rho(A)=(\det A)^r$$

と言い直すことができる．

さて行列の基本変形の理論でよく知られているように，$GL(n,\boldsymbol{C})$ の任意の元 A に対して，$E_{ij}(t)$ または $\Delta_i(t)$ の形の行列 $C_1,\cdots,C_s$ を A に左乗して $1=C_1\cdots C_sA$ に直せる．$\therefore\ A=C_s^{-1}\cdots C_1^{-1}$．しかし，$E_{ij}(t)^{-1}=E_{ij}(-t)$，$\Delta_i(t)^{-1}=\Delta_i(t^{-1})$ だから，各 C_j^{-1} もまた $E_{ij}(t)$ か $\Delta_i(t)$ の形である．よって，$\rho(A)=\rho(C_s^{-1})\cdots\rho(C_1^{-1})=\det(C_s^{-1})^r\cdots\det(C_1^{-1})^r=\det(C_s^{-1}\cdots C_1^{-1})^r=(\det A)^r$．$r=e$ とおけばよい．▌

注意　補題5.1の e は一意的に定まる．これは明らかであろう．

補題 5.2　有理表現 $\rho:GL(n,\boldsymbol{C})\to GL(m,\boldsymbol{C})$ に対して，多項式表現 $\rho_0:GL(n,\boldsymbol{C})\to GL(m,\boldsymbol{C})$ と整数 $e\geqq 0$ とが存在して，各 $X\in GL(n,\boldsymbol{C})$ に対して

$$\rho(X)=(\det X)^{-e}\cdot\rho_0(X)$$

となる．

証明　$X=(x_{ij})\in GL(n,\boldsymbol{C})$ の ρ による像を $Y=\rho(X)=(y_{pq})$ とし，$X=(x_{11},\cdots,x_{1n},\cdots,x_{nn})$ の有理式 $f_{pq}(X)$ により $y_{pq}=f_{pq}(X)$ とおく．通分して $f_{pq}=\varphi_{pq}/\varphi$ (φ_{pq} と φ は X(の成分)の多項式の形)であるとしてよい．さらに φ_{pq} $(1\leqq p,q\leqq m)$ 達の G.C.D.(最大公約式)を ψ として，$\varphi_{pq}=\psi g_{pq}$ (g_{pq} は X の多項式)とおけば，$f_{pq}=\psi g_{pq}/\varphi$ である．ここでさらに φ と ψ の G.C.D. で φ と ψ を割っておけば，

$$f_{pq}=\frac{\psi}{\varphi}g_{pq},\qquad \underset{p,q}{\mathrm{G.C.D.}}\ \{g_{pq}\}=1,\quad \mathrm{G.C.D.}\ (\psi,\varphi)=1$$

であるとしてよい．

$F=(f_{pq})$，$G=(g_{pq})$ とおけば，$\rho(XY)=\rho(X)\rho(Y)$ より，

$$F(XY)=F(X)F(Y).$$

$$\therefore \quad \frac{\psi(XY)}{\varphi(XY)}G(XY)=\frac{\psi(X)}{\varphi(X)}G(X)\frac{\psi(Y)}{\varphi(Y)}G(Y).$$

よって

$$(*) \qquad \psi(XY)\varphi(X)\varphi(Y)G(XY)=\varphi(XY)\psi(X)\psi(Y)G(X)G(Y).$$

これが $\det X \neq 0$, $\det Y \neq 0$ なる任意の n 次複素行列 X, Y で成り立つから，実はすべての n 次複素行列 X, Y に対して成り立つ．f_{pq} が n 次単位行列 I_n で定義されているから，$\varphi(I_n)\neq 0$．また，$\rho(I_n)\neq 0$ より $\psi(I_n)\neq 0$．よって，φ と ψ に適当なスカラー$(\neq 0)$を掛けて，始めから

$$\varphi(I_n)=1, \qquad \psi(I_n)=1$$

としてよい．すると，$\rho(I_n)=I_m$ より，$G(I_n)=I_m$ となる．

さて，(＊)は (x_{ij}), (y_{ij}) を不定元としても成り立つ．(すなわち，$\boldsymbol{C}$ 上の多項式環 $\boldsymbol{C}[X, Y]=\boldsymbol{C}[x_{11}, x_{12}, \cdots, y_{11}, y_{12}, \cdots]$ において成り立つ.) (＊)より

$$\psi(XY)\varphi(X)\varphi(Y)G(XY)G(Y)^{-1}=\varphi(XY)\psi(X)\psi(Y)G(X).$$

よって，G. C. D. $\{g_{pq}\}=1$ と G. C. D. $(\varphi, \psi)=1$ により，体 $\boldsymbol{C}(Y)$ 上の多項式環 $\boldsymbol{C}(Y)[X]$ において

$$\varphi(X)\,|\,\varphi(XY) \qquad (|\text{ は‘割り切る’の意}).$$

したがって Gauss の補題(“体と Galois 理論”§1.5, e)参照)により，$\boldsymbol{C}[X, Y]$ において，$\varphi(X)\,|\,\varphi(XY)$ となる．同様に，$\boldsymbol{C}[X, Y]$ において $\varphi(Y)\,|\,\varphi(XY)$ となる．しかるに，$\boldsymbol{C}[X, Y]$ において，G. C. D. $(\varphi(X), \varphi(Y))=1$ であるから，$\boldsymbol{C}[X, Y]$ において，$\varphi(X)\varphi(Y)\,|\,\varphi(XY)$ となる．よって，(x_{ij}), (y_{ij}) の多項式 $h(X, Y)\in\boldsymbol{C}[X, Y]$ が存在して

$$\varphi(XY)=h(X, Y)\varphi(X)\varphi(Y)$$

となる．いま $\varphi(X)$ を X に関して d 次とすると，$\varphi(XY)$ は X, Y に関して高々 $2d$ 次で，$\varphi(X)\varphi(Y)$ は X, Y に関して $2d$ 次である．よって，$h(X, Y)$ は X, Y に関して0次である．すなわち，$h(X, Y)\in\boldsymbol{C}$．$\varphi(I_n)=1$ より，$h(X, Y)=1$ を得る．よって，$\varphi(XY)=\varphi(X)\varphi(Y)$ となり，φ は $GL(n, \boldsymbol{C})$ の1次の多項式表現である．よって，$\varphi(X)=(\det X)^e$ (e は整数，$e\geqq 0$) とおける(補題5.1)．すると，$\rho_0(X)=(\det X)^e\rho(X)=\psi(X)G(X)$ は $GL(n, \boldsymbol{C})$ の多項式表現となり，$\rho(X)=(\det X)^{-e}\rho_0(X)$. ▮

§5.3　多項式表現の分解

$GL(n, \boldsymbol{C})$ の多項式表現 $\rho: GL(n, \boldsymbol{C}) \to GL(m, \boldsymbol{C})$，$\rho(X) = (f_{pq}(X))$ において，多項式 $f_{pq}(X) \in \boldsymbol{C}[X]$ がすべて同次式で，その次数が p, q によらぬ一定値 d であるとき，ρ を斉 d 次の同次多項式表現という．

例 5.2　$GL(n, \boldsymbol{C}) = GL(V)$ の $T = T_f(V)$ 上の表現は斉 f 次の同次多項式表現である．

補題 5.3　$GL(n, \boldsymbol{C})$ の多項式表現 $\rho: GL(n, \boldsymbol{C}) \to GL(m, \boldsymbol{C})$ は，いくつかの同次多項式表現の直和に同値である．すなわち，定数行列 $P \in GL(m, \boldsymbol{C})$ が存在して，各 $X \in GL(n, \boldsymbol{C})$ に対して

$$P\rho(X)P^{-1} = \begin{pmatrix} \rho_1(X) & 0 & 0 & 0 \\ 0 & \rho_2(X) & 0 & 0 \\ 0 & 0 & \ddots & 0 \\ 0 & 0 & 0 & \rho_r(X) \end{pmatrix}$$

($\rho_1(X), \cdots, \rho_r(X)$ は $GL(n, \boldsymbol{C})$ の同次多項式表現)となる．

証明　$GL(m, \boldsymbol{C}) = GL(U)$，$\dim U = m$ とする．(U の基底 $f_1, \cdots, f_m$ をとり，$GL(U)$ を行列表示して $GL(m, \boldsymbol{C})$ になっている——と考えるのである.)　いま $\rho(zI_n) = A(z) = (a_{ij}(z)) \in GL(U)$ $(z \in \boldsymbol{C}^*)$ とおく．さて，U 上に正定値の Hermite 形式 $\Phi(u, v)$ を次のように導入する．$u = \xi_1 f_1 + \cdots + \xi_m f_m$，$v = \eta_1 f_1 + \cdots + \eta_m f_m$ に対して，$(u, v) = \xi_1 \bar{\eta}_1 + \cdots + \xi_m \bar{\eta}_m$ とおき，次に

$$\Phi(u, v) = \int_0^1 (A(e^{2\pi i\theta})u, A(e^{2\pi i\theta})v)\, d\theta \qquad (i = \sqrt{-1})$$

とおくのである．すると，$\lambda, \lambda' \in \boldsymbol{C}$ と $u, u', v \in U$ に対し

$$\Phi(\lambda u + \lambda' u', v) = \lambda\Phi(u, v) + \lambda'\Phi(u', v), \qquad \Phi(v, u) = \overline{\Phi(u, v)}$$

となること，および $u \in U$，$u \neq 0$ に対して

$$\Phi(u, u) > 0$$

となることは容易にわかるから，$\Phi(u, v)$ は U 上の正定値の Hermite 形式である．さらに，任意の実数 α に対し

$$\Phi(A(e^{2\pi i\alpha})u, A(e^{2\pi i\alpha})v) = \int_0^1 (A(e^{2\pi i\theta})A(e^{2\pi i\alpha})u, A(e^{2\pi i\theta})A(e^{2\pi i\alpha})v)\, d\theta$$

$$= \int_0^1 (A(e^{2\pi i(\theta+\alpha)})u, A(e^{2\pi i(\theta+\alpha)})v)\,d\theta = \Phi(u, v)$$

である．よって，内積 $\Phi(u, v)$ に関し，$A(e^{2\pi i\theta})$ $(\theta \in \boldsymbol{R})$ はユニタリ作用素である．したがって，内積 $\Phi(u, v)$ に関する U の正規直交基底に関し，$A(e^{2\pi i\theta})$ はユニタリ行列になる．よって始めから，$\rho(zI_n) = A(z)$ は $z = e^{2\pi i\theta}$ $(\theta \in \boldsymbol{R})$ に対しユニタリ行列であるとしてよい．$A(e^{2\pi i\theta}) = B(\theta)$ とおき，

$$\left[\frac{d}{d\theta}B(\theta)\right]_{\theta=0} = C$$

とすれば，$B(\theta+\theta') = B(\theta)B(\theta')$ と，$B(\theta)$ の θ に関する微分可能性とを用いて，周知のように，

$$B(\theta) = \exp(\theta C)$$

となる．$B(\theta)$ のユニタリ性より，${}^t\overline{\exp(\theta C)} = \exp(-\theta C)$ を得る．両辺を $\theta=0$ で微分して，${}^t\bar{C} = -C$ を得る．よって，iC は Hermite 行列だから対角化可能である．よって，C も対角化可能である．よってさらに U の基底を変更すれば，始めから $\rho(e^{2\pi i\theta}I_n) = \exp(\theta C)$ $(\theta \in \boldsymbol{R})$ なる行列系が同時に対角化されているとしてよい．C の形を

$$C = \left[\begin{array}{c|c|c} \lambda_1 I_{\nu_1} & 0 & 0 \\ \hline 0 & \ddots & 0 \\ \hline 0 & 0 & \lambda_r I_{\nu_r} \end{array}\right]$$

$(\lambda_1, \cdots, \lambda_r$ は C の相異なる固有値で，それぞれ ν_1 重，$\cdots$，ν_r 重の固有値とする$)$ とし，C の形の分割に応じて，

$$\rho(zI_n) = \left[\begin{array}{|c|c|c|c|} \hline F_{11}(z) & F_{12}(z) & \cdots & F_{1r}(z) \\ \hline F_{21}(z) & F_{22}(z) & \cdots & F_{2r}(z) \\ \hline \vdots & \vdots & \ddots & \vdots \\ \hline F_{r1}(z) & F_{r2}(z) & \cdots & F_{rr}(z) \\ \hline \end{array}\right] = A(z)$$

とおく．$F_{ij}(z)$ は z の多項式を成分とする $\nu_i \times \nu_j$ 行列である．$i \neq j$ のとき，$F_{ij}(e^{2\pi i\theta}) = 0$ $(\theta \in \boldsymbol{R})$ であるから，F_{ij} の行列成分である多項式は複素平面 $\boldsymbol{C}$ 内の単位円周上で 0 である．したがって，$\boldsymbol{C}^*$ 上でも 0 になるから，

$$i \neq j \Longrightarrow F_{ij}(z) = 0 \qquad (\text{各 } z \in \boldsymbol{C}^* \text{ に対し})$$

となる．また，$\rho(e^{2\pi i\theta}I_n)=\exp(\theta C)$ より，

$$[F_{jj}(z)]_{z=e^{2\pi i\theta}} = \exp(\theta\lambda_j I_{\nu_j})$$

である．よって，F_{jj} の対角成分でない行列成分は，z の多項式で，かつ $z=e^{2\pi i\theta}$ $(\theta\in \boldsymbol{R})$ のとき0である．よって，各 $z\in \boldsymbol{C}^*$ に対し0になるから，$F_{jj}(z)$ は対角行列である．しかも $F_{jj}(z)$ の対角成分は $|z|=1$ のとき互いに一致するから，実は，各 $z\in \boldsymbol{C}^*$ で一致する．よって，$F_{jj}(z)=\varphi_j(z)I_{\nu_j}$ $(1\leqq j\leqq r)$ と書ける．よって，

$$\rho(zI_n) = \begin{bmatrix} \varphi_1(z)I_{\nu_1} & & 0 \\ & \ddots & \\ 0 & & \varphi_r(z)I_{\nu_r} \end{bmatrix} = A(z) \qquad (z\in \boldsymbol{C}^*)$$

となる．したがって，$A(zz')=A(z)A(z')$ から，$\varphi_j(zz')=\varphi_j(z)\varphi_j(z')$ が成り立つ．$\varphi_j(z)$ は z の多項式だから，$\varphi_j(z)=z^{m_j}$ (m_j は整数で $m_j\geqq 0$) と書ける（補題5.1）．さらに $\varphi_j(e^{2\pi i\theta})=e^{\theta\lambda_j}$ より，$e^{2\pi i m_j\theta}=e^{\lambda_j\theta}$ $(\theta\in\boldsymbol{R})$．よって，$2\pi i m_j=\lambda_j$ $(1\leqq j\leqq r)$．$\lambda_1,\cdots,\lambda_r$ が互いに相異なるから，$m_1,\cdots,m_r$ も互いに相異なる．

さて，$GL(n,\boldsymbol{C})$ の任意の元 X に対して，$\rho(zI_n)$ と $\rho(X)$ とが互いに可換で，$\varphi_j(z)=z^{m_j}$ が互いに相異なることより，行列の簡単な計算で

$$\rho(X) = \begin{bmatrix} \rho_1(X) & & 0 \\ & \ddots & \\ 0 & & \rho_r(X) \end{bmatrix}$$

($\rho_j(X)$ は ν_j 次行列）となることがわかる．よって，各 $\rho_j(X)$ も X の多項式表現である．$\rho(zI_n)\rho(X)=\rho(zX)$ より，

$$\rho_j(zX) = z^{m_j}\rho_j(X)$$

を得るが，これは $\rho_j(X)$ の各行列成分 $f(X)$ に対し

$$f(zX) = z^{m_j}f(X)$$

となることを示している．よって，f は m_j 次の同次多項式である．したがって，$\rho_j(X)$ は斉 m_j 次の同次多項式表現である．▌

問　$\rho(X)$ の形が $\rho_1(X),\cdots,\rho_r(X)$ の直和の形になる——という上述の部分を確かめよ．［ヒント］$\varphi(X)$ を $\rho(zI_n)$ と同様に小行列に区分して，$\rho(X)\rho(zI_n)=\rho(zI_n)\rho(X)$ を書き下して比較せよ．

定理5.1　(i)　$GL(n,\boldsymbol{C})$ の有理表現はすべて完全可約である．

(ii)　$GL(n,\boldsymbol{C})$ の既約有理表現は，ある符号数をもつ既約表現（第4章）と A

$\mapsto(\det A)^e$ (e は整数) の形の 1 次表現のテンソル積である.

(iii) $GL(n, \boldsymbol{C})$ の既約な多項式表現は, ある自然数 f に対して斉 f 次の同次多項式表現である.

(iv) $GL(n, \boldsymbol{C})$ の斉 f 次の同次多項式表現 ρ が既約ならば, $GL(n, \boldsymbol{C})=GL(V)$ とし, ρ はテンソル空間 $T_f(V)$ の $GL(V)$ に関するある既約成分と同値になる.

証明 $GL(n, \boldsymbol{C})=GL(V)$ とし, $T_f(V)=T$ とおく. $e_1, \cdots, e_n$ を V の基底とし, $\Omega=\{1, \cdots, n\}$, $\Omega\times\cdots\times\Omega$ (f 個) を Ω_f と書く. $\alpha=(\alpha_1, \cdots, \alpha_f)\in\Omega_f$ に対し, $e_\alpha=e_{\alpha_1}\otimes\cdots\otimes e_{\alpha_f}\in T$ とおく. $\{e_\alpha \mid \alpha\in\Omega_f\}$ は T の基底である. また, 各 $\pi\in\mathfrak{S}_f$ と $\alpha=(\alpha_1, \cdots, \alpha_f)\in\Omega_f$ に対し, $\pi\alpha=(\alpha_{\pi^{-1}(1)}, \cdots, \alpha_{\pi^{-1}(f)})$ とおく. 補題 4.4 の証明中に述べたように, $\alpha_1, \cdots, \alpha_f$ 中に 1 が k_1 個, 2 が k_2 個, $\cdots$, n が k_n 個あるとき ($k_1+\cdots+k_n=f$ である), α の型は $(1^{k_1}2^{k_2}\cdots n^{k_n})$ であるということにすると, $\alpha, \beta\in\Omega_f$ に対して次が成り立つ.

$$\pi\alpha=\beta \text{ なる } \pi\in\mathfrak{S}_f \text{ がある} \iff \alpha, \beta \text{ の型が一致する}.$$

さて, まず次の補題が成立することを示そう.

補題 5.4 n^2 個の x_{ij} $(1\leqq i, j\leqq n)$ を $\boldsymbol{C}$ 上で代数的に独立な元とし, $Xe_i=\sum_j x_{ji}e_j$ とおく. $X\otimes\cdots\otimes X$ (f 個) の基底 $\{e_\alpha \mid \alpha\in\Omega_f\}$ に関する成分を $\xi_{\beta\alpha}$ ($\alpha, \beta\in\Omega_f$) とする:

$$(X\otimes\cdots\otimes X)e_\alpha=\sum_\beta \xi_{\beta\alpha}e_\beta.$$

このとき, $\alpha, \beta, \gamma, \delta\in\Omega_f$ に対して次が成り立つ.

$$\xi_{\beta\alpha}=\xi_{\delta\gamma} \iff \pi\alpha=\gamma,\ \pi\beta=\delta \text{ なる } \pi\in\mathfrak{S}_f \text{ がある}.$$

証明
$$\begin{aligned}(X\otimes\cdots\otimes X)e_\alpha &= Xe_{\alpha_1}\otimes\cdots\otimes Xe_{\alpha_f}\\ &= \sum_\lambda x_{\lambda_1\alpha_1}x_{\lambda_2\alpha_2}\cdots x_{\lambda_f\alpha_f}e_{\lambda_1}\otimes\cdots\otimes e_{\lambda_f}.\end{aligned}$$

$$\therefore\quad \xi_{\beta\alpha}=x_{\beta_1\alpha_1}x_{\beta_2\alpha_2}\cdots x_{\beta_f\alpha_f}.$$

そこで, $(\beta_1, \alpha_1), (\beta_2, \alpha_2), \cdots, (\beta_f, \alpha_f)$ の中に $(1, 1)$ が k_{11} 個, $(1, 2)$ が k_{12} 個, $\cdots$, (n, n) が k_{nn} 個あるとき ($k_{11}+k_{12}+\cdots+k_{nn}=f$), (β, α) の型は $(1, 1)^{k_{11}}(1, 2)^{k_{12}}\cdots(n, n)^{k_{nn}}$ であるということにする. すると, 上式より,

$$\xi_{\beta\alpha}=\xi_{\delta\gamma} \iff (\beta, \alpha), (\delta, \gamma) \text{ の型が一致する}.$$

よって補題中の主張 $\Leftarrow$ がわかる. 逆に, $\xi_{\beta\alpha}=\xi_{\delta\gamma}$ ならば, (β, α) と (δ, γ) の型

が一致するから，$(\beta_1, \alpha_1), \cdots, (\beta_f, \alpha_f)$ を適当に並べかえれば

$$\underbrace{(1,1), \cdots, (1,1)}_{k_{11}}, \underbrace{(1,2), \cdots, (1,2)}_{k_{12}}, \quad \cdots, \quad \underbrace{(n,n), \cdots, (n,n)}_{k_{nn}}$$

となるし，また，$(\delta_1, \gamma_1), \cdots, (\delta_f, \gamma_f)$ を適当に並べかえてもこうなる．よって，ある $\sigma, \tau \in \mathfrak{S}_f$ が存在して

$$\sigma\alpha = \tau\gamma, \qquad \sigma\beta = \tau\delta$$

となる．よって，$\tau^{-1}\sigma = \pi$ とおけば，$\pi\alpha = \gamma$，$\pi\beta = \delta$. ▮

そこで定理5.1の証明に戻ろう．いま，$\rho: GL(V) \to GL(U)$ を斉 f 次の同次多項式表現，$\dim U = m$ とする．U の基底 $f_1, \cdots, f_m$ をとり，$X = (x_{ij}) \in GL(V) = GL(n, \boldsymbol{C})$ に対し，$\rho(X)$ の (f_j) に関する行列成分を F_{ij} とする．$F_{ij}(X)$ は $x_{11}, x_{12}, \cdots, x_{nn}$ の f 次の同次多項式だから，$\xi_{\beta\alpha} = x_{\beta_1\alpha_1} \cdots x_{\beta_f\alpha_f}$ を用いて

$$F_{ij}(X) = \sum_{\alpha, \beta \in \Omega_f} a_{ij,\beta\alpha} \xi_{\beta\alpha} \qquad (a_{ij,\beta\alpha} \in \boldsymbol{C})$$

と書ける．補題5.4により，必要あれば，各 $\pi \in \mathfrak{S}_f$ に対し

$$(*) \qquad a_{ij,\beta\alpha} = a_{ij,\pi\beta,\pi\alpha}$$

となっているとしてよい．型の異なる $\xi_{\beta\alpha}$ 達は $\boldsymbol{C}$ 上1次独立（∵ (x_{ij}) の代数的独立性）だから，条件 $(*)$ により，$F_{ij}(X)$ の係数 $a_{ij,\beta\alpha}$ 達は一意的に確定する．さて，§4.1の $R = \rho_1(\boldsymbol{C}[\mathfrak{S}_f]) \subset \mathrm{End}(T)$ と $S = \mathrm{End}_R(T)$ を考えよう．係数 $\{a_{ij,\beta\alpha}\}$ を用いて，線型写像

$$\theta: S \longrightarrow \mathrm{End}(U)$$

を次のように定義する．$Y \in S$ とし，

$$Ye_\alpha = \sum_{\beta \in \Omega_f} y_{\beta\alpha} e_\beta$$

とおく．そして，$\theta(Y) \in \mathrm{End}(U)$ を

$$\theta(Y) f_j = \sum_{i=1}^{m} \left(\sum_{\alpha, \beta \in \Omega_f} a_{ij,\beta\alpha} y_{\beta\alpha} \right) f_i$$

で定義する．写像 θ の線型性は明らかである．そして，$Y = X \otimes \cdots \otimes X$ のときは作り方から

$$\theta(X \otimes \cdots \otimes X) f_j = \sum_i \left(\sum_{\alpha, \beta} a_{ij,\beta\alpha} \xi_{\beta\alpha} \right) f_i = \sum_i F_{ij}(X) f_i = \rho(X) f_j.$$

したがって，$\theta(X \otimes \cdots \otimes X) = \rho(X)$．よって，$X, X' \in GL(n, \boldsymbol{C})$ に対して，

$$\theta((X \otimes \cdots \otimes X)(X' \otimes \cdots \otimes X')) = \theta(XX' \otimes \cdots \otimes XX')$$

$$= \rho(XX') = \rho(X)\rho(X') = \theta(X\otimes\cdots\otimes X)\theta(X'\otimes\cdots\otimes X')$$

である．$\det X \neq 0$, $\det X' \neq 0$ なる任意の X, X' に対してこれが成り立つから，各 $X, X' \in \mathrm{End}(V)$ で成り立つ．一方，S の元は $X\otimes\cdots\otimes X$ $(X \in \mathrm{End}(V))$ の1次結合であった(定理4.2)から，S の各元 b, b' に対して

$$\theta(bb') = \theta(b)\theta(b')$$

となる．すなわち，θ は $\boldsymbol{C}$ 上の線型環 S, $\mathrm{End}(U)$ の間の準同型写像である．しかも $\theta(1_S)=1_U$ であるから，θ は S の U 上の表現である．そして上記より，各 $X \in GL(V)$ に対して，§4.2の表現 $\rho_2 : GL(V) \to GL(T)$, $\rho_2(X) = X\otimes\cdots\otimes X$ (f 個)を用いて

$$\theta(\rho_2(X)) = \rho(X)$$

が成り立つ．よって，U の部分空間 U_0 に対して

$$U_0 \text{ が } GL(V) \text{ で不変} \Leftrightarrow U_0 \text{ が } \theta(S) \text{ で不変}$$

となる．S は半単純だから，S の表現 θ は完全可約である．したがって，$GL(V)$ の表現 ρ も完全可約である．よって補題5.2, 5.3により，$GL(V)$ の任意の有理表現は完全可約となる．よって定理の主張(i)が示された．

さらに，上の ρ が既約な斉 f 次の同次多項式表現ならば，θ は S の既約な表現になる．よって，U は T の $GL(V)$ による標準分解 $T = T_1\oplus\cdots\oplus T_r$ のある等質成分の中の既約成分と同値である．$\theta(\rho_2(X)) = \rho(X)$ より，ρ に対して定理の主張(iv)が示された．

補題5.3により，主張(iii)が直ちに得られる．主張(ii)は，(iii), (iv)と補題5.2からわかる．∎

§5.4 符号数の意味の一般化

符号数 $\lambda = (\lambda_1, \cdots, \lambda_n)$ $(\lambda_1 \geqq \cdots \geqq \lambda_n \geqq 0)$ をもつ $GL(V)$ $(\dim V = n)$ の既約表現の意味は§4.3に述べた．すなわち，$f = \lambda_1 + \cdots + \lambda_n$ としてテンソル空間 $T_f(V) = T$ の部分空間 $c_B T$ (あるいは $\hat{c}_B T$) 上の $GL(V)$ の表現 ρ_λ がそれである．

定理 5.2 整数 $e \geqq 0$ と，$\lambda = (\lambda_1, \cdots, \lambda_n)$ に対して，$GL(V)$ の表現 ρ_λ と1次表現 $\Delta^e : A \mapsto (\det A)^e$ のテンソル積 $\rho_\lambda \otimes \Delta^e$ は，$\mu = (\lambda_1 + e, \cdots, \lambda_n + e)$ を符号数にもつ表現 ρ_μ に同値である．

証明 §4.3と定理5.1とにより，$\rho_\lambda \otimes \Delta^e$ と ρ_μ の指標をそれぞれ χ, χ' とする

とき，$\chi=\chi'$ をいえばよい．さて，$A\in GL(V)$ の固有値を $\varepsilon_1,\cdots,\varepsilon_n$ とすれば

$$\chi(A)=(\det A)^e\frac{|\varepsilon^{l_1},\cdots,\varepsilon^{l_n}|}{|\varepsilon^{n-1},\cdots,\varepsilon,1|}=(\varepsilon_1\cdots\varepsilon_n)^e\frac{|\varepsilon^{l_1},\cdots,\varepsilon^{l_n}|}{|\varepsilon^{n-1},\cdots,\varepsilon,1|}$$
$$(l=(l_1,\cdots,l_n)=\lambda+\delta)$$

である．一方，$\mu+\delta=(l_1+e,\cdots,l_n+e)$ だから

$$\chi'(A)=\frac{|\varepsilon^{l_1+e},\cdots,\varepsilon^{l_n+e}|}{|\varepsilon^{n-1},\cdots,\varepsilon,1|}=(\varepsilon_1\cdots\varepsilon_n)^e\frac{|\varepsilon^{l_1},\cdots,\varepsilon^{l_n}|}{|\varepsilon^{n-1},\cdots,\varepsilon,1|}=\chi(A).$$

よって，$\rho_\mu\sim\rho_\lambda\otimes\Delta^e$. ▌

そこで，一般に整数(負でもよい) $\lambda_1,\cdots,\lambda_n$，ただし

$$\lambda_1\geqq\cdots\geqq\lambda_n$$

に対して，$\lambda_i-\lambda_n=\mu_i\ (1\leqq i\leqq n)$，$\lambda_n=e$ とおけば，

$$\mu_1\geqq\cdots\geqq\mu_n=0,$$
$$\mu_i+e=\lambda_i\qquad(1\leqq i\leqq n).$$

そして上と同様な計算で，既約表現 $\rho_\mu\otimes\Delta^e\ (\mu=(\mu_1,\cdots,\mu_n))$ の指標 χ は

$$(*)\qquad\chi(A)=\frac{|\varepsilon^{l_1},\cdots,\varepsilon^{l_n}|}{|\varepsilon^{n-1},\cdots,\varepsilon,1|}$$

となる．ただし，$l=(l_1,\cdots,l_n)=(\lambda_1,\cdots,\lambda_n)+(n-1,\cdots,1,0)$ である．それゆえ，既約表現 $\rho_\mu\otimes\Delta^e$ を ρ_λ と書き，これを符号数 λ の $GL(V)$ の既約表現と呼ぶ．(＊)の右辺を**拡張された S 関数**と呼ぶことにして，これを $S_\lambda(\varepsilon)=S_\lambda(\varepsilon_1,\cdots,\varepsilon_n)$ と書けば，定理4.6を拡張した形の次の命題が成り立つ．

定理 5.3　(i)　$GL(V)$ の既約表現 $\rho_\lambda\ (\lambda=(\lambda_1,\cdots,\lambda_n)\in\boldsymbol{Z}^n,\ \lambda_1\geqq\cdots\geqq\lambda_n)$ の指標の $A\in GL(V)$ における値は $S_\lambda(\varepsilon_1,\cdots,\varepsilon_n)$ に等しい．ただし，$\varepsilon_1,\cdots,\varepsilon_n$ は A の固有値である．

(ii)　$\lambda_1\geqq\cdots\geqq\lambda_n$，$\mu_1\geqq\cdots\geqq\mu_n$ なる $\lambda=(\lambda_1,\cdots,\lambda_n)\in\boldsymbol{Z}^n$ と $\mu=(\mu_1,\cdots,\mu_n)\in\boldsymbol{Z}^n$ に対して，

$$\rho_\lambda\sim\rho_\mu\Leftrightarrow\lambda=\mu.$$

(iii)　$GL(V)$ の既約有理表現は，ある $\rho_\lambda\ (\lambda=(\lambda_1,\cdots,\lambda_n)\in\boldsymbol{Z}^n,\ \lambda_1\geqq\cdots\geqq\lambda_n)$ に同値である．

証明　(i), (iii) は既述である．(ii) の $\Leftarrow$ は自明であるから，$\Rightarrow$ を示せばよい．$\lambda_n=e$，$\mu_n=f$ とし，$\lambda_i-e=\lambda_i'$，$\mu_i-f=\mu_i'\ (1\leqq i\leqq n)$ とおく．$\rho_\lambda\sim\rho_\mu$ より

それらの指標は一致するから，$\lambda'=(\lambda_1', \cdots, \lambda_{n-1}', 0)$，$\mu'=(\mu_1', \cdots, \mu_{n-1}', 0)$，$\lambda'+\delta=l$，$\mu'+\delta=m$，$l=(l_1, \cdots, l_{n-1}, 0)$，$m=(m_1, \cdots, m_{n-1}, 0)$ とおいて，$\varepsilon_1\cdots\varepsilon_n\neq 0$ なる任意の $\varepsilon_1, \cdots, \varepsilon_n \in \boldsymbol{C}$ に対し

$$(\varepsilon_1\cdots\varepsilon_n)^e|\varepsilon^{l_1}, \cdots, \varepsilon^{l_n}| = (\varepsilon_1\cdots\varepsilon_n)^f|\varepsilon^{m_1}, \cdots, \varepsilon^{m_n}| \qquad (l_n=m_n=0)$$

を得る．よって，これは $\varepsilon_1, \cdots, \varepsilon_n$ に関する恒等式である．いま $e\neq f$ とし，例えば $e>f$ とすれば，$e-f=k>0$ として，(＊) より

$$(\varepsilon_1\cdots\varepsilon_n)^k|\varepsilon^{l_1}, \cdots, \varepsilon^{l_n}| = |\varepsilon^{m_1}, \cdots, \varepsilon^{m_n}|$$

を得る．したがって

$$|\varepsilon^{l_1+k}, \cdots, \varepsilon^{l_n+k}| = |\varepsilon^{m_1}, \cdots, \varepsilon^{m_n}|.$$

$l_1+k>l_2+k>\cdots>l_n+k$；$m_1>\cdots>m_n$ だから定理 3.2 (i) により，$l_i+k=m_i$ $(1\leqq i\leqq n)$．$\therefore$ $l_n+k=m_n$．$\therefore$ $k=0$ (矛盾)．よって，$e=f$．したがって，

$$|\varepsilon^{l_1}, \cdots, \varepsilon^{l_n}| = |\varepsilon^{m_1}, \cdots, \varepsilon^{m_n}|.$$

よって再び定理 3.2 (i) により，$l_i=m_i$ $(1\leqq i\leqq n)$．$\therefore$ $\lambda'=\mu'$．$\therefore$ $\lambda=\mu$． ▮

§5.5 対称テンソル上の表現

$GL(V)$ $(\dim V=n)$ の符号数 $(f, 0, \cdots, 0)$ (f は整数で，$\geqq 0$) の既約表現 $\rho=\rho_{f,0,\cdots,0}$ は，$f=0$ なら単位表現 $A\mapsto 1$ である．$f>0$ ならテンソル空間 $T=T_f(V)$ 上に ρ を次のように実現できるのであった (§4.3 参照)．すなわち，符号数 $(f, 0, \cdots, 0)$ の盤 B に対応する Young 対称子 $c_B\in \boldsymbol{C}[\mathfrak{S}_f]$ により，c_BT が ρ の表現空間である．さて，$(f!)^{-1}c_B$ は T 上でテンソルの対称化作用素になっている：$x_1, \cdots, x_f\in V$ に対し

$$\frac{c_B}{f!}(x_1\otimes\cdots\otimes x_f) = \frac{1}{f!}\sum_{\sigma\in\mathfrak{S}_f} x_{\sigma^{-1}(1)}\otimes\cdots\otimes x_{\sigma^{-1}(f)}.$$

よって，c_BT を $S_f(V)$ と書けば，$S_f(V)$ は T 中の f 次の対称テンソルの全体からなる部分空間である．よって，$\dim c_BT=\binom{f+n-1}{f}$ である (補題 4.4 の証明参照)．あるいは，$\dim c_BT$ は定理 4.5 からも出る：

$$\begin{aligned}\dim c_BT &= \frac{D(f+n-1, n-2, \cdots, 1, 0)}{D(n-1, n-2, \cdots, 1, 0)}\\ &= \frac{(f+1)(f+2)\cdots(f+n-1)D(n-2, \cdots, 1, 0)}{(n-1)!D(n-2, \cdots, 1, 0)}\end{aligned}$$

$$=\frac{(f+1)(f+2)\cdots(f+n-1)}{(n-1)!}=\binom{f+n-1}{f}.$$

さて，$S_f(V)$ 上の $GL(V)$ の表現の指標の $A\in GL(V)$ における値は A の固有値 $\varepsilon_1,\cdots,\varepsilon_n$ だけの関数であるから，これを $p_f(\varepsilon)=p_f(\varepsilon_1,\cdots,\varepsilon_n)$ とおく．したがって定理4.4により，

$$p_f(\varepsilon_1,\cdots,\varepsilon_n)=S_{f,0,\cdots,0}(\varepsilon)=\frac{|\varepsilon^{f+n-1},\varepsilon^{n-2},\cdots,\varepsilon,1|}{|\varepsilon^{n-1},\varepsilon^{n-2},\cdots,\varepsilon,1|}$$

である．これを $\varepsilon_1,\cdots,\varepsilon_n$ について展開してみよう．V の基底 $x_1,\cdots,x_n$ をとり，$Ax_i=\varepsilon_i x_i$ $(1\leqq i\leqq n)$ で A を定める．$\Omega=\{1,\cdots,n\}$ とし，$\Omega_f=\Omega\times\cdots\times\Omega\ni\alpha=(\alpha_1,\cdots,\alpha_f)$ の型を補題4.4の証明のように定義すると，相異なる $\binom{f+n-1}{f}$ 個の型の $\alpha,\beta,\cdots,\kappa\in\Omega_f$ に対して，$S=(f!)^{-1}c_B$ とおくと，

$$Se_\alpha,\ Se_\beta,\ \cdots,\ Se_\kappa \qquad (e_\alpha=e_{\alpha_1}\otimes\cdots\otimes e_{\alpha_f})$$

が $S_f(V)=c_BT$ の基底である．そして，α の型が $(1^{\nu_1}2^{\nu_2}\cdots n^{\nu_n})$ ならば，$Ae_\alpha=\varepsilon_1^{\nu_1}\varepsilon_2^{\nu_2}\cdots\varepsilon_n^{\nu_n}e_\alpha$ である．よって，A の c_BT 上のトレース $p_f(\varepsilon)$ は

$$(*)\qquad p_f(\varepsilon)=\sum_{\nu_1+\cdots+\nu_n=f}\varepsilon_1^{\nu_1}\varepsilon_2^{\nu_2}\cdots\varepsilon_n^{\nu_n}$$

となる．右辺の和は $\nu_1\geqq0,\ \cdots,\ \nu_n\geqq0,\ \nu_1+\cdots+\nu_n=f$ なる整数の組(全部で $\binom{f+n-1}{f}$ 個)についてとる．この結果を少し言い直せば次の定理となる．

定理 5.4　$GL(V)$ $(\dim V=n)$ の f 次対称テンソル空間 $S_f(V)$ 上の既約表現の指標を $A\mapsto p_f(A)$ $(A\in GL(V))$ とすれば，

$$\frac{1}{\det(I_n-zA)}=\sum_{f=0}^{\infty}p_f(A)z^f.$$

証明　A の固有値を $\varepsilon_1,\cdots,\varepsilon_n$ とすると，$p_f(A)$ は $\varepsilon_1,\cdots,\varepsilon_n$ のみの関数であった(定理4.4)から，これを $p_f(\varepsilon)=p_f(\varepsilon_1,\cdots,\varepsilon_n)$ とおくと，上述の$(*)$が成り立つ．よって

$$\begin{aligned}\sum_{f=0}^{\infty}p_f(A)z^f&=\sum_{f=0}^{\infty}\sum_{\nu_1+\cdots+\nu_n=f}\varepsilon_1^{\nu_1}z^{\nu_1}\varepsilon_2^{\nu_2}z^{\nu_2}\cdots\varepsilon_n^{\nu_n}z^{\nu_n}\\&=\left(\sum_{i=0}^{\infty}\varepsilon_1^iz^i\right)\left(\sum_{j=0}^{\infty}\varepsilon_2^jz^j\right)\cdots\left(\sum_{k=0}^{\infty}\varepsilon_n^kz^k\right)\\&=\frac{1}{1-\varepsilon_1z}\frac{1}{1-\varepsilon_2z}\cdots\frac{1}{1-\varepsilon_nz}=\frac{1}{\det(I_n-zA)}.\end{aligned}$$
∎

以下，$p_{-1}(\varepsilon)=p_{-2}(\varepsilon)=\cdots=0$ とおく．(もちろん $p_0(\varepsilon)=1$ である．)

定理 5.5 符号数 $\lambda=(\lambda_1,\cdots,\lambda_n)$ $(\lambda_1\geqq\cdots\geqq\lambda_n\geqq 0)$ の $GL(n,\boldsymbol{C})$ の既約表現 ρ_λ の指標 $S_\lambda(\varepsilon)$ と，対称テンソル上の表現の指標 $p_0(\varepsilon)$, $p_1(\varepsilon)$, $\cdots$ の間には次の関係がある．

$$S_\lambda(\varepsilon)=\det(p_{\lambda_i+j-i})_{1\leqq i,j\leqq n}=\begin{vmatrix} p_{\lambda_1} & p_{\lambda_1+1} & p_{\lambda_1+2} & \cdots & p_{\lambda_1+n-1} \\ p_{\lambda_2-1} & p_{\lambda_2} & p_{\lambda_2+1} & \cdots & p_{\lambda_2+n-2} \\ p_{\lambda_3-2} & p_{\lambda_3-1} & p_{\lambda_3} & \cdots & p_{\lambda_3+n-3} \\ \vdots & \vdots & \vdots & \ddots & \vdots \\ p_{\lambda_n-n+1} & p_{\lambda_n-n+2} & p_{\lambda_n-n+3} & \cdots & p_{\lambda_n} \end{vmatrix}.$$

証明 独立変数 $\varepsilon_1,\cdots,\varepsilon_n$ と $t_1,\cdots,t_n$ に対して既述(補題3.4)により次の等式が成り立つ．

$$\sum_{l\in L_n}|t^{l_1},\cdots,t^{l_n}|S_{l-\delta}(\varepsilon)=|t^{n-1},\cdots,t,1|\frac{1}{\prod_{i,j=1}^{n}(1-t_i\varepsilon_j)}.$$

右辺は定理5.4により，$p_f=p_f(\varepsilon)$ として，次に等しい．

$$\begin{aligned}&|t^{n-1},\cdots,t,1|(p_0+p_1t_1+p_2t_1{}^2+\cdots)\cdots(p_0+p_1t_n+p_2t_n{}^2+\cdots)\\ &=\Bigl(\sum_{\sigma\in\mathfrak{S}_n}\operatorname{sgn}(\sigma)t(\sigma\delta)\Bigr)\Bigl(\sum_\beta p_\beta t(\beta)\Bigr).\end{aligned}$$

ただし，一般に $\mu=(\mu_1,\cdots,\mu_n)\in\boldsymbol{Z}^n$ に対して，$t(\mu)=t_1{}^{\mu_1}t_2{}^{\mu_2}\cdots t_n{}^{\mu_n}$, $p_\mu=p_{\mu_1}p_{\mu_2}\cdots p_{\mu_n}$ とおくものとする．また，右辺の和 $\sum_\beta$ は $\beta=(\beta_1,\cdots,\beta_n)\in\boldsymbol{Z}^n$ についての和である．($p_{-1}=p_{-2}=\cdots=0$ だから，$\beta_1\geqq 0,\cdots,\beta_n\geqq 0$ なる $\beta\in\boldsymbol{Z}^n$ についての和と同じことになる.) よって，両辺で $t(l)$ の係数を比べると

$$\begin{aligned}S_{l-\delta}(\varepsilon)&=\sum_{\sigma\delta+\beta=l}\operatorname{sgn}(\sigma)p_\beta \qquad \left(\begin{matrix}\text{右辺の和は } \sigma\delta+\beta=l \text{ を満たす}\\ \sigma\in\mathfrak{S}_n \text{ と } \beta\in\boldsymbol{Z}^n \text{ の組にわたる}\end{matrix}\right)\\ &=\sum_{\sigma\in\mathfrak{S}_n}\operatorname{sgn}(\sigma)p_{l-\sigma\delta}.\end{aligned}$$

よって，$l-\delta=\lambda$ とおけば，$\lambda\in M_n$ (すなわち，$\lambda_1\geqq\cdots\geqq\lambda_n\geqq 0$) であって

$$S_\lambda(\varepsilon)=\sum_{\sigma\in\mathfrak{S}_n}\operatorname{sgn}(\sigma)p_{\lambda+\delta-\sigma\delta}.$$

そこで，$\delta=(n-1,\cdots,1,0)$ を便宜上 $\delta=(\delta_1,\cdots,\delta_n)$ とおくと，

$$p_{\lambda+\delta-\sigma\delta}=p_{\lambda_1+\delta_1-\delta_{\sigma^{-1}(1)}}p_{\lambda_2+\delta_2-\delta_{\sigma^{-1}(2)}}\cdots p_{\lambda_n+\delta_n-\delta_{\sigma^{-1}(n)}}$$

である．よって，いま (i,j) 成分が p_{λ_i+j-i} であるような行列を $Q=(q_{ij})$ とすれば，$q_{ij}=p_{\lambda_i+j-i}=p_{\lambda_i+(n-i)-(n-j)}=p_{\lambda_i+\delta_i-\delta_j}$ であるから

$$\det Q = \sum_{\sigma \in \mathfrak{S}_n} \operatorname{sgn}(\sigma) q_{1,\sigma^{-1}(1)} q_{2,\sigma^{-1}(2)} \cdots q_{n,\sigma^{-1}(n)}$$
$$= \sum_{\sigma \in \mathfrak{S}_n} \operatorname{sgn}(\sigma) p_{\lambda+\delta-\sigma\delta} = S_\lambda(\varepsilon). \qquad \blacksquare$$

例 5.3

$$S_{2,1,0,\cdots,0}(\varepsilon) = \left| \begin{array}{cc|ccc} p_2 & p_3 & p_4 & \cdots & p_{n+1} \\ p_0 & p_1 & p_2 & \cdots & p_{n-1} \\ \hline 0 & 0 & p_0 & & * \\ \vdots & \vdots & & \ddots & \\ 0 & 0 & 0 & & p_0 \end{array} \right| = p_1p_2 - p_3.$$

$$\therefore \quad p_1p_2 = p_3 + S_{2,1,0,\cdots,0}(\varepsilon).$$

この式の意味を解釈しよう．それは，1次対称テンソルの空間 $S_1(V)$，すなわち，$S_1(V)=V$ と，2次対称テンソルの空間 $S_2(V)\subset T_2(V)=V\otimes V$ とのテンソル積を $GL(V)$ の既約成分に分解すれば，3次対称テンソルの空間 $S_3(V)\subset V\otimes V\otimes V$ による表現(と同値な表現)と，符号数 $(2, 1, 0, \cdots, 0)$ の既約表現との直和に分解する——という分解法則を与えているわけである．いま，$p_1(\varepsilon)=\varepsilon_1+\cdots+\varepsilon_n$ は§3.1のベキ和 $\sigma_1(\varepsilon)$ に等しいことに注意すれば，この分解法則は既述の S 関数の公式(定理3.10(iii))の特別な場合である

$$\sigma_1 S_{2,0,\cdots,0} = S_{3,0,\cdots,0}+S_{2,1,0,\cdots,0}+S_{2,0,1,0,\cdots,0}+\cdots+S_{2,0,\cdots,0,1}$$
$$= S_{3,0,\cdots,0}+S_{2,1,0,\cdots,0}$$

からも出る．($S_{f,0,\cdots,0}(\varepsilon)=p_f(\varepsilon)$ に注意せよ.) ——

定理5.5の内容を別の言葉で述べよう．それによると，対称群 $\mathfrak{S}_f$ のある表現の既約成分への分解状況と，対称テンソル空間達のテンソル積 $S_{\lambda_1}(V)\otimes\cdots\otimes S_{\lambda_k}(V)$ の $GL(V)$ の下での既約成分への分解状況とが，重複度を示す係数については全く一致することが示されるのである．

いま，f の分割 $\lambda=(\lambda_1, \cdots, \lambda_n)\in \boldsymbol{Z}^n$ $(\lambda_1\geqq\cdots\geqq\lambda_n\geqq 0,\ f=\lambda_1+\cdots+\lambda_n)$ をとり，λ の深さを k とする．符号数 λ の台 D 上に任意に盤 B をとる．盤 B の水平置換群 $\mathfrak{H}_B\cong\mathfrak{S}_{\lambda_1}\times\cdots\times\mathfrak{S}_{\lambda_k}$ の単位指標から誘導された $\mathfrak{S}_f$ の指標，すなわち，$\mathfrak{S}_f$ の $\mathfrak{S}_f/\mathfrak{H}_B$ 上の置換表現(§3.1)の指標を $\psi_\lambda=\psi_{\lambda_1,\cdots,\lambda_n}$ と書く．ψ_λ を $\mathfrak{S}_f$ の既約指標 χ_μ 達で表わす式については，定理3.3(i)がある(そこでの $\omega_\mu=\chi_\mu$ である)：χ_μ を ψ_λ で表わして

$$(*)\qquad \chi_\lambda = \sum_{\pi \in \mathfrak{S}_n} \mathrm{sgn}(\pi)\psi_{\lambda+\delta-\pi\delta}$$

というのがその式である．これは $S_\lambda(\varepsilon)$ を $p_\mu(\varepsilon)$ で表わす上述の式

$$(**)\qquad S_\lambda(\varepsilon) = \sum_{\pi \in \mathfrak{S}_n} \mathrm{sgn}(\pi) p_{\lambda+\delta-\pi\delta}$$

と全く同型である．よって，$(*)$, $(**)$ を逆に解いた式(§3.3, d) 参照) も一致する．すなわち次の定理を得る．

定理 5.6 f の分割の全体を $P(f)$ とする．$\lambda \in P(f)$ に対応する $\mathfrak{S}_f$ の指標 $\psi_\lambda = \mathrm{Ind}^{\mathfrak{S}_f}{}_{\mathfrak{S}_{\lambda_1}\times\cdots\times\mathfrak{S}_{\lambda_k}}(1)$ の既約成分への分解が

$$\psi_\lambda = \sum_{\mu \in P(f)} m_{\lambda\mu}\chi_\mu \qquad (m_{\lambda\mu} \in \boldsymbol{Z},\ m_{\lambda\mu} \geqq 0)$$

(χ_μ は分割 μ に対応する既約指標) であれば，$GL(V)$ のテンソル積 $S_{\lambda_1}(V)\otimes\cdots\otimes S_{\lambda_k}(V) = S_{\lambda_1,\cdots,\lambda_k}(V)$ 上の表現は次のように既約成分に分解する．すなわち，$S_{\lambda_1,\cdots,\lambda_k}(V)$ 上の指標 $p_{\lambda_1}(\varepsilon)\cdots p_{\lambda_k}(\varepsilon)$ ($\varepsilon = (\varepsilon_1, \cdots, \varepsilon_n)$, $n = \dim V$) を $GL(V)$ の既約指標である Schur 関数で表わせば，上と同じ $m_{\lambda\mu}$ により

$$p_{\lambda_1}(\varepsilon)\cdots p_{\lambda_k}(\varepsilon) = \sum_{\mu \in P(f)} m_{\lambda\mu} S_\mu(\varepsilon)$$

となる．

例 5.4 上の例 5.3 の $p_1(\varepsilon)p_2(\varepsilon) = p_3(\varepsilon) + S_{2,1}(\varepsilon)$ を定理 5.6 から導いてみよう．$\mathfrak{S}_3$ では既述(例 3.2)のように

$$\psi_{2,1} = \chi_3 + \chi_{2,1}$$

である．したがって，$\psi_{2,1}$ を $p_2(\varepsilon)p_1(\varepsilon)$ でおきかえ，χ_3 を $S_3(\varepsilon)$，$\chi_{2,1}$ を $S_{2,1}(\varepsilon)$ でおきかえて，例 5.3 の結果が得られる．——

注意 実は定理 5.6 よりもはるかに一般な次の結果も知られている(巻末参考書 [5] 参照)．$\mathfrak{S}_{\lambda_1}\times\cdots\times\mathfrak{S}_{\lambda_k}$ を上のように $\mathfrak{H}_B \subset \mathfrak{S}_f$ と同一視し，$\mathfrak{S}_{\lambda_i}$ の既約指標 $\chi_{\mu_i}{}^{(\lambda_i)}$ $(1 \leqq i \leqq k)$ (μ_i は λ_i の分割) をとり，その積 $\chi_{\mu_1}{}^{(\lambda_1)}\cdots\chi_{\mu_k}{}^{(\lambda_k)}$ (これは $\mathfrak{H}_B$ の既約指標である) から誘導された $\mathfrak{S}_f$ の指標 $\mathrm{Ind}^{\mathfrak{S}_f}{}_{\mathfrak{H}_B}(\chi_{\mu_1}{}^{(\lambda_1)}\cdots\chi_{\mu_k}{}^{(\lambda_k)})$ を $\Psi_{\mu_1,\cdots,\mu_k}$ とする．もし $\Psi_{\mu_1,\cdots,\mu_k}$ の既約成分への分解が

$$\Psi_{\mu_1,\cdots,\mu_k} = \sum_{\nu \in P(f)} a_{\mu_1,\cdots,\mu_k}{}^{\nu}\chi_\nu$$

ならば，$GL(V)$ の既約表現のテンソル積の既約成分への分解の式が，やはり

$$S_{\mu_1}(\varepsilon)\cdots S_{\mu_k}(\varepsilon) = \sum_{\nu \in P(f)} a_{\mu_1,\cdots,\mu_k}{}^{\nu} S_\nu(\varepsilon)$$

となるというのである．

$\chi_{\mu_i}{}^{(\lambda_i)}$ $(1 \leqq i \leqq k)$ がすべて $\mathfrak{S}_{\lambda_i}$ の単位指標の場合が定理 5.6 である．

問　題

以下，V を n 次元複素ベクトル空間とする．

1　$T_f(V)$ 中の f 次交代テンソル空間を $A_f(V)$ とする．すなわち，符号数 $(1,\cdots,1)$ の f 次の盤 B を用いて，$A_f(V)=c_B T_f(V)$ とおく．

(i)　$f>n$ なら $\dim A_f(V)=0$ を示せ．

(ii)　$f\leqq n$ なら $\dim A_f(V)=\binom{n}{f}$ を示せ．

(iii)　$x_1,\cdots,x_f\in V$ に対して

$$x_1\wedge\cdots\wedge x_f=\frac{1}{f!}\sum_{\sigma\in\mathfrak{S}_n}x_{\sigma^{-1}(1)}\otimes\cdots\otimes x_{\sigma^{-1}(f)}$$

とおく．$e_1,\cdots,e_n$ を V の基底とすれば，$\binom{n}{f}$ 個の

$$e_{i_1}\wedge\cdots\wedge e_{i_f}\qquad(1\leqq i_1<\cdots<i_f\leqq n)$$

が (ii) において $A_f(V)$ の基底となることを示せ．

2　$GL(V)$ の f 次交代テンソル空間上の表現の指標を $a_f(A)=a_f(\varepsilon_1,\cdots,\varepsilon_n)=a_f(\varepsilon)$ とおく ($\varepsilon_1,\cdots,\varepsilon_n$ は $A\in GL(V)$ の固有値)．このとき

$$a_f(\varepsilon)=\sum_{i_1<\cdots<i_f}\varepsilon_{i_1}\cdots\varepsilon_{i_f}$$

であることを示せ．

[ヒント]　問題1の (iii) の $A_f(V)$ の基底を用いよ．

3　$A\in GL(V)$ に対して

$$\det(I_n-zA)=a_0-a_1(A)z+a_2(A)z^2-\cdots+(-1)^n a_n(A)z^n$$

が成り立つことを示せ ($a_0=1$)．

4

$$\frac{1}{a_0-a_1(\varepsilon)z+\cdots+(-1)^n a_n(\varepsilon)z^n}=p_0+p_1(\varepsilon)z+p_2(\varepsilon)z^2+\cdots$$

を用いて，$a_0,a_1,\cdots,a_n$；$p_0,p_1,p_2,\cdots$ 間に成り立つ次の恒等式を証明せよ．

$$p_k-p_{k-1}a_1+p_{k-2}a_2-\cdots+(-1)^k a_k=0\qquad(k=1,2,\cdots).$$

5　V の双対ベクトル空間 V^* 上の $GL(V)$ の表現を $\rho:A\to({}^tA)^{-1}$ とする．(ただし，$\varphi\in V^*$，$x\in V$ に対して，${}^tA$ は $\langle{}^tA\varphi,x\rangle=\langle\varphi,Ax\rangle$ で定義される.)

この表現の指標は

$$(\varepsilon_1\cdots\varepsilon_n)^{-1}a_{n-1}(\varepsilon)$$

に等しいことを示せ．

[ヒント]　V,V^* の双対基底 $e_1,\cdots,e_n$；$\varphi_1,\cdots,\varphi_n$ をとる：$\langle\varphi_i,e_j\rangle=\delta_{ij}$．すると，$A=(a_{ij})$ なら，$({}^tA)^{-1}$ の行列は ${}^t(a_{ij})^{-1}$ である．よって，$\mathrm{Tr}({}^tA^{-1})=\varepsilon_1{}^{-1}+\cdots+\varepsilon_n{}^{-1}$.

6　$GL(V)$ の表現空間 $V^*\otimes V$ を既約成分に分解せよ．また，$V^*\otimes V\otimes V$ を既約成分に分解せよ．

7　符号数 $(\lambda_1, \cdots, \lambda_n)$ の台 D の共役台 ${}^tD$ の符号数を $(\mu_1, \cdots, \mu_m)$ とすれば

$$S_{\lambda_1,\cdots,\lambda_n}(\varepsilon_1, \cdots, \varepsilon_n) = \begin{vmatrix} a_{\mu_1} & a_{\mu_1+1} & a_{\mu_1+2} & \cdots & a_{\mu_1+m-1} \\ a_{\mu_2-1} & a_{\mu_2} & a_{\mu_2+1} & \cdots & a_{\mu_2+m-2} \\ a_{\mu_3-2} & a_{\mu_3-1} & a_{\mu_3} & \cdots & a_{\mu_3+m-3} \\ \vdots & \vdots & \vdots & \ddots & \vdots \\ a_{\mu_m-m+1} & a_{\mu_m-m+2} & a_{\mu_m-m+3} & \cdots & a_{\mu_m} \end{vmatrix}$$

となることを示せ．ただし $a_0=1$, $a_{-k}=0\ (k=1, 2, \cdots)$, $a_j=0\ (j=n+1, n+2, \cdots)$ とする．

8　前問を用いて，$A_2(V)\otimes A_1(V)$ を $GL(V)$ の下で既約成分に分解せよ．

［ヒント］ 例5.3にならえ．

9　$A_3(V)\otimes A_1(V)$ 上の $GL(V)$ の表現の指標は $a_4(\varepsilon)+S_{2,1,1}(\varepsilon)$ であることを示せ．$A_2(V)\otimes A_2(V)$ 上の表現の指標を求めよ．既約指標に分解せよ．

（答: $a_2(\varepsilon)a_2(\varepsilon)=a_3(\varepsilon)a_1(\varepsilon)+S_{2,2}(\varepsilon)=a_4(\varepsilon)+S_{2,1,1}(\varepsilon)+S_{2,2}(\varepsilon)$）

10　乗法群 $\boldsymbol{C}^*\times\cdots\times\boldsymbol{C}^*$ (n 個) を T_n とする．$T_n\to GL(m, \boldsymbol{C})$ なる準同型写像 $\rho: z=(z_1, \cdots, z_n)\mapsto\rho(z)=(\rho_{ij}(z))\in GL(m, \boldsymbol{C})$ が複素解析的，すなわち，各行列成分 $\rho_{ij}(z)$ が T_n 上で定義された複素解析関数であるとする．このとき次を示せ．

(i)　ある $P\in GL(m, \boldsymbol{C})$ が存在して

$$P\rho(z)P^{-1} = \begin{bmatrix} \varphi_1(z) & & 0 \\ & \ddots & \\ 0 & & \varphi_m(z) \end{bmatrix}$$

となる．

(ii)　各 $\varphi_j(z)$ は $\varphi_j(z)=z_1^{\alpha_{1j}}z_2^{\alpha_{2j}}\cdots z_m^{\alpha_{mj}}$ $(\alpha_{kj}\in\boldsymbol{Z})$ の形である．

(iii)　もとの $\rho_{ij}(z)$ はすべて $z=(z_1, \cdots, z_n)$ の有理式である．

［ヒント］ (i), (ii): T_n の元で第 j 成分以外は $=1$ なる形のもの全体のなす部分群を $T_n^{(j)}$ とする．ρ の $T_n^{(j)}$ 上への制限 $\rho|T_n^{(j)}=\rho_j$ は $\boldsymbol{C}^*\to GL(m, \boldsymbol{C})$ なる複素解析的な準同型写像とみなせるから，補題5.3の証明と同様にして，$\rho_j(\exp u)=\exp(uA_j)$ $(u\in\boldsymbol{C})$ (A_j は対角化可能な m 次行列 $(j=1, \cdots, n)$) と書ける．$A_1, \cdots, A_n$ は互いに可換となり ($\because$ $\rho_j(z)\rho_k(z')=\rho_k(z')\rho_j(z)$)，ある $P\in GL(m, \boldsymbol{C})$ により，PA_jP^{-1} は同時に対角化される．よって，$PA_jP^{-1}=\mathrm{diag}(\alpha_{j1}, \cdots, \alpha_{jm})$ とすると，$z_j=\exp u_j$ のとき

$$P\rho(z)P^{-1} = P\rho_1(z_1)\cdots\rho_n(z_n)P^{-1} = \prod_j P\rho_j(z_j)P^{-1}$$
$$= \mathrm{diag}(\lambda_1(z), \cdots, \lambda_m(z))$$

となる．ただし $\lambda_p(e^{u_1}, \cdots, e^{u_n})=e^{\alpha_{1p}u_1+\cdots+\alpha_{np}u_n}$ である．さて，$u_2=\cdots=u_n=0$, $u_1=$純虚数のとき，$\lambda_p(e^{u_1})$ は有界だから，α_{1p} は実数．しかも u_1-u_1' が $2\pi\sqrt{-1}$ の整数倍のとき，$\lambda_p(e^{u_1})=\lambda_p(e^{u_1'})$ となるから，$\alpha_{1p}\in\boldsymbol{Z}$ となる．他の α_{ij} も同様に，$\alpha_{ij}\in\boldsymbol{Z}$. $\therefore$ $\lambda_p(z_1, \cdots, z_n)=z_1^{\alpha_{1p}}\cdots z_n^{\alpha_{np}}$. (iii) は (i), (ii) より直ぐ出る．

11　前問を用いて，$\lambda_1\geqq\cdots\geqq\lambda_n\geqq 0$ なる符号数 $\lambda=(\lambda_1, \cdots, \lambda_n)\in\boldsymbol{Z}^n$ に対して，Schur 関数 $S_\lambda(\varepsilon_1, \cdots, \varepsilon_n)$ を単項式 $\varepsilon(\mu)=\varepsilon_1^{\mu_1}\cdots\varepsilon_n^{\mu_n}$ の整係数1次結合の形:

$$S_\lambda(\varepsilon) = \sum_\mu c_\lambda(\mu)\varepsilon(\mu)$$

に表わせば，どの $c_\lambda(\mu)$ も $\geqq 0$ であることを示せ．$c_\lambda(\mu)>0$ のとき，$\varepsilon(\mu)$ は $S_\lambda(\varepsilon)$ に対応する $GL(V)$ の表現において重複度 $c_\lambda(\mu)$ の**重さ** (weight) であるという．

［ヒント］ $S_\lambda(\varepsilon)$ に対応する $GL(n, \boldsymbol{C})$ の既約表現は同次多項式表現だから，それを $GL(n, \boldsymbol{C})$ の対角行列のなす部分群 T_n に制限して，前問の ρ が生ずる．すると，多項式性より前問の α_{kj} はすべて $\geqq 0$ なる整数である．一方，$S_\lambda(\varepsilon)=\varphi_1(\varepsilon_1, \cdots, \varepsilon_n)+\cdots+\varphi_m(\varepsilon_1, \cdots, \varepsilon_n)$．これにより，求める結果を得る．

12 符号数 $\lambda=(\lambda_1, \cdots, \lambda_n)$ $(\lambda_1\geqq\cdots\geqq\lambda_n)$ の $GL(V)$ の既約表現の次数を d_λ とするとき，次を示せ．(**相対不変式の基本定理**)

$$d_\lambda = 1 \iff \lambda_1 = \cdots = \lambda_n.$$

［ヒント］ 各 λ_i を $\lambda_i-\lambda_n$ でおきかえて，$\lambda_n=0$ の場合に帰着する．前問の記号で $d_\lambda=\sum_\mu c_\lambda(\mu)$ である．さて，$S_\lambda(\varepsilon)$ は $\varepsilon_1, \cdots, \varepsilon_n$ の対称式だから，各 $\pi\in\mathfrak{S}_n$ に対し，$c_\lambda(\pi\mu)=c_\lambda(\mu)$．よって，$c_\lambda(\mu)>0$ かつ $\mu_1, \cdots, \mu_n$ のうちに異なるものがあれば $d_\lambda\geqq 2$ となる．一方，$S_\lambda(\varepsilon)=\xi(\lambda+\delta)/\xi(\delta)$ だから，$c_\lambda(\lambda)=1$ が出る．よってもし $d_\lambda=1$ なら，$\lambda_1=\cdots=\lambda_n=0$．逆は明らかである．

13 (i) $T_f(V)=V\otimes\cdots\otimes V$ (f 個) が $GL(V)$ で不変な1次元の不変部分空間をもつための必要十分条件は，f が $n=\dim V$ の倍数であることを示せ．

(ii) さらに，このような部分空間上の $GL(V)$ の指標は，$f=pn$ のとき，$S_{p,\cdots,p}(\varepsilon_1, \cdots, \varepsilon_n)=(\varepsilon_1\cdots\varepsilon_n)^p$ であることを示せ．

(iii) これらの1次元不変部分空間全体の和として生ずる $T_f(V)$ の部分空間の次元は，台 $(p, \cdots, p)$ (n 成分) に対応する f 次対称群の既約表現の次数に等しいことを示せ．

［ヒント］ (i), (ii) は前問から出る．(iii) は定理4.4の系を見よ．

14 V を n 次元複素ベクトル空間とする．$V\times\cdots\times V$ (k 個) 上で定義された重線型関数 $f: V\times\cdots\times V\to\boldsymbol{C}$ であって，各 $A\in GL(V)$ に対して関数 $g(x_1, \cdots, x_k)=f(Ax_1, \cdots, Ax_k)$ が関数 $f(x_1, \cdots, x_k)$ のスカラー倍となるような f を，$GL(V)$ の k 重線型**相対不変式**という．k 重線型相対不変式 $f\neq 0$ が存在するための条件は k が n の倍数である．これを証明せよ．また，$k=pn$ なら，k 重線型相対不変式 f に対して，

$$f(Ax_1, \cdots, Ax_k) = (\det A)^p f(x_1, \cdots, x_k)$$

が成り立つことを示せ．(p を f の重さという．)

［ヒント］ $\underbrace{V\times\cdots\times V}_{k}\to\boldsymbol{C}$ なる重線型関数のなす空間は $V^*\otimes\cdots\otimes V^*=T_k(V^*)$ とみなせる．$T_k(V^*)$ 中の $GL(V)$ で不変な1次元部分空間を見出せというのが問題の内容である．さて，$T_k(V^*)$ は $T_k(V)$ の双対ベクトル空間で，$GL(V)$ の $T_k(V)$ 上の表現が完全可約だから，前問に帰着する．

15 $\dim V=3$ とする．$GL(V)$ の6重線型相対不変式の全体のなすベクトル空間の次元を求めよ．

［ヒント］ 符号数(2,2,2)の$\mathfrak{S}_6$の既約表現の次数を計算すればよい．答は5である．6重線型相対不変式の例は次の通り：Vの基底e_1, e_2, e_3をとり，ベクトル$x \in V$を成分表示して，$x=(x_1, x_2, x_3)$とするとき，

$$[x, y, z] = \begin{vmatrix} x_1 & y_1 & z_1 \\ x_2 & y_2 & z_2 \\ x_3 & y_3 & z_3 \end{vmatrix}$$

は，重さ1の3重線型相対不変式である．$[x, y, z]\cdot[u, v, w]$は，重さ2の6重線型相対不変式である．

16 (**分岐則** $GL(n, \boldsymbol{C}) \to GL(n-1, \boldsymbol{C})$) 指標$S_{\lambda_1,\cdots,\lambda_n}(\varepsilon_1, \cdots, \varepsilon_n)$をもつ$GL(n, \boldsymbol{C})$の既約有理表現$\rho_\lambda$を，$GL(n, \boldsymbol{C})$の部分群$H$上に制限する．ただし，$H$は$GL(n, \boldsymbol{C})$中の

$$H = \left[\begin{array}{ccc|c} & & & 0 \\ & * & & \vdots \\ & & & 0 \\ \hline 0 & \cdots & 0 & 1 \end{array}\right]$$

なる形の行列の全体のなす部分群である：$H \cong GL(n-1, \boldsymbol{C})$．このとき，制限$\rho_\lambda|_H$による$H$の表現の指標$S_{\lambda_1,\cdots,\lambda_n}(\varepsilon_1, \cdots, \varepsilon_{n-1}, 1)$は次式で与えられることを示せ．

$$S_{\lambda_1,\cdots,\lambda_n}(\varepsilon_1, \cdots, \varepsilon_{n-1}, 1) = \sum_{\lambda_1 \geqq \mu_1 \geqq \lambda_2 \geqq \mu_2 \geqq \cdots \geqq \mu_{n-1} \geqq \lambda_n} S_{\mu_1,\cdots,\mu_{n-1}}(\varepsilon_1, \cdots, \varepsilon_{n-1}).$$

17 $S_{2,2,1}(\varepsilon_1, \cdots, \varepsilon_n)$に対し，前問を用いて，部分群$H \cong GL(n-1, \boldsymbol{C})$上への制限の指標を求めよ．

(答：$S_{2,2,1}(\varepsilon_1, \cdots, \varepsilon_{n-1}, 1) = S_{2,2,1}(\varepsilon_1, \cdots, \varepsilon_{n-1}) + S_{2,2}(\varepsilon_1, \cdots, \varepsilon_{n-1}) + S_{2,1,1}(\varepsilon_1, \cdots, \varepsilon_{n-1}) + S_{2,1}(\varepsilon_1, \cdots, \varepsilon_{n-1})$)

18 $S_{\lambda_1,\cdots,\lambda_n}(\varepsilon_1, \cdots, \varepsilon_n) p_e(\varepsilon_1, \cdots, \varepsilon_n)$は次のようにして求められることを証明せよ：符号数$(\lambda_1, \cdots, \lambda_n)$の台の右縁に，新しく$e$個の小正方形を添加して得られるような台を考える．ただし，新しく添加するe個の小正方形は決して同列にはないようにする．かくして得られる台の全体を$D_1, \cdots, D_s$とすれば

$$S_\lambda(\varepsilon) p_e(\varepsilon) = S_{D_1}(\varepsilon) + \cdots + S_{D_s}(\varepsilon).$$

ここに，台Dの符号数が$(\mu_1, \mu_2, \cdots)$のとき$S_D(\varepsilon) = S_{\mu_1,\mu_2,\cdots}(\varepsilon)$とする．

19 $S_{3,1}(\varepsilon) p_2(\varepsilon)$をSchur関数の和に分解せよ．

［ヒント］ 前問による．(答：$S_{5,1}(\varepsilon) + S_{4,2}(\varepsilon) + S_{4,1,1}(\varepsilon) + S_{3,3}(\varepsilon) + S_{3,2,1}(\varepsilon)$)

20 $p_2(\varepsilon) = \{\sigma_1(\varepsilon)^2 + \sigma_2(\varepsilon)\}/2$と定理3.10(iii)を用いて前問を解け．

21 問題11の重複度$c_\lambda(\mu)$に対して次を示せ：$\lambda_1 \geqq \cdots \geqq \lambda_n \geqq 0$のとき，

$$p_{\lambda_1}(\varepsilon) \cdots p_{\lambda_n}(\varepsilon) = \sum_{\mu \in M_n} d_\lambda(\mu) S_\mu(\varepsilon) \qquad (\varepsilon = (\varepsilon_1, \cdots, \varepsilon_n))$$

とおけば，$d_\lambda(\mu) = c_\mu(\lambda)$．

22 問題11の重複度$c_\lambda(\mu)$に対して次式を証明せよ：$\lambda = (\lambda_1, \cdots, \lambda_n)$，$\lambda_1 \geqq \cdots \geqq \lambda_n \geqq 0$，$l = (l_1, \cdots, l_n) \in \boldsymbol{Z}^n$に対し

$$S_\lambda(\varepsilon)\xi(l)=\sum_\mu c_\lambda(\mu)\xi(l+\mu) \qquad (\varepsilon=(\varepsilon_1, \cdots, \varepsilon_n)).$$

これを用いて次の**分解法則**を示せ.

$$S_\lambda(\varepsilon)S_{\lambda'}(\varepsilon)=\sum_\mu c_\lambda(\mu)S_{\lambda'+\mu}(\varepsilon).$$

［注意］　右辺の Schur 関数は正規化されていない．したがって最終の分解形にするには正規化が必要である．例えば，$\lambda=(2, 0, \cdots, 0)$ のとき $S_\lambda(\varepsilon)=\varepsilon_1{}^2+\cdots+\varepsilon_n{}^2+\sum_{i<j}\varepsilon_i\varepsilon_j$ だから

$$\begin{aligned}
S_{2,0,\cdots,0}(\varepsilon)S_{2,1,0,\cdots,0}(\varepsilon) &= S_{4,1}(\varepsilon)+S_{2,3}(\varepsilon)+S_{2,1,2}(\varepsilon)+S_{2,1,0,2}(\varepsilon)+\cdots+S_{2,1,0,\cdots,0,2}(\varepsilon)\\
&\quad +S_{3,2}(\varepsilon)+S_{3,1,1}(\varepsilon)+S_{3,1,0,1}(\varepsilon)+\cdots+S_{3,1,0,\cdots,0,1}(\varepsilon)\\
&\quad +S_{2,2,1}(\varepsilon)+S_{2,2,0,1}(\varepsilon)+\cdots\\
&\quad +S_{2,1,1,1}(\varepsilon)+S_{2,1,1,0,1}(\varepsilon)+\cdots\\
&\quad +S_{2,1,0,1,1}(\varepsilon)+\cdots\\
&= S_{4,1}(\varepsilon)-S_{2,1,1,1}(\varepsilon)+S_{3,2}(\varepsilon)+S_{3,1,1}(\varepsilon)+S_{2,2,1}(\varepsilon)+S_{2,1,1,1}(\varepsilon)\\
&= S_{4,1}(\varepsilon)+S_{3,2}(\varepsilon)+S_{3,1^2}(\varepsilon)+S_{2^2,1}(\varepsilon).
\end{aligned}$$

(この計算結果を問題18の方法で確かめよ.)

あとがき

本講は筆者の旧講義録“対称群と一般線型群の表現論(上)”(東大数学教室セミナリー・ノート 1962/63)に加筆したものである．タネ本は参考書に挙げた[1], [2], [3]などである．特に H. Weyl の本[1]の第3章 A, B, 第4章, 第7章の大部分の解説をしてみようと思った次第である．[1]については，筆者の経験では，しばしば難解で読み通すのに極めて時間がかかる——という話を学生からよく聞くのであった．しかし[1]は大変興味深く，豊富な内容を秘めているので，難解さのために読む学生が少ないのを私はかねがね残念に思っていたのであった．その読み方の入門——というほどの意味で，上記の講義を初年級の学生に対し行なったのが上記のセミナリー・ノートである．本講の内容は，対称群の複素既約表現の決定とその指標の公式という G. Frobenius が 1900 年の論文で与え，また A. Young (1901) や I. Schur (1905-08) が研究を発表した極めて古典的な理論の紹介と，É. Cartan や H. Weyl の半単純 Lie 群の表現論 (1913-25 頃) の原型ともいうべき好材料である一般線型群の有理表現の理論(これも極めて古典的である)の紹介とである．一般線型群の表現論は昔からある不変式論と関連している．[1]では不変式から出発して表現論は後廻しであるが，[3]では逆の順序に話を進めている．不変式論のある基本定理について，本講では第5章の問題 10-15 で，その基本的な定理の証明を表現論から導く形の詳細なヒントと共に説明してある．本講を書き出したときには直交群 $O(n)$ や斜交群 $Sp(n)$ の下でテンソル空間を既約成分に分解する話([1], 第5章 B)も含める予定だった(宣伝パンフレットにもそう書いておいた)のであるが，基本事項(第1章)に案外紙数を消費したのと，対称群・一般線型群の話で与えられた紙数を上廻る状況なので，$O(n)$, $Sp(n)$ は割愛せざるを得なかった．謹んで読者に御詫び申上げる次第である．ただ少々弁解めいたことを言わせて頂けるとすれば，対称群と一般線型群の話はほとんど何の予備知識もなくていろいろと展開できるのであるが，$O(n)$, $Sp(n)$ は Lie 群的な準備を展開した上でないと，既約表現をつかまえるのが難しく，正面きって述べるのは案外に厖大な頁数を要するのである(少なくも筆者の浅学を以てしては).

それで限られた頁数ではこれを一切割愛して，他日の機会にあらためてこの解説を試みたいと念じている．読者の御寛恕を頂ければ幸である．

テンソル空間の分解は，Weyl はその著書“群論と量子力学”や，[1] の第3章 B の中で，有限群の群環の表現の像の中心化環による不変部分空間ともとの群環の右イデアルの間にある美しい対応を確立し，それによっている．しかし，代数的閉体を基礎体とする場合には，本講第1章§1.5の形の一般関係を準備しておく方がよいと思われた．それは N. Bourbaki“数学原論”代数，第8章の歴史覚えがき (Note Historique) の中で触れられているように，Frobenius の対称群の指標公式を Schur が意味づけた方法の根拠になっているからである．交代群の既約指標値を与える Frobenius の公式も証明をつけたかったのであるが，これも頁数がかなり必要なので，第3章の問題中に付記として結果だけを (詳しい形で) 述べるにとどめた．[2] にその詳しい証明 (Frobenius の原証明の詳細化) がある．[2] は [1] から不変式論を除いたような内容だが，実例が豊富である．また Young の仕事の説明にもかなり立ち入っている．[3] は上に述べたように一般線型群の表現論を準備して不変式論を述べ，さらに最近の不変式論 (商代数多様体の話) への入門を意図している．[2], [3] は明快で読み易い．これに比べ，[5] も [4] も (特に [5] は) 読み辛い．しかし [5] は対称群のモジュラー表現 (標数 >0 の体上の表現) の話まで書いてあるし，多くの表がある．[4] は Schur 関数 (一般線型群の既約有理指標) $S_\lambda(\varepsilon)$ 達の間の組合せ論的な結果が豊富で，10次までの対称群，交代群の指標表その他がある．いずれにせよ，本講を読まれて興味を持たれた読者は是非 [1] を読破されるとよい．難解さをうまく突破したときの喜びは極めて大きい．

参考書

[1] H. Weyl: The Classical Groups, their invariants and representations. Princeton (1939) (第2版 1946).

[2] H. Boerner: Darstellungen von Gruppen. Springer (1955) (第2版 1967).

[3] J. A. Dieudonné and J. B. Carrell: Invariant Theory, old and new. Academic Press (1971).

[4] D. E. Littlewood: The theory of group characters and matrix representations

of groups. Oxford (1950).

[5] G. de B. Robinson: Representation Theory of the Symmetric Group. University of Toronto Press (1961).

■岩波オンデマンドブックス■

岩波講座 基礎数学
線型代数vi
対称群と一般線型群の表現論
——既約指標・Young 図形とテンソル空間の分解

1978 年 2 月 2 日 第 1 刷発行
1987 年 9 月 4 日 第 3 刷発行
2019 年 8 月 9 日 オンデマンド版発行

著 者 岩堀長慶(いわほりながよし)

発行者 岡 本 厚

発行所 株式会社 岩波書店
〒101-8002 東京都千代田区一ツ橋 2-5-5
電話案内 03-5210-4000
https://www.iwanami.co.jp/

印刷／製本・法令印刷

ISBN 978-4-00-730915-1 Printed in Japan